20세기 컬렉션 건축

동녘

Pocket 20th Century Architecture
Text ⓒJonathan Glancey
Design ⓒCarlton Books Limited 1998 and 2002
All Rights reserved.

Korean translation edition ⓒDongnyok Publishers 2003
Published by arrangement with Carlton Books, UK
via Bestun Korea Agency, Korea
All rights reserved.

이 책의 한국어 판권은 베스툰 코리아 에이전시를 통하여
저작권자와 독점 계약한 도서출판 동녘에 있습니다.
저작권법에 의해 한국 내에서 보호를 받는 저작물이므로
어떠한 형태로든 무단 전재와 무단 복제를 금합니다.

20세기 컬렉션 건축

여덟 가지 사조로 읽는 20세기 건축

조나단 글랜시 지음 | 김우룡 옮김

차례

머리말 • 6

3장
유기적 건축 • 70

1장
미술공예운동 • 10

2장
고전주의 • 32

4장
근대주의 • 124

5장

탈근대주의 • 280

7장

도시 • 378

8장

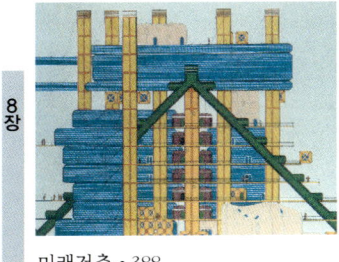

미래건축 • 388

찾아보기 • 396
사진 출처 • 399

6장

로봇형 건축 • 326

머리말

20세기의 건축사라는 방대한 주제를 한 권의 책으로 묶는 것은 현실적으로 불가능하다. 혹 가능하다 해도 들고 다니기 힘들 만큼 큰 책이 되거나 읽을 수 없을 정도로 작은 활자를 쓸 수밖에 없을 것이다. 따라서 이 책은 20세기 건축의 풍부함과 다양성을 보여주는 길잡이 구실을 하는 데 의미를 두고자 한다.

인간의 삶은 살아갈 공간을 갖기 위한 싸움이고, 그 공간은 건축가들이 만들어 낸다. 20세기의 훌륭한 건축가 대다수가 그들의 예술과 사회를 새롭고 문명화된 수준으로 끌어올리려 한 실용적 몽상가들이었다. 그들은 지구 표면에 컴퍼스와 티자 또는 컴퓨터를 올려놓고 완벽한 마을과 도시에 아름다운 건물을 지으려 했다. 그러나 인간은 결코 설계도에 그려지는 것처럼 완벽하지 않고, 건축가의 꿈은 인간의 비이성적 행동에 의해 너무도 자주 좌절되었다. 20세기는 국지전뿐 아니라 세계대전의 세기였고, 전쟁은 가장 큰 파괴자였다. 탐욕과 편견 그리고 자신의 야심만만한 생각을 제대로 전하지 못하는 건축가의 무능력 등이 또 다른 걸림돌이었다. 사실 르 코르뷔지에를 필두로 한 건축가들은 콘크리트와 강철로 된 탑을 설계하고, 역사적 건축물과 거리와 광장의 전례 없는 해체를 초래한 야심을 품어 문명을 파괴하려 했다는 비난을 받아 왔다.

스타인 하우스(268쪽)
세스 스타인, 1995.

대체로 건축가들이 정부, 개발업자, 시대의 주동자에게 협력적이긴 해도, 이런 평가가 공정하다고 할 수는 없다. 명민한 미국 건축가 필립 존슨의 말처럼, 건축가는 '매춘부'다. 이 둘은 인류의 아주 오래된 전문직 종사자인 점, 다른 사람이 원하는 것을 해주고 보수를 받는다는 점에서 같다. 아름다운 개인 저택이나 교회뿐만 아니라 진부한 사무실 건물이나 생각 없는 상가의 설계도 건축가의 몫임을 뜻하는 것이다.

아마도 20세기 건축가들의 문제점은 그들의 재능이 얇게 널리 확산되었다는 것이다. 건축가들은 국내외적으로 낮아지기만 하는 수입으로, 전 세계에 걸쳐 여러 종류의 많은 건물을 설계하라고 요구받았다. 산업혁명 때까지만 해도 대부분의 사회에서 가장 많은 비용을 들이는 부문이 건축이었다. 건축은 오랜 시간이 소요되며 숙련된 노동이 필요하고, 한 사회의 자신감, 힘, 문화를 표현하는 수단 가운데 가장 눈에 띄는 것이기 때문이었다. 20세기가 되자 정교한 무기, 건강, 교육, 의복, 식량, 자동차, 휴가 등 한 사회가 비용을 들여야 할 부문이 여럿 생겼다. 사회는 과거보다 건물(특히 주거용)이 더 많이 필요해졌을 뿐만 아니라 수영장, 대형 상가, 고속도로 휴게소, 공항, 볼링장, 기업체 본부 등 훨씬 다양한 용도의 건물들을 원했다. 하지만 이에 비해 비용은 오히려 줄어들었다.

현대 사회는 점점 더 정교해진 기술과 신자재를 이용하여 건축 속도를 높였지만 결과는 참혹했다. 건축가는 사무실, 아파트, 공장, 교외의 상점가 등 고도로 편리하게 만들어진 건물들을 장식하는 사람으로 전락했다. 그런데 건축가들은 이런 사정을 볼 수 없었고, 보려 하지도 않았다. 점진적으로 그들의 역할이 제한되고 권한이 박탈되어 갔다. 게다가 그토록 많은 건물들이 만들어진 속도와 규모, 복잡성 등을 볼 때, 건축가가 기술자나 청부업자가 주도하는 팀의 한 구성원에 불과한 세상에서, 이런 결과는 거의 필연적인 것이었다. 건축가가 고유의 역할을 보전하려면, 건축물의 외관, 건축물이 건축가의 구상과 연관되는 방식 등의 틀을 잡고 이끌어 가는 '상상가(imagineers)'가 되어야 했다.

이는 20세기 초반부 건축가의 역할에서 획기적인 도약을 한 것이었다. 그러나 절박한 재앙의 징조가 벌써 있었다. 새 세기는, 돈을 만들고 처리하는 데 아주 편리한 기계 같은 건축 양식, 교회나 시골집들과는 전혀 다른 세상인 정교한 전기 배선함 같은 건축 양식을 요구했다. 날카로운 안목을 가진 건축가들은 이런 상황을 파악하고, 과거와 단절하려는 의도를 담은 건축물들에서 새로운 기계 시대를 해석하고 표현하려고 애썼다. 하지만 그것은 성공할 수 없었다. 건축이 그 뿌리에서 벗어나 본 적이 없는 예술이기 때문이다. 동서남북 어느 곳의 문화이든 간에 고대의 건축이 최고의 건축이다.

이 책에서 보이듯이, 서양 건축가들은 20세기 내내, 거의 완벽한 수준에 도달했던 기원전 5세기의 그리스로 돌아갔다. 저장되어 있던 터키군의 화약이 터진 사고로 파르테논이 17세기에 허물어졌지만, 자신이 드리운 긴 그림자 속에 만들어진 모든 건축물의 판단자 자리는 내놓지 않았다.

건축가들이 저마다 다른 방법으로 이 불완전한 세상에서 질서와 완전을 만들려 하는 것은 당연한 일이다. 좋은 건축가가 새로 짓는 개별 건축물은 완벽한 모형을 창조하려는 신선한 시도다. 진정 위대한 건축가는 파르테논에 가까이 갈 수 있었다. 그러나 그것을 능가한 경우는 결코 없었다. 어떤 면에서는, 건축물이 한 사회의 핵심 가치, 기술, 이상을 나타내는 도상(icon)보다는 특정한 기능을 수행하는 기계가 되어 줄 것을 기대하며 너무 많은 것을 요구하는 세기에, 그것은 불가능한 것이었다. 파르테논은 앞에 언급한 모든 기능을 수행했다. 햇빛에 바래고 공해에 부식된 돌덩이들을 끈기 있게 관찰하면, 아테네 사회의 이야기들을 읽어 낼 수 있다.

카푸친 성당(196쪽)
루이스 바라간, 1955.

국립현대미술관(305쪽)
제임스 스털링·마이클 윌포드, 1984.

대체로 20세기 사회는 기원전 5세기의 아테네보다 훨씬 복잡했고, 20세기의 어느 건물도 파르테논같이 포괄적인 이야기를 들려주지 못했다.

우리 시대의 건축은 만화경 같고, 그 메시지는 단편적이고 결론이 없다. 1차 세계대전의 끝자락부터 1970년대 초까지, 새롭고 포괄적인 체계를 만들려는 집단적 시도가 있었다. 이른바 근대주의 운동이다. 쉽게 정의할 수는 없지만, 중세 유럽의 라틴어나 오늘날의 영어와 비견할 만한 설계 언어를 만들려는 다소 집단적인 시도가 당시 세계의 건축가들 사이에 있었음은 분명하다. 그러나 그것은 애초에 실패할 수밖에 없었다. 건축은 사회와 함께 움직여 간다(건축가들은 따로 간다고 믿고 싶겠지만). 그리고 사회 변화는 세상의 움직임을 막을 수 있는 건축 양식은 있을 수 없음을 확인해 주었다.

100년 동안 생겨난 많은 건축 양식과 분위기를 이해하는 데 도움을 주기 위해, 이 책에 설명한 370개 건축물들을 몇 가지 부문으로 나누었다. 20세기에는 건축적 아이디어들이 매우 빠른 속도로 교류되었으므로 건축 양식 사이의 연관을 많이 볼 수 있을 것이다. 피카소의 말처럼 모든 예술은 모방이다. 드문 예외를 빼면, 건축가들 역시 설계를 할 때 서로서로 배우고 인용한다. 포기 상태에서 그럴 뿐 아니라 자부심을 갖고 그러기도 한다. 사실 건축 분야에서는 과거의 대가들을 참고했음을 동료들이 알게 하는 것이 대단한 교양의 징표다.

이 책은 20세기 건축을 소개하는 작은 책이기에 건축물을 보여 주는 방법은 거의 사진만을 썼다. 그러나 건축물을 완전히 이해하려면 반드시 겉모습 뒤에 있는 것을 보아야 하고, 설계도면부터 연구해야 한다. 근대주의 운동의 건축가들은 설계도면이 실용적이고 미학적인 지침일 뿐 아니라 도덕의 일종이라고 보았다. 건물은 '정직한', 다시 말해 기능적인 도면을 바탕으로 지어져야 하고, 완성된 모습은 반드시 그 도면에 따른 작업임을 증명해야 한다. 그런데 실제로는 (고맙게도) 가장 위대한 근대주의 건축가마저 속임수를 썼고, 이 책에 수록된 아주 많은 건물들이 원래 설계자들이 주장한 것과 같은 합리성을 전혀 갖추지 못했다.

건축에서는 기능만큼 감정도 중요하다. 도면과 다른 그림들을 실을 지면이 더 있었더라면 좋았을 것이다. 결국 독자들이 건축물을 직접 보고, 그것을 이해하려 하고, 그것에 대해 더 많이 알아내길 바란다. 20세기 건축과 건축가의 다양한 측면에 대한 수천 권의 책들이 이 책에 실린 건축물 대부분을 자세하게 설명할 것이다. 단일 설계에 대해 쓴 단행본도 많다. 이 책은 독자들에게 거대하고 무한한 이야기를 이해할 기회와 큰 그림을 줄 수 있다고 본다. 만일 이 책을 읽고 더 많은 것이 알고 싶어진다면, 이 책은 소임을 다한 것이다. 혹 독자 중에 건축가가 되고 싶은 이가 생긴다면, 행운을 빈다.

독자들이 이 책에서 편견을 발견할 것이다. 당연하다고 생각한다. 어떻게 모든 건축물을 객관적으로 볼 수 있겠는가? '적은 것은 지겨운 것'이라는 부제가 달린 장의 건축물을 다루는 것은 정말 내키지 않았다. 건축에서 탈근대주의로 통하는 것이, 명예로운 예외는 있지만, 꼴사납고 아둔하다는 것을 알게 되었다. 나는 건축이 특별히 재미있는 주제라고 생각하지 않는다. 건물을 소재로 한 농담은 당황스럽고 안쓰럽기까지 하다. 땅이 귀하고 재산 가치가 예외적으로 높은 도쿄나 홍콩을 제외하면 건물의 수명이 긴 데다가 19세기부터 내려오는 농담 중 아직까지 재미있는 것은 거의 없다. 그러나 파르테논, 르 코르뷔지에의 롱샹 성당, 미스 반 데어 로에의 판즈워스 하우스 등은 위대하고 형언할 수 없는 아름다움이다. 그들이 주는 즐거움은 가까이에 있다.

이 책에 제대로 된 사진을 실으려고 노력했다. 대부분의 사람들에게 추함과 비인간성으로 연상되는 거친 현대적 자재로도 아름다운 건물이 만들어질 수 있다는 것을 독자들이 느낄 수 있기를 바란다. 다시 들추어보고 직접 가서 보라. 르 코르뷔지에나 루이스 칸 같은 천재가 콘크리트를 어떻게 썼는지, 야만스러울 것이라고 상상했던 건물을 강철 들보나 풍화된 콘크리트에 떨어지는 햇살이 어떤 아름다움으로 바꿔 놓는지를. 이 책을 읽고 여기 나온 건축물들을 직접 가서 보기 시작하는 독자들이 있다면, 내가 10대 때 경험한 흥분을 그들도 느끼길 바란다. 나는 무너져 가는 시골집 복도를 살금살금 걸어다니고 오래된 교구 교회 문을 힘겹게 열면서 어린 시절을 보낸 후에, 내가 태어난 세기의 건축을 발견하기 시작했다. 나는 몸이 아프거나 그런 '놀이'가 싫어지면, 건물의 실제 모습을 상상하고 설계한 사람이 누구인지 궁금해하면서 바닥에 누워 건축에 관한 옛 그림책들을 뚫어지게 보았다. 이 책은 비 오는 날에 어울리는 책이다. 낯선 건축물은 햇빛이 비칠 때 보는 것이 제격이지만 말이다.

책을 엮는 일은 즐거웠고, 어느 건축물보다도 빨리 만들어졌다. 독자들이 더 많이 알아내는 데 도움이 되는 책이길 바란다. 역사의 건축적 해석도 여러 다른 해석만큼 의미 있는 일이다.

2000년 런던
조나단 글랜시

라 빌레트 공원(315쪽)
베르나르 추미, 1989.

산업혁명은 잔인한 경험이었다. 조금이라도 지각이 있는 사람이라면, 일을 찾아 마을과 도시로 모인 가난하고 불쌍한 사람들이 부당한 일을 겪었음을 알 수 있다. 철도, 증기, 연기, 숨을 틀어막는 스모그 등의 등장은 공포에 공포를 겹쳐 놓는 일이었다. 심미가들은, 새로운 기계시대가 이 되는 인물들이다. 이 운동은 영국에서 시작되어 20세기 초에 널리 전파되었다. 근대주의 운동의 근본적 연구 기간 동안 정직한 공사와 기능적 설계라는 강령을 제시하였고, 유희적 탈근대주의 시기에도 학교 건물에서 주 청사에 이르는 새로운 건물들에 영향을 주었다.

미술공예운동
지상의 낙원을 찾아서

상품과 건축 부품들을 대량생산하고, 조상 대대로 대성당·장터·옷방 등을 만들고 생명을 불어넣던 숙련된 장인들의 영역을 침식하는 것을 보면서 불쾌함을 느꼈다.

산업혁명이 기차를 통해 빠른 속도로 각 지방과 나라에 정보를 전달하여, 각 지역 특유의 전통이 오래된 집에서 쫓겨나는 위험에 처하는 결과도 초래했다. 예술가, 작가, 건축가들은 이런 공포와 폭거에 조금씩 반기를 들기 시작했다. 존 러스킨(1819~1900), 라파엘 전파의 구성원들, 월리엄 모리스(1834~1896) 등이 미술공예운동 태동의 중심

미술공예운동은 심미적인 동시에 도덕적인 개혁운동이다. 이것은 사회주의의 초기 형태, 빛나는 무장을 한 기사와 곤궁에 빠진 처녀가 있던 중세에 대한 향수, 신기술에 대한 두려움, 수공예품에 대한 애정, 감지할 수는 있지만 아직 비공식적인 건축 양식(공식 예술의 타락을 소박하게 질타할 건축 양식)을 창안하기 위해 결합된 고상한 품위와 공정한 경쟁 감각 등이 어우러진 특별한 영국 정서의 일부였다.

처음에는 산업사회에 도전하기보다는 그것으로부터 탈출하려는 성격이 강했다. 모리스의 추종자들은 바라던 대로 공예가와 건축가들이 모여 사는 소박한 전원 공동체의 초석을 놓았다. 그러나 젊은 세대들은 미술공예운동의 정신을 도심으로 가져와, 그것을 쥐꼬리만한 수입 때문에 전전긍긍하면서 불결함 속에 살아야 하는 많은 사람들의 삶을 향상시킬 기반으로 삼으려 했다. 런던 쇼어디치의 바운더리 가 주택 단지(14쪽)는 미술공예운동 정신으로 만든 개량 도시 주거의 모델이 되었다.

유럽의 다른 곳에서는 미술공예운동의 사상이 최고 수준의 솜씨와 손잡은 고급 예술과 함께 아르누보(또는 유겐트 양식) 사상과 섞인다. 하나의 사상이자 여러 사상의 집합체인 이 운동이 많은 건축가들에게 단순히 또 다른 건축 양식으로, 낭만적이고 '정직한' 화려함 속에 살면서 자신의 천한 부 축적 과정을 잊고 싶은 신흥 부자들을 위한 전원주택에 꼭 들어맞는 양식으로 받아들여졌다.

미술공예운동의 가장 큰 공통점은 자유롭고 '정직한' 설계와 최고 수준의 공사였다. 최선의 경우, 이들은 사려 깊고 삶을 고양시키는 건물이 되었지만, 최악의 경우에는 모호한 근거와 함께 저속함의 완충지대에서 허둥대는 꼴이었다.

과수원 집 The Orchard

C. F. A. 보이지, 1900, 영국 하트포드셔 촐리우드

찰스 프랜시스 앤슬리 보이지(1857~1941)는 지옥의 존재를 부정해 영국 국교회에서 추방된 요크셔 교구 목사의 작고 개성 강한 아들이었다.

그는 사회주의적 미술공예운동 사상가이자 디자이너인 윌리엄 모리스, 열성적인 고딕 부흥론자였던 A. W. N. 퓨진의 영향을 받아 지상 낙원이라는 꿈을 실현하기 위해 1882년부터 지칠 줄 모르고 일했다. 보이지의 낙원은 새 맥주통처럼 깨끗했다. 가구나 벽지는 차치하고, 자기가 입을 밝은 청색 양복을 만들었는데, 달갑지 않은 먼지가 끼지 않도록 아예 소매와 깃을 없앴다. 그는 자신이 설계한 과수원 집에서 살았다. 이 집은 런던 북서부 외곽의 주택 중 가장 좋은 집이었다. 보이지가 설계한 많은 집들처럼 과수원 집도 겉으로 보기에는 신화적인 옛 영국에 가까운 것 같지만, 내부는 자유분방하다. 근대주의 운동 옹호자들의 주장만큼 근대적인 것은 아니라 해도 자유로운 설계와 분명한 도면은 가히 혁명적인 것이었다. 문, 창틀 등 집의 세부 구조들은 보이지 특유의 소형화된 모습을 보인다.

과수원 집은 100년 넘는 시간 동안 영국에서 안락한(싫증 나기도 하는) 시골집의 모범이 되었다. 하지만 사랑스런 세부 곳곳에서 핵심적인 모티프를 볼 수 있다. 가파른 지붕 밑 새하얀 벽 안에 가정의 지상 천국을 세우고, 마음의 평화를 만들고 싶어했던 한 건축가의 의도가 가장 잘 표현된 집이라 할 수 있다.

타셀 호텔 Hôtel Tassel

빅토르 오르타, 1900, 벨기에 브뤼셀

브뤼셀 보자르 아카데미에서 공부한 빅토르 오르타(1861~1947)는 유명한 신고전주의 건축가 알퐁스 발라의 사무실에서 일을 시작했다.

그러나 오르타는 최신 산업 자재를 맹렬히 활용한 프랑스의 고딕 부흥론자 비올레 르 뒤크의 글에 매료되었다. 오르타가 독자적으로 일을 맡자, 이국적 꽃장식을 한 독특한 건물을 만들어 냈다. 바로크와 고전적인 요소에 거침없는 설계, 구부린 철재, 화려한 색유리를 쓴 벽장식, 상식과 조화된 관능성 등을 결합한 것이다.

건축가가 꼼꼼하게 세부까지 챙긴 타셀 호텔은 오르타가 설계한 많은 건물 가운데 완성도가 가장 높은 것이고, 아르누보의 이상을 가장 충실하게 반영한 것이기도 하다. 이 건물의 혁명적인 면모는 대단한 장식보다는 설계와 내부의 구획에 있다. 그는 방의 높이를 각기 다르게 했는데, 이것이 1차 세계대전 후 근대주의 운동 건축가들이 보인 자유로운 내부 공간 활용의 전조가 되었다. 그런데 건물에 들어선 사람은 실제로 월터 크레인이나 오브리 비어즐리의 3차원적 그림 속에 있는 듯한 느낌을 받는다.

오르타는 보자르 아카데미의 교수가 되었다. 나중에는 직선과 단순한 콘크리트 구조의 엄격한 효과를 위해, 곡선과 장식 감각을 멀리하였다.

바운더리 가 주택 단지 Boundary Street Estate

런던 주의회 건축가분과, 1900, 영국 런던 쇼어디치

오언 플레밍의 지휘 아래 런던 주의회 노동자 주거분과(1893년 설립)에 속한 젊은 건축가들이 설계한 것으로, 몇 가지 중요한 빈민가 주거 정화 사업 중 최초, 최고의 건축이다. 존 러스킨, 윌리엄 모리스, 카를 마르크스 등의 이론에 자극 받은 이 젊은 건축가들은 예술과는 거리가 멀고 학대만 받는 민중들의 삶에 예술을 가져다 준, '민중을 위한 궁전'이라 불릴 만한 건물들을 만들었다. 바운더리 단지를 구성한 미술공예적 건물의 장엄한 붉은 벽돌과 노란 벽돌 안에 5,500여 명의 주민들이 거주하였다. 이 단지는 아놀드 원형 광장에서부터 뻗어 있다. 광장의 중앙 정원에 자리한 야외음악당은, 오랫동안 삭막하고 누추하여 아직도 그 분위기가 남은 곳에 축제 기분을 돋우는 멋진 공간이었다.

많은 세부 사항에서 미술공예운동 초기 대가들의 영향을 분명하게 느낄 수 있는데, 노먼 쇼와 필립 웨브의 지침을 쉽게 발견할 수 있다. 필립 웨브가 1859년에 윌리엄 모리스를 위해 런던 남부 벡슬리에 지은 집은 나중에 다른 건축가들이 많이 모방하였다. 영국과 유럽 대륙의 사회주의 주거 가운데 이것만큼 품위 있고 인기 있는 것이 드물다. 지성적인 시 행정의 본보기로 1990년대에 재개발되었다.

디너리 가든 Deanery Garden

에드윈 루티엔스, 1901, 영국 버크셔 소닝

에드윈 루티엔스 경은 당대의 위대한 건축가 중 한 사람이다. 그의 전기 작가 크리스토퍼 허시가 '완벽한 건축적 소네트'라고 말한 디너리 가든은 그의 시골 건축물 초기작 중 가장 유명하다.

목재, 세로 창살과 중간틀을 갖춘 커다란 창문, 아름답게 만들어 멋있게 쌓은 벽돌 등 겉으로 보기에는 재래의 영국식 자재와 공법을 쓰고 있지만 공간 활용은 아주 급진적이다.

이 집은 잡지 『컨트리 라이프(Country Life)』의 소유주이자 루티엔스의 후원자인 에드워드 허드슨을 위해 지어졌다. 에드워드 왕 시대의 시골 '독신자의 집'이라 할 이곳은 그레이트 웨스턴 철도를 통해 런던에서 쉽게 갈 수 있었다. 루티엔스와 거트루드 지킬이 조경을 맡은 이 집은 1903년 『컨트리 라이프』에 실린 사진에 나온 오크 가구와 단순한 장식 등 모든 것이 옛 모습 그대로 보존되어 있다. 에드워드왕 시대를 대표하는 신사로서 자제력, 말수 적은 우아함, 영국적 역사관에 대한 깊은 애정 등을 갖춘 이가 머물 목가적인 집이다. 바로 그 점에 이 집의 자부심이 있다.

한 세기 동안 나이를 곱게 먹은 이 집은 건축 현장에서 훈련을 받은 루티엔스의 장점을 보여 준다. 20세기의 많은 위대한 건축가들처럼 루티엔스도 정식 교육을 받지 않았다. 그는 직관과 사랑으로 집을 지었는데, 나무랄 데 없이 독창적인 이 건물에서 그런 덕목을 분명히 읽을 수 있다.

올 세인츠 교회 All Saints' Church

W. R. 레더비, 1902, 영국 히어포드셔 브록햄프턴

윌리엄 레더비(1857~1931)는 교육자와 이론가로 잘 알려져 있을 것이다. 그는 여러 면에서 바우하우스의 전신이라 할 수 있는 런던 센트럴 미술공예학교의 초대 교장이었다. 미술공예운동의 감각과 현대적 자재를 결합하려는 의도에서 인상적이고 호기심을 끄는 건물들을 설계하기도 했다.

시골 히어포드셔의 평화로운 장소에 레더비가 지은 이 교회는 고대와 현대의 기술과 양식을 매혹적으로 엮은 건물이다.

올 세인츠 교회를 처음 볼 때에는 땅에 바짝 붙은 건물의 굳건한 돌벽이 짚으로 된 지붕을 이고 있는 모습이 아주 고풍스러워 보인다. 그러나 내부는 딴판이어서, 영국 교구 교회 건물만이 아니라 20세기에도 발을 디딘 듯한 느낌이 든다. 천장이 대담하게도 콘크리트로 되어 있는데, 중세나 빅토리아조 고딕의 부흥과도 결연히 담을 쌓은 구조다. 독특한 창문의 세부도 기이한 새로움과 차별성을 더한다.

올 세인츠 교회는 단순한 호기심이나 의외의 아름다움 이상의 의미가 있다. 20세기 내내 영국의 많은 건축가들이 벌였고 벌여야만 했던, 신자재와 신기술의 가능성 및 표현력과의 투쟁, 그리고 '영국적' 건물 설계가 무엇인가 하는 치열한 고민이기도 하다.

증권거래소 Stock Exchange

H. P. 베를라헤, 1903, 네덜란드 암스테르담

도시 한복판에 세워진 로마네스크풍의 웅장한 현대적 성채라 할 수 있는 새 증권거래소는 헨드릭 페트루스 베를라헤(1856~1934)의 걸작이다.

온전히 한 면으로 이어진 벽돌 벽과 반원형의 아치를 보면, 이 네덜란드 건축가와 동시대를 살았던 미국 건축가 H. H. 리처드슨과 프랭크 로이드 라이트의 건축물이 떠오른다. 베를라헤는 그들의 작품을 알기만 있다가 1911년에 미국을 방문한 후에야 처음 보았다.

그는 자기 자신을 매우 '도덕적인' 건축가로 보았다. 이 말은 건축이 분명하게 드러나는 것이어야 함을 뜻한다. 헤이그에 있는 '헤니 하우스'(1898)와 같이 그가 설계한 건물들의 방은 벽돌 위에 회를 바르지도 않고 벽지를 바르지도 않았다.

베를라헤는 19세기 마지막 20년간 성행한 자유로운 절충식 건축양식에 대항했다. 그렇게 하면서 새로운 학파를 위한 길을 닦았다. 그리고 공예적 벽돌 작업에 대한 열정을 엄정하게 현대적으로 표현한 대가인 네덜란드 후배 빌렘 뒤도크(163쪽) 같은 사람에게 상당한 영향을 끼칠 건축의 초석을 놓았다.

암스테르담 번화가 담락에 위치한 증권거래소는 여전히 그 지역을 대표하는 건물로서 당당하고 아름답다. 아주 엄격하지는 않지만 건실한 겉모습은 안에서 전시 공간으로 개조하는 공사가 진행되고 있다는 것을 감추고 있다.

1장 미술공예운동 | 17

힐 하우스 Hill House

찰스 레니 매킨토시, 1903, 스코틀랜드 헬렌스버러

힐 하우스는 찰스 레니 매킨토시(1868~1928)가 글래스고와 그 인근에 지은 다섯 채의 시적인 집 가운데 가장 크고 야심 찬 건물이다. 출판업자 W. W. 블래키의 의뢰로 지어진 이 집이 당시 영국인들로부터는 멋대로 한 설계라는 평을 들었지만, 유럽인들의 상상력을 사로잡았다.

1896년에 런던에서 열린 미술공예 전시에서 매킨토시의 가구들이 구조가 허술하다는 비판을 많이 받았고, 그 후로 스코틀랜드 사람들은 전시에 다시는 초대되지 않았다. 영국의 모든 건물 중 빼어나게 아름다운 것들(모두가 스코틀랜드에 있다.)을 설계한 그가 1913년에 글래스고를 떠나 런던으로 가서 그림 그리는 데만 전념한 것은 이해하기 힘든 일이다.

힐 하우스는 단단한 벽에 초벌칠을 한 옛 스코틀랜드의 탑형 주택을 현대적으로 해석한 것이다. 내부는 온통 희고 미묘하게 밝다. 예술적 의도로 꾸민 실내가 아주 절묘해서, 큰 영향력을 지녔던 책 『영국 주택』(1904)을 쓴 당대의 독일 작가 헤르만 무테지우스는 '예술 교육을 받은 사람도 격을 맞추기가 쉽지 않을 만큼 우아하고 …… 혹 잘못 제본된 책 한 권이라도 탁자에 놓았다가는 분위기가 흐트러질 집'이라고 했다. 1982년부터 스코틀랜드 문화보호협회가 이 집을 관리하고 있다.

홈 플레이스 Home Place

E. S. 프라이어, 1905, 영국 노퍽 홀트

사학자 개빈 스탬프가 그의 책 『영국의 집』(1986)에 '노퍽의 공기 중에는 이 야릇한 건축물을 설명해 주는 무엇인가가 있다'고 썼다. 홈 플레이스는 아름답게 꾸며진 미술공예적 주택으로 퍼시 R. 로이드 신부를 위해 에드워드 슈뢰더 프라이어(1852~1932)가 설계했다.

60도 각도로 한 쌍의 나비 날개 모양을 한 양옆 건물과 중앙 건물로 구성되었다. 갖가지 그림 같은 세부로 설계되었는데, 건축가 로드릭 그래디지는 이렇게 말했다. "마치 약간 지능이 모자란 아이가 짠 아주 오래된 페어아일 스웨터를 덮은 것 같다. 이보다 더 기발한 것은 없을 것이다."

에드워드왕 시대 영국의 엄청난 부의 산물인 이 별스런 건물은 1930년대에 회복기 환자의 요양소가 되었다. 이 건물이 마음을 평온하게 해주는지는 여전히 논란이 되고 있다. 프라이어는 그 지역에서 '발견되는' 자재의 이용을 강조하면서 영국 미술공예운동의 극치를 보여 주는 건물들을 많이 설계했다. 그의 동료가 말했듯이 그는 '소수에 속하기를' 좋아했다. 부자들을 위해 집을 지었고 해로 학교와 케임브리지 출신이었으며 원하는 것은 무엇이든 할 수 있었다. 그러나 선더랜드 로커에 지은 교구 교회(1907)는 절제를 보여 주는 모델이고, 당시의 교회 건물로서는 썩 훌륭한 것에 속한다.

우편저축은행 Post Office Savings Bank

오토 바그너, 1906, 오스트리아 빈

오토 바그너(1841~1918)의 건물 가운데 가장 유명하고 뛰어난 것이다. 기념비적인 전면이, 사다리꼴 건물의 심장부에 위치한 독창적인 은행 중앙홀을 감추고 있다. 이 건물의 특징은 지하에 자연 채광이 되도록 유리로 바닥을 만든 것과 넓은 아치형의 천장에도 유리를 끼운 점이다. 이 천장은 6층 높이 위에 있는 천창으로 보호된다. 밝고 흰 공간과 유리 사용의 기발함이 20세기의 다른 건물에서는 전혀 볼 수 없는 것이다.

바그너가 설계 공모에 냈던 제안서에는 지붕이 강철 지주에 줄로 매달린 유리 덮개 모양을 하고 있으니 좀 더 파격적이었던 셈이다. 1980년대에 이르러서야 그런 세부 설계가 일상적인 것이 되었으니, 이 건물이 의뢰될 시점인 1904년에는 구조공학계 밖에서는 들어보지도 못한 내용이었을 것이다.

빈 도심을 향한 은행의 정면 또한 혁신적인 모습이다. 즉, 주 외관을 형성하는 대리석 패널을 고정한 부분이 드러났을 뿐 아니라 리벳의 짤막한 알루미늄 머리 부분이 반짝인다. 당당하게 뽐낸 이 리벳이 종래의 역사적 장식을 대신하는 것이다.

아주 독특한 이 건물의 건축 형태를 20세기 후반에 많은 건축가들이 모방하였다. 특히 일본 건축가들이 심했다.

스코틀랜드 스트리트 학교 Scotland Street School

찰스 레니 매킨토시, 1906, 스코틀랜드 에든버러

매킨토시의 건축물 모두가 힐 하우스(18쪽)처럼 섬세하고 자의식 강한 '예술성'을 보이지는 않는다. 스코틀랜드 스트리트 학교는 세월의 시험을 견뎌 온 견고한 건물이다. 설계도면이 참 간단하다. 육중한 돌벽 뒤에 있는 중앙 복도로 교실 두 층이 나뉘어 있다. 이 건물에서 특이한 것은 빛을 이용한 방법이다. 성처럼 큰 창문뿐 아니라 양쪽 출입구와 계단탑을 통해서도 햇빛이 든다. 이 건물은 도시적이고 상업적인 양식을 지향한다. 20세기에 '현대적'이라는 잘못된 구호를 달고서 아주 많은 영국 도심에 얽은 자국을 만든 초라한 건물들의 설득력 있는 대안으로 충분히 발전할 수 있었을 양식이다.

매킨토시는 살아 있는 동안 유럽에서 높은 평가를 받았다. 그는 1898년 뮌헨 전시와 1900년 빈 분리파 연례전시에 가구와 건축 설계를 출품했다. 매킨토시의 '예술애호가 주택' 설계는 독일 잡지 『실내장식(Zeitschrift fur Innerndekoration)』이 주관한 대회(1901)에서 입상했다. 이 건물은 원래 설계도 위에 돋보기를 댄 듯 크게 부풀려진 형태로 1990년대에 글래스고에서 지어졌다. 스코틀랜드 스트리트 학교와 글래스고의 엄격함을 보아서는 상상하기 힘들지만, 만년의 매킨토시는 남프랑스로 가서 멋진 수채화를 그리며 살았다.

햄스테드 전원 주택지 Hampstead Garden Suburb

레이먼드 언원 등, 1907, 영국 런던

1890년대 에베니저 하워드가 입안하고 레이먼드 언원(1863~1940)이 레치워스(380쪽)에서 실행에 옮긴 최초의 전원 주택지인 햄스테드는 전원 도시 개념이 구현된 곳이다. 언원은 급격한 변혁이 아닌 점진적이고 꾸준한 변화를 추구하던 페이비언 사회주의자였다. 사람들이 어디에서 어떻게 사는가 하는 점이 이 학파에서 가장 중요한 문제였는데, 그 사상의 많은 부분이 미술공예운동의 아버지라 할 수 있는 윌리엄 모리스의 작업에 뿌리를 두었다. 미술공예운동은 햄스테드 전원 주택지의 건축뿐만 아니라 그곳 주민들이 미술공예적으로 살 수 있도록 설계하는 데 영향을 끼쳤다. 단지는 중앙 광장 주변에 들어섰는데, 도시의 녹지대인 이 지역의 분위기를 결정하는 세 개의 특징적인 건물을 설계한 루티엔스의 영향을 받았다. 세 건물은 거대한 지붕과 두드러진 뾰족탑을 한 성 유다 교회, 루티엔스가 '레네상스(17세기 영국의 대표적 건축가 크리스토퍼 렌의 르네상스—옮긴이)식' 바로크 양식을 시도한 자유 교회, 신주거지 생활의 초점이라 할 수 있는 주민회관 등이다. 루티엔스와 다른 건축가들이 대형 건물인 퀸 앤과 새로운 조지 양식의 집들을 언원의 설계에 따라 광장 주위에 지었다. 언원은 이런 큰 골격과 아울러 지형에 맞게 최소 폭 12미터의 길들이 뻗고 길 양옆으로 새 조지 양식과 보이지의 영향을 받은 가옥들이 들어서는 설계를 했다. 결과는 깔끔하고 신선했다. 하지만 세상과 동떨어진 듯한 느낌은 90년이 지나도록 여전하다. 그래도 그것이 원래 의도였을 것이다.

템페레 대성당 Tempere Cathedral

랄스 송크, 1907, 핀란드 템페레

언뜻 보기에 거칠게 지어진 듯한 이 낭만적 건물이 핀란드 건축사에서 중요한 시기를 대표한다. 핀란드 미술과 문화에서 일어난 민족적 낭만주의 운동의 표현일 뿐 아니라 핀란드가 문화적으로 고립되었을 시기에 영감을 얻기 위해 세계로 나온 시도이기도 했기 때문이다.

넓게 보자면, 낭만주의 운동은 19세기 말 러시아 제국주의에 희생된 핀란드가 가졌던 두려움 때문에 나타난 반응이었다. 화가, 음악가, 건축가들이 옛 핀란드의 중심부인 카렐리아에서 영감을 찾으려고 했다. 그리고 카렐리아 부흥식 목조 교회와 주택 건축이 봇물을 이루었다.

템페레 대성당은 이런 분위기에서 지어졌는데, 랄스 송크(1870~1956)는 시카고의 건축가 H. H. 리처드슨의 신로마네스크식 설계에서도 영향을 받은 사람이다. 송크가 설계한 헬싱키의 전화회사 건물(1905)도 같은 경향을 보인다. 그런데 헬싱키에 있는 에이라 병원(1905)에서 알 수 있는 것처럼 영국 미술공예운동의 영향도 받았다. 템페레 대성당 건축 당시 송크는 핀란드 건축의 선두주자로 인정받고 있었다.

이 건물도 미술공예운동의 영향을 받은 다른 많은 건물들처럼 복잡하고 현란한 외관 속에 합리적인 내부 설계를 했다.

성 레오폴드 교회 St Leopold's Church

오토 바그너, 1907, 오스트리아 빈 슈타인호프

풍요로운 돔과 잊을 수 없을 만큼 절묘한 장식(아름답고 숭고한 천사상과 월계관으로 한 외부 장식과 금박, 모자이크, 비잔틴 양식 패널로 한 내부 장식)을 머릿속에서 지운다면, 성 레오폴드 교회는 20세기 초의 여느 철도역이나 전시홀로 보인다.

꼭 기억할 만한 현대 교회 중 하나를 이렇게 평가하는 것이 이상할 수도 있지만, 바그너는 기본적으로 세속적인 건물에 성스러운 분위기를 주는 상징적 세부를 설계했다. 초기 교회 건축들이 로마 공회당에서 발전한 것처럼 이 멋진 교회도 이런 고대의 모범을 따랐다. 따라서 세속적 특징이 있을 거라는 게 그리 놀랄 만한 일은 아니다.

바그너는 1894년부터 빈의 도시설계자였다. 그는 오스트리아 제국의 심장부인 이 도시를 재개발해 달라는 의뢰를 받았고, 대규모 공공 건물들과 빈 도시철도를 설계하는 것, 다뉴브 강의 수로를 바꾸는 일도 맡아 아주 바빴다. 1901년까지 서른한 개의 역과 다리, 고가교의 건설을 감독했다. 처음에는 웅장한 고전 양식으로 시작했으나 점차 급진적인 양상을 보였다. 1899년에는 빈 분리파에 참여했다. 그의 후기작들은 설계와 조직이 명징하고 장식이 화려하다는 특징이 있다. 슈타인호프에 있는 이 성당도 마찬가지다.

글래스고 미술학교 Glasgow School of Art

찰스 레니 매킨토시, 1909, 스코틀랜드 글래스고

매킨토시가 만든 두 구획으로 된 건물이다. 첫 부분은 1897년에 짓기 시작해 1899년에 완공하였다. 건축 애호가들을 글래스고 미술학교로 불러모은 것은 1907년에서 1909년 사이에 서쪽으로 증축한 건물이다. 이 도서관 건물은 가파른 언덕 위에 세워졌는데, 절벽 같은 서쪽 벽에는 세 줄의 창이 극적으로 배치되었다. 도서관을 밝히는 이 트리오 창은 높이가 8미터에 달한다.

도서관 내부 공간이 아주 장려하다. 열람실과 천장은 격자 들보와 기둥으로 지지되는데, 보는 각도를 잘 맞추면 십자 모양이 즐겁게 엉킨 것을 확인할 수 있다.

글래스고 미술학교는 매킨토시의 걸작이다. 스코틀랜드 옛 성과 언덕 위의 집을 결합한 이 건물은 역사를 참고하는 것이 현대 건축과 어떻게 연결되는지를 보여 준다. 글래스고 미술학교의 경우, 역사를 참고한 결과는 강한 생명력을 지닌 건물의 탄생이었다. 독창적인 재능을 지녔던 매킨토시는 모방할 줄도 몰랐고 그럴 필요도 없었다.

1장 미술공예운동 | 25

슈토클레트 저택 Palais Stoclet

요제프 호프만, 1911, 벨기에 브뤼셀

모항을 떠나 먼 바다를 항해하는 배를 닮은 슈토클레트 저택은 벨기에에 세워진 빈식 집이다. 은행가인 아돌프 슈토클레트가 의뢰했고 요제프 호프만(1870~1956)이 건축했다. 아르누보 후기의 보석인 이 건물은 지금 보아도 여전히 놀랍다. 테두리가 청동으로 둘러싸인 흰 대리석 벽이 브뤼셀의 가라앉은 색조와는 확연히 대조를 이루는 발랄한 녹색으로 변했다. 매킨토시의 영향도 받고 특히 구스타프 클림트에 의해 풍부하게 장식된 아돌프 슈토클레트의 저택은 말할 수 없이 절묘하다.

호프만은 빈에서 오토 바그너(20쪽)에게 배웠다. 1897년에는 예술가들의 그룹인 분리파의 설립에도 가담했고, 6년 후에는 빈 공방을 설립해 많은 가구를 만들었다. 미술, 디자인, 건축에 흥미가 있던 그는 슈토클레트 저택을 걸작으로 만들었다. 이 집이 격식을 따지지 않은 설계와 순백 때문에 종종 '현대 건축 이론에 기초한 것'으로 평가되는데, 미래를 보는 전망이 아니고 과거의 종식이라는 뜻에서 그렇다. 1920년대와 1930년대의 유럽 부르주아들은 화려한 집을 계속 원했지만, 전위예술은 좀 더 엄격하고 덜 화려한 쪽으로 경향이 바뀐다. 이른바 근대주의 운동이었다. 슈토클레트 저택은 전쟁 전 브뤼셀에 있던 근대적 빈을 상징한다.

스토러 주택 Storer House

프랭크 로이드 라이트, 1912, 미국 캘리포니아 로스앤젤레스

프랭크 로이드 라이트(1869~1959)는 영감이 넘치는 다작의 건축가였다. 아마 오픈 플랜(다양한 용도를 위해 칸막이를 가능한 한 줄인 설계—옮긴이) 건축을 가장 많이 시도한 건축가이기도 할 것이다.

전통적 방과는 달리 넓게 트인 실내 공간에서 방들이 서로 자연스럽게 통하게 설계되었다. 특히 라이트가 캘리포니아에 지은 화려한 이 집은 21세기가 시작되는 지금까지도 여느 전통적 건축가가 지은 집이 따라올 수 없는 현대성을 구가하면서 세월을 뛰어넘고 있다. 스토러 주택은 콘크리트를 드러낸 마무리를 했는데, 콘크리트 블록을 대단히 장식적으로 사용하면서 멕시코풍 분위기가 나도록 설계하였다. 라이트는 결코 한 양식이나 자재에 얽매이는 법이 없었다. 그는 형태에 대해 하나의 입장에 얽매이지 않았다. 그가 만든 건물들은 주위 환경에 뿌리를 두고 거기서 영감을 얻은 경향을 보인다. 아무리 창의적인 건물이라도 환경과 잘 어울렸다. 라이트는 영향력이 큰 20세기 건축가 중 한 사람이다. 자연과의 친화, 햇살의 진행 경로, 개방성, 자유로움 등 그의 관심사는 20년간 제멋대로였던 탈근대주의와 1990년대 후반의 이상한 자유형태를 거친 후 21세기로 들어가는 많은 건축가들의 공통 관심사다.

아이겐 하드 주택 단지 Eigen Haard Housing

미셸 드 클레르크, 1921, 네덜란드 암스테르담

이 놀랍고도 기발한 주택 단지가 그 모양 때문에 지역에서는 '배'로 알려져 있다. 뱃머리는 암스테르담의 잔슈트라트 구역을 향해 있고, 배의 뒷부분은 높은 탑이나 돛대 같은 게 특징이다.

아이겐 하드 사(난로 회사)의 의뢰를 받은 미셸 드 클레르크(1884~1923)가 네덜란드의 독보적인 벽돌쌓기기술을 보여 주는 탑, 부속 탑, 박공 같은 작업들을 내키는 대로 갖다 붙여서 안마당을 뚝딱 만들어 냈다. 사적인 양식으로 만들어졌으나 영국 고딕 부흥론자의 아버지요 미술공예운동에 중요한 영향력을 행사한 퓨진의 원칙에 따른 장식들은 공들이지 않은 게 하나도 없고 이 대담한 건물에 생기를 불어넣고 있다.

드 클레르크는 데스틸 운동의 반대극에서 형태적 기하학과 범우주적 해답을 구하던 표현주의자들의 모임인 암스테르담 학파의 선두 주자였다. 아이겐 하드 주택 단지는 아름답게 지어진 건물이다. 또 기와를 얹은 가파른 지붕, 튀어나온 처마와 박공 때문에 비와 바람을 잘 견딜 수 있다. 이 건물은 20세기의 네덜란드 건물들 모두가 엄격하고 이성적이라고 생각하는 건축가들에게 경이로운 존재가 되어 왔다. 낭만적인 만큼 실용적이고, 분명 항해할 만한 가치가 있는 건물이다.

스톡홀름 시 청사 Stockholm City Hall

라그나 외스트베르크, 1923, 스웨덴 스톡홀름

스톡홀름 시 청사는 아름다운 자리에 위치한 아름다운 건물이다. 노련한 20세기의 건축가가 이 건물을 통해 보여 주는 것은, 처음으로 돌아가 다시 시작해야 하는 혼란, 모방·저속한 작품 등의 위험에 빠지지 않고도 역사를 공략할 수 있다는 사실이다. 라그나 외스트베르크(1866~1945)는 뱃사람들의 정취가 나는 스톡홀름의 스카이라인에 구리로 지붕을 씌운 갖가지 탑을 한꺼번에 선보이며 낭만적 분위기를 더했다. 여기서 주목할 것은 중세풍과 고전주의, 당시 유행하던 낭만주의 등 다양한 양식을 행복하게 결합해 낸 솜씨다.

1903~1904년의 공모에서 뽑힌 설계로 스웨덴뿐 아니라 네덜란드, 영국, 미국에까지도 영향을 끼쳤다. 외스트베르크식 탑과 벽돌 사용법은 아르데코식 공장 건물이나 지하철역 등에 다양하게 재적용되었다. 역사로부터 배우는 방식을 높이 평가할 수 있는 건물이다. 확신을 갖고 자기 시대에 맞게 역사를 재해석하는 건축가가 적었기 때문에, 역사와 현대의 분명한 단절이 논리적 선택인 것처럼 보였다. 고도로 공예적인 두꺼운 벽돌과 석조 표면 뒤에 있는 스톡홀름 시 청사는 형태와 배열, 정신 등이 본질적으로 고전주의를 표방한다. 그러나 전혀 어색하지 않다는 것에 이견이 없다.

카를 마르크스 주택 Karl Marx Hof

카를 엔, 1930, 오스트리아 빈

사회주의적 주택 단지의 대담한 본보기인 카를 마르크스 주택은 빈 건축에서 중요한 존재이다. 표현주의적 탑 모양을 받치는 둥근 아치형 입구가 붉게 칠해져 있는데, 마치 노동자들이 근육 불거진 팔을 걸고 빈의 중심부를 영웅적으로 행진하는 것처럼 보인다.

이 대규모 주택 단지는 오토 바그너에게서 훈련받은 빈 출신 시 건축 담당자 카를 엔(1884~1957)의 지휘 아래 건축되었다. 카를 마르크스 주택은 엔이 설계한 대규모 시 주택 단지 중 일부다.

엔은 20세기 초에 빈민가 재개발 사업을 세련되고 인간적으로 해낸 런던 주의회 사회주의 건축가들의 작품으로부터 많은 영향을 받았다.

런던 주의회 건축가들의 이상은 유럽 전역으로 퍼져 나갔다. 그런데 런던과 빈 주택의 가장 큰 차이점은 빈의 조각 능력이다. 런던 주의회 건축이 미술공예운동의 이상과 미학에 뿌리를 두었다면, 엔의 이 건축은 표현주의자들의 이상에 기대었다.

어둡고 초라한 구석이 없진 않지만, 공동주택이 가질 수 있는 아름다움을 뛰어나게 표현한 본보기라 할 수 있다. 카를 마르크스 주택은 훌륭한 정원과 함께 지금까지 아주 잘 관리되어 왔다.

1934년에 오스트리아가 나치 치하에 들어가면서부터 엔은 일을 거의 못하게 되었다.

그룬트비히 교회 Gruntvig Church

페터 빌헬름 옌센-클린트, 1940, 덴마크 코펜하겐

거대한 오르간을 연상시키는 모습의 이 교회는 경이로운 건축이다. 벽돌 건축의 놀라운 걸작인데, 미추를 선뜻 말하기는 쉽지 않다. 어떤 동화적인 느낌이 나는 게 그림 형제의 동화를 표현한 것 같기도 하다. 이 거대한 벽돌 건물은 코펜하겐 교외 미술공예운동의 사설 구빈원들이 있는 거리의 끝에 위치한다.

주위는 고요하고 페터 빌헬름 옌센-클린트(1853~1930)가 지은 교회로부터 흘러나오는 오르간 소리만이 웅장하다.

옌센-클린트는 원래 기술자였는데 40대 중반에 화가이자 건축가가 되었다. 1913년에 처음 짓기 시작하여 완공까지 27년이 걸린 이 건물은 수많은 조정과 중단의 우여곡절을 겪었다.

이 교회의 설계에서 옌센-클린트는 북유럽의 벽돌 건축, 독일 표현주의, 벽돌 건축의 구조적 가능성과 한계에 대한 탐구 등을 열정적으로 결합했다. 벽돌 건축의 기술을 거의 극한까지 밀어 올렸다. 교회 음악의 음향과 그 힘이 외관에 나타나도록 한 개념 구현에 이 건물의 표현주의적 요소가 자리한다. 독특하고 기념비적이며 다소 위압적인 모습의 교회가 탄생했다.

옌센-클린트가 사망한 지 10년 뒤에 그의 아들이 완공했다.

고전주의 건축은 서구 문화의 요람이다. 다른 문화권에서도 고전적 전통을 말하긴 하지만 여기에서 고전주의는 고대 그리스나 로마에 가장 근접한 건축 양식을 말한다. 지난 2,500년 간 건축가들에게 영감을 불어넣어 온 파르테논을 능가한 건물은 이제까지 없다. 20세기에 파르테논은 고 있는 펜실베이니아 역(36쪽)은 카라칼라 욕장을 기차역으로 바꾼 것이고, 리카르도 보필의 탈레 데 아키텍투라가 만든 호반 아케이드(62쪽)는 공장의 대량생산 방식과 콘크리트를 통해 고전주의 건축의 요소를 대규모 교외 주택 단지로 바꾸었다.

고전주의 전통이 에드윈 루티

고전주의
질서에 대한 복종

전주의를 새롭게 보거나(군나르 아스플룬트, 찰스 홀든) 지난 세기의 고전 건축들을 이러저러하게 복제한(알베르트 슈피어, 리카르도 보필) 건축가들뿐 아니라 가장 급진적인 근대주의 건축가들, 특히 르 코르뷔지에에게도 영감의 원천이었다. 언제나 르네상스와 로마를 거쳐 그리스로, 또 파르테논으로 돌아가는 것이었다.

20세기의 고전주의 건축은 풍부하고 다양하며 현대적 요구에 제대로 부응했다. 페터 베렌스가 설계한 베를린의 아에게 공장(34쪽)은 고전주의 신전 같은 공장이고, 뉴욕에 엔스나 군나르 아스플룬트 같은 대가들에 의해 최고의 부흥기를 구가했는데, 그들은 그리스와 로마의 설계 언어들의 생명력이 여전함을 보여주었다. 반면 나쁜 예도 있다. 벽돌 상자에 고전주의적 치장만 하면 상류 사회로 가는 통행증을 얻은 것처럼 생각하던 졸부들의 겉치레로 고전주의 건축이 이용되어 온 것이다. 또한 나치 독일과 손잡은 알베르트 슈피어는 강력한 정치 사회적 질서의 상징으로 고전주의를 채택했다. 나치 독일에서는 게르만 민중이 독재정부에 복종하듯이 건축이 고전주의에 복속해야 했다.

근대주의의 옹호자나 다양한 미학적 견해의 자유주의자들이 고전주의가 원래 비민주적이라는 주장을 펼쳐 왔으나 분명히 사실과 다르다. 고전주의가 히틀러의 독일이나 무솔리니의 이탈리아에서 언어로 작용했던 것과 같이 루스벨트의 미국, 스톡홀름 시(45쪽), 런던 교통국(46쪽)의 언어이기도 했다. 도덕적인 견지에서 20세기 건축을 보려던 많은 사람들에게 고전주의 건축이 덫으로 작용하였을지도 모른다. 산업사회의 삶과는 무관해 보이는 열주와 박공벽뿐 아니라, 건축에 들어간 노동을 감추고 노동하는 일상의 목적을 거의 드러내지 않는 고전주의 건물 정면 모습의 '부정직함'도 다소 잘못된 것처럼 보이기도 한다.

나치가 확실히 고전주의에 오명을 안겼다. 그러나 당황스럽게도 1980년대의 영국 건축가들이 근대주의의 과잉에 대한 반발로 고전주의 건축의 겉모양만 부흥하려 했다. 결과는 안타까웠다. 그리스와 로마의 정신을 되살리려고 애쓴 선배 건축가들을 흉내 내는 데 그치고 말았다. 20세기에 고전주의가 많은 오류에 빠지기도 했지만, 스톡홀름 시립도서관 건물처럼 올바르게 적용된 경우도 있다.

아에게 터빈 공장 AEG Turbine Factory

페터 베렌스, 1909, 독일 베를린

페터 베렌스(1868~1940)는 20세기 건축과 디자인의 역사에서 특별한 위치를 차지하는 사람이다. 여기 보이는 것처럼 첫 근대적 공장을 설계하고 미래의 인재들인 르 코르뷔지에, 발터 그로피우스, 루트비히 미스 반 데어 로에 등을 훈련시켰을 뿐 아니라 대규모의 근대적 독일 전기 회사인 아에게에 확실한 기업 이미지를 준 첫 번째 인물이다.

그는 원래 화가였는데 건축과 산업 디자인 쪽으로 직업을 바꿨다. 1907년부터 아에게에서 포장, 카탈로그, 포스터, 편지지, 전시장, 매장과 조리기구, 방열기, 전등 등을 디자인했다. 1909년에 그가 설계한 첫 아에게 공장이 완공됐는데, 그때나 지금이나 근대적 산업 기술과 생산의 사원으로서 걸작이다. 그러나 사원의 모습을 한 이 터빈 공장은 교묘하게 구현되고 미묘하게 표현된 환영이다. 언뜻 보기에는 대강 만든 것 같은 석조가 사실은 가벼운 철구조 위에 무게가 덜 나가는 콘크리트를 씌운 것이다. 그리고 처마 네 귀퉁이의 가는 이음새와 그리스의 팀파늄에 해당하는 정교한 금속틀에서는 그 인위성이 돋보인다. 고전적 문화 및 역사를 산업사회의 상업성과 생산이라는 새로운 실재와 융합하려는 시도가 빛나는 건물이다.

해군성 아치 Admiralty Arch

애스턴 웨브, 1909, 영국 런던 트라팔가 광장

영국 건축가 애스턴 웨브(1849~1930)는 당대에 가장 명성이 높았고 많은 작품을 건축한 사람이다. 그에게 버킹엄 궁의 모습을 순정한 고전주의풍으로 고치고, 런던의 진정한 대로인 몰(The Mall) 공사를 다시 시작하고, 궁전과 대로로 향하는 관문이라 할 수 있는 해군성 아치를 설계하라고 의뢰했을 때만 해도 대영제국의 태양은 아직 빛나고 있었다.

세계 어느 나라에 있더라도 웅장한 기념물일 이 문은 영국풍의 잘 생긴 관문이다.

건축 당시만 해도 세계 최강이었던 영국 해군의 많은 사무실들이 해군성 아치에 운집해 있었다. 1997년에 해군이, 대영제국의 야망과 사회복지의 이상이 훼손된 런던 거리에서 자던 수천 명의 젊은이를 위한 임시 거처로 이 건물을 내놓았다.

웨브는 결코 미적으로 타협하지 않는 고집스런 사람이었다. 그는 의뢰자가 요구한 그대로 건축했다. 그러나 이 해군성 아치에서 보듯이, 형태적으로는 좀 모자라는 듯한 예술 작품을 마음속에 그리면서 도시를 걷는 경험을 하는 것도 좋다.

지난 날 멸시를 받던 해군성 아치가 이제 영국인의 마음속보다는 관광 안내서에서 더 현실감 있는 영국의 미래를 향한 문으로서 사랑받게 되었다.

펜실베이니아 역 Pennsylvania Station

매킴 미드 앤드 화이트 사, 1910, 미국 뉴욕

고대 로마제국의 욕장이 처음 있었고, 다음으로 철도가 있었다. 그리고 팩스턴 수정궁(런던, 1851), 발타르와 알레의 중앙 시장(파리, 1866), 뒤테르의 기계 홀(세계박람회, 파리, 1889)이 있었다.

이 모두를 하나로 합친 결과물인 펜실베이니아 역은 모든 철도역 중 가장 장려하고 낭만적이며 감격적인 건물이었다. 런던의 유명한 유스턴 아치와 마찬가지로 해체되어 지금은 지하로 향하는 초라한 구멍 하나가 역 입구 역할을 하고 있다.

매킴 미드 앤드 화이트 사는 20세기의 첫 40년 동안 그 극점에 달해 있던 미국 철도의 야망과 규모에 걸맞게 철, 강철, 유리로 된 궁을 만들었다.

매킴 미드 앤드 화이트 사는 당시 최고의 건축회사라 할 수 있으며, 그 건축물은 싱글 스타일의 멋진 시골 저택으로부터 펜실베이니아 역, 컬럼비아대학(1902), 브루클린 미술관(1915) 등 대형 공공건물에까지 이른다.

세 건축가의 기량은 완벽하게 합체되었다. 찰스 매킴(1847~1909)은 기념물을 설계하는 재능이 뛰어났고, 스탠퍼드 화이트(1853~1906)는 장식적이고 회화적인 양식을 많이 썼으며, 윌리엄 러더퍼드 미드(1846~1928)는 실제 건축을 담당했다. 카라칼라 대욕장에서 그 형태를 본받은 펜실베이니아 역은 북미 증기 기관의 전성기에 꼭 맞아떨어지는 신전이었다.

정부 청사 Government Offices

존 브리든, 1912, 영국 런던 의회 광장

전쟁으로 다가가던 대영제국의 건방지고 거만하며 정중하고 예의바른, 그러면서도 다소 자신 없어하는 모습이 보이는 건물이다. 과대 포장이긴 해도 멋진 정부 청사는 스코틀랜드인 존 브리든(1840~1901)의 작품이다. 그는 크리스토퍼 렌, 존 밴브러, 니콜라스 혹스무어 등의 영국식 바로크주의만이 진정한 양식이라고 믿었다. 1889년 런던에서 열린 건축협회 강연에서 그는 이 양식이야말로 '어떤 면에서는 이탈리아 르네상스보다 뛰어난 것'이라고 했다.

부흥한 바로크 양식이, 존 내시의 리전트 가를 재건한 레지널드 블롬필드나 런던 리츠 호텔의 야자수 정원으로 유명한 뮤와 데이비스 같은 보자르 프랑스 고전주의 건축가에게 명목상으로는 그 지위를 넘겼지만, 1920년대까지 좋이 지속되었다. 이 청사는 깔끔하게 구성되고 총체적으로 잘 만들어진 건물이지만, 그 정신에 있어서는 바로크보다는 팔라디오 양식에 가깝다. 바로크 양식을 담고 있는 유일한 것은 렌의 영향을 받은 것이 뚜렷한, 중앙 정원으로 들어가는 입구에서 눈에 띄는 쌍둥이 탑의 장식적 세부이다. 렌의 우아함이나 혹스무어의 음울한 지성, 밴브러의 연극성을 담아내지는 못했다. 영국 고전주의는 이런 의연하고 신사적인 노력으로부터 서서히 추락해 간다.

그랜드 센트럴 역 Grand Central Station

워런 앤드 웨트모어 · 리드 앤드 스턴 사, 1913, 미국 뉴욕

그랜드 센트럴 역의 저명한 중앙 홀은 세계에서 으뜸으로 꼽힐 만한 만남의 장소이다. 당당하고 품위 있을 뿐 아니라 기능적으로도 훌륭한 공간이다. 1978년에 내려진 기념할 만한 판결에서 미국 대법원이 모든 역 중에서 가장 위대한 이 건물을 사적(史蹟)으로 지정, 펜실베이니아 역(36쪽)과 같이 될 뻔한 운명으로부터 구해 주었다. 증기 기관차가 뿜은 연기 때문에 발생한 심각한 사고 후, 1902년부터 계획된 이 역은 미래의 기차들이 모두 전기로 움직일 것을 예상하고 건설되었다. 그런 열차들은 지하로도 안전하게 다닐 수 있다고 생각했으므로, 승강장은 지하로 파 내려간 중층 구조가 되어 총 100개가 넘었다.

토목공사는 윌리엄 존 윌거스 대령(1865~1949)이 맡았다. 건축은 애초 미네소타 철도 전문인 리드 앤드 스턴 사가 맡았으나, 보자르에서 훈련받은 워런 앤드 웨트모어에게 1911년에 인계되어 20세기의 로마 공회당 같은 모습으로 바뀌었다.

중앙 홀은 가로 36.5미터, 세로 125.5미터, 높이 38미터의 위용을 자랑한다. 높은 아치형 채광창이 안을 밝히며, 러시아워가 아닌 경우, 지나는 사람의 눈길은 하늘을 그린 폴 헬로의 현란한 천장화로 향한다.

유니언 빌딩 Union Buildings

허버트 베이커, 1913, 남아프리카공화국 프리토리아

보어전쟁 후 남아프리카공화국은 영연방의 일원이 되었다. 비록 영국이 오기 얼마 전이었지만 프리토리아에 의회 건물이 서게 되었다. 1903년에 케이프타운으로 온 영국인 건축가 허버트 베이커(1868~1942)가 설계를 맡았다. 베이커는 원래 미술공예운동의 전통을 교육받은 사람이었으나, 케이프타운의 네덜란드 식민지 건축물에 마음이 끌렸다. 1909년 세실 로드가 이 건물의 설계를 그에게 맡길 즈음에는 케이프타운의 네덜란드식과 영국 미술공예운동, 렌과 혹스무어의 바로크를 결합한 양식에 도달했다.

그는 의회 건물로부터 그 아래 시내까지 커다란 정원이 펼쳐지는, 프리토리아의 가파른 언덕에 유니언 빌딩을 세웠다. 우아한 석조 건물 두 동이 렌 양식의 돔 탑을 이고 있는 우아한 모습인데, 곳곳에 정원이 있고, 지붕 있는 바로크식 회랑으로 연결되었다. 중앙 회랑을 베이커 설계의 약점으로 지적하는 이도 있지만 베이커의 이런 우아한 과묵함은 조용하면서도 자신감 있는 정부 조직을 보여 준다. 어엿한 정부를 꾸미는 데 80년이란 세월이 소요된 것은 또 다른 문제다. 베이커가 영국으로 돌아가기 전에 인도에서 루티엔스(47쪽)와 사이가 틀어지기도 했다. 그의 또 다른 대표작은 트라팔가 광장의 남아프리카 하우스다.

에드워드 7세 갤러리 King Edward VII Galleries

존 버네트, 1914, 영국 런던

존 버네트(1857~1938)는 글래스고 출신으로 파리의 보자르에서 공부한 후 런던에서 그리스, 이집트, 시카고의 웅대한 양식으로 공공건물과 상업건물들을 많이 건축했다. 시카고 양식의 영향을 받은, 킹스웨이 코다 빌딩(토마스 테이트와 공동설계, 1911)이 그의 건축 중 가장 앞선 것이라면, 로버트 스머크의 신고전주의적 건물인 대영박물관을 증축한 것이 가장 크고 유명한 것이다. 이오니아식 기둥들이 전면에 늘어선 이 건물은 확연히 현대적인 강철틀을 한 두 층의 창들이 기둥 사이에 있는 철골 구조다. 긴 전면에는 장대한 층계로 연결되는 작은 입구 하나만 있는데, 그 양쪽에 오연하고 거대한 사자상 한 쌍이 자리하고 있다. 이 건물 모습이 그리스식이긴 하나, 1820년대에 만들어진 스머크의 입구 쪽과는 그 기질 면에서 다르다. 스머크의 것이 고고학적으로 정확하다면, 버네트의 현대적인 그리스 양식은 보자르의 영향을 많이 받았고, 워싱턴이나 파리에 익숙한 것들이다. 이 건물은 피와 주검의 1차 세계대전 속으로 들어가는 영국을 바라보았다.

런던 다리의 북동쪽에 면한 신이집트 양식의 아델라이드 하우스(1925)와 블랙프라이어스 다리를 굽어보는 유닐레버 하우스(1932)가 그의 후기작들이다.

주 법원 County Court

군나르 아스플룬트, 1920, 스웨덴 솔베스보르크

군나르 아스플룬트(1885~1940)는 20세기의 위대한 건축가 중 한 사람이다. 그리스 신전만큼 고전적인 동시에 현대적인 그의 건축물들은 탈시간성이라는 닿기 어려운 목표에 20세기의 다른 건축가들보다 더 근접해 있다. 그의 건축물들은 명료하고 대칭적이며 원천적으로 매력적인 설계에 기초한다는 점에서 예외가 없다.

솔베스보르크 주 법원의 도면을 보면 직사각형의 밑면 위에 원이 그려져 있다. 그 원이 바로 법정인데, 이 낭만적 건물의 초점이라 할 수 있다. 아스플룬트는 법원 건물 전체에 그의 손길을 남겼는데, 놀라우리만큼 인간적인 정의의 요람에 아직도 시간을 알려 주는 길고 멋진 시계와 대부분의 가구를 직접 디자인했다. 이 공공건물은 외관상 스웨덴의 전통적 농가의 모습을 하고 있지만, 내부는 밝고 따뜻하며 논리적인 구조다. 단순하면서도 확신에 찬 권위가 느껴진다.

건축 당시만 해도 스웨덴은 인구 500만이 겨우 되는 농업국가였다. 아스플룬트의 후기작에 나타나는 규모와 야망은 산업국가로 진입하는 스웨덴의 급격한 변화를 반영한다.

그가 1930년 스톡홀름 박람회에서 보여 준 생기 넘치고 영향력 있는 현대적 디자인들은 20세기에 스웨덴의 디자인과 건축이 가야 할 길을 제시했다.

미들랜드 은행 Midland Bank

에드윈 루티엔스, 1922, 영국 런던 피카딜리

20세기에 고전주의 전통을 원형 그대로 살린 사람이 바로 루티엔스다. 크리스토퍼 렌의 성 제임스 교회 바로 옆 건물인 미들랜드 은행 피카딜리 지점만 보아도 알 수 있다.

마치 햄프턴 궁의 일부를 옮겨 놓은 것처럼 장려한 창에 조금 큰 듯한 출입구, 경사진 지붕, 벽돌과 손질한 돌로 마감한 것 등이 멋지다.

벽돌작업 솜씨가 뛰어나고, 건물이 전체적으로 단정하고 좋은 느낌을 준다.

루티엔스는 고전적 건축 규범이 존경뿐 아니라 침해와 재해석 속에 있음을 본능적으로 알고 있었다. 바로 이런 이유에서 그는 근대주의 운동이 발아하던 시기에 고전주의가 결코 죽지 않았음을 보여 줄 수 있었다.

아마도 루티엔스가 공공연히 심각하게 구는 것을 거부했기 때문에(건축가들은 꽤 심각한 경향이 있다.) 20세기 중반의 역사가들이 그를 쉽게 지나쳤는지도 모른다. 한 연회에서 조지 5세 왕의 옆자리에 앉아 생선 접시와 따분하게 씨름하던 루티엔스는 비스듬히 몸을 굽히면서 "요게 모든 깨달음을 거친 대구 쪼가리입니다." 하기도 했다. 뉴델리의 총독 관저 개관일에는 웨스턴이라는 이름의 목사에게 소개되자 루티엔스가 물었다. "저 위대한 서부와 무슨 관계라도 있습니까?"

작은 은행 지점 건물 하나에도 그런 익살과 빼어난 건축술이 함께 어우러졌다.

링컨 기념관 Lincoln Memorial

헨리 베이컨, 1922, 미국 워싱턴 D. C.

1차 세계대전의 공포와 파괴를 겪지 않고, 그 기간에 생겨난 철학과 디자인의 조류도 접하지 않았던 미국을 유럽의 관점에서 본다면, 미국은 꽤 늦게까지 근대주의 운동에서 떨어져 있었다.

2차 세계대전 때까지 주류 건축 양식은 매킴 미드 앤드 화이트같이 영향력 있는 건축회사들이 발전시킨 장대한 보자르식 고전주의 전통과 다양한 토착적 낭만주의, 할리우드에서 촉발된 아르데코 등이었다.

링컨 기념관을 설계한 헨리 베이컨(1866~1942)은 매킴 미드 앤드 화이트 사 출신으로 성공한 많은 사람 중의 하나다.

에리히 멘델존이 포츠담에서 아인슈타인 타워를 설계하는 동안 베이컨은 워싱턴 D. C.의 장려한 링컨 기념관을 만들고 있었다. 유럽식 안목으로 보면 이 희고 거대한 코린트식 기념물이 시대에 뒤진 것일 수도 있다. 하지만 미국에서 이것은 민주적 전통에 대한 찬양과 지속성을 나타낼 뿐 아니라 고대 그리스와 로마의 방식에 깊게 빠졌던 미국 헌법 제정자들의 이상에 뿌리를 둔 전통의 건축적 표현이었다. 미국의 힘을 과시하는 것과는 사뭇 다르게, 링컨 기념관은 미국의 자유와 민주주의를 찬양하였다. 이 기념관은 건축이 결코 단순한 방식으로 '읽히지' 않을 수 있음을 보여 준다. 하나의 양식은 여러 의미를 가질 수 있다.

셀프리지 백화점 Selfridges Department Store

다니엘 버넘, 1926, 영국 런던

20세기의 로마 공회당이라 할 수 있는 이 장대한 건물은 런던에서 아주 유명하고 큰 백화점이다. 시카고의 유명 백화점인 마셜 필드에서 일하던 미국 상인 고든 셀프리지가 1908년에 자기 이름으로 영국에 영업 아이디어를 수출하면서 발주해 건축되었다. 수십 년간 건축을 일정한 틀로 제약하던 런던의 건물 규제가 옥스퍼드 거리 북쪽의 옛 조지 양식 주택가에 백화점 건물이 서는 것을 허락할 만큼 셀프리지는 여러 면에서 혁명적이었다.

영국에 철골 구조 건축이 처음 도입되던 시기의 건물 중 규모 면에서 가장 컸다. 영국 건축에서 전례를 찾을 수 없을 정도로 칸막이를 없애 극적으로 열린 내부 공간을 자랑했다. 상점일 뿐 아니라 즐거움을 주는 궁전이기도 했던 그곳에는 흡연실과 먹고 마시는 장소가 따로 있었다. 매장 감독도 없어서 고객들이 진열된 모든 상품을 직접 확인해 보고 스스로 구입을 결정할 수 있었다.

설계 도면과 목표는 급진적이었지만, 건물의 골격은 거창한 로마식이었다.

설계와 구조 및 전체적 개념은 마셜 필드를 설계한 다니엘 버넘(328쪽)이 맡았지만, 웅장한 고전주의적 양식과 장식은 프랜시스 스웨일스의 작품이다. 중앙에 세우려던 거대한 탑은 끝내 만들지 못했다.

스톡홀름 시립도서관 Stockholm City Library

군나르 아스플룬트, 1928, 스웨덴 스톡홀름

20세기의 위대한 건물 가운데 하나다. 어떤 건축물도 시대를 초월한다고 말할 수는 없다. 하지만 이 건물은 그 목표를 거의 이루었다. 고전주의 건축의 필수 요소들을 원주, 입방체, 정방체 등 원형적 순수로 조합해 장대하고 관능적이며 심원한 방식으로 한데 모았다. 건물 전체에 자재를 풍족하게 사용한 것도 건축의 성공에 크게 기여했다.

북 모양을 한 상부 구조물로 들어와 책상을 가로질러 열람공간을 채우고 계단과 복도에 떨어지는 양질의 채광 또한 일품이다. 이 도서관은 빼어난 수공예적 감각을 담고 있으면서도 겉모양은 소박하다.

개관 당시 아스플룬트의 나이가 마흔셋이었다. 그가 20세기 건축의 심미적·기능적 요구와 3,000년 전으로 돌아가는 고전주의의 정신적 지표 사이에서 해결점을 찾으려던 때에 이룬 최고의 작품이다.

브로드웨이 55번지 55 Broadway

찰스 홀든, 1929, 영국 런던

찰스 홀든(1875~1960)은 두 번이나 기사 작위를 고사한 퀘이커 교도였다. 비록 과소평가되기는 했어도 그는 영국의 훌륭한 건축가다.

원래 미술공예적 작풍을 보이며 일을 시작했지만, 1920년대 런던 지하철 공사의 뛰어난 책임자였던 프랭크 픽(1878~1941)과 가깝게 일하면서 달라졌다. 웨스트민스터 성당 근처에 있는 픽의 새 본사 건물 설계에서 홀든은 독특하게도 강철 골조를 석재로 감쌌다. 십자형이라서 건물의 모든 방에 햇빛이 잘 든다. 아래에는 성 제임스 공원 역이 있고, 위에는 고전적 탑이 있다.

브로드웨이 55번지를 도로에서 물러나 보면 아주 독특한 모습인데, 친근하게 느껴지는 이 건물이 도시 한 구역을 모두 차지하고 있기 때문에 가까이 다가가지 않으면 거의 알아볼 수 없을 정도다. 건물 측면에 헨리 무어, 제이콥 엡스타인, 에릭 길 등 저명한 조각가들이 바람의 정령을 표현한 작품이 있다. 이를 두고 당시 논쟁이 있었다. 건축가들은 건축물이 다른 예술품의 좌대처럼 쓰일 수 있느냐를 따졌고, 한편으로는 장식 없이 있는 그대로의 상태의 건물도 예술품인가를 따졌다.

홀든은 빼어난 런던 지하철역들과 런던대학 이사회 건물 등의 설계를 계속했다.

46 | 20세기 컬렉션 건축

총독 관저 Viceroy's House

에드윈 루티엔스, 1931, 인도 뉴델리

1947년에 인도가 독립할 때까지 영국 건축 양식이 인도에 강요되었다. 1870년대까지 영국령 인도의 건물들은 영국의 유행을 반영했다. 빅토리아조 때 벌어진 '양식의 싸움' 기간에 봄베이는 고딕 양식, 캘커타는 고전 양식으로 채워졌다.

1870년대 이후, 인도 고유의 양식과 영국의 것이 섞여 아름다운 '인도-사라센' 양식의 공공건물들이 탄생했다. 그것이 비록 고풍스러운 양식이었지만, 서로 전혀 다른 인도와 유럽 양식을 제대로 융합할 수 있는 건축가는 거의 없었다. 가장 성공적인 시도는 대영제국의 해가 뉘엿뉘엿 질 때 있었다. 바로 루티엔스의 웅장하고 확신에 찬 총독 관저(현재 대통령 관저인 라쉬트라파티 바반)다. 이 건물은 뉴델리라는 왕관에 박힌 보석과도 같다. 르 코르뷔지에도 감탄한 건물이다.

아름다운 붉은색과 황토색의 사암으로 만들어지고 돔형 지붕을 한 이 거대한 궁은 반짝이는 빛을 받는 루티엔스식 '레네상스' 바로크인 영국 고전주의와 인도식 세부의 성공적인 결합이다. 또한 1912년부터 1931년까지 뉴델리를 함께 건설한 루티엔스와 그의 경쟁자 허버트 베이커(39쪽)가 만든, 가로수가 늘어선 장대한 도로의 한쪽 끝에 믿기 어려울 만큼 위대한 배치를 한 것이다.

대리석이 깔린 복도는 델리의 더위에도 불구하고 아주 시원하다. 서까래만 있고 천장이 없어서 열은 나가고 별빛은 들어오는 방이 있고, 동양적 환상을 뿜어내는 정원도 있다. 건물은 완벽하게 관리되어 왔다.

아너스 그로브 지하철역 Arnos Grove Tube Station

찰스 홀든, 1932, 영국 런던

현대 기차역이 갖춰야 할 사항과 고대 로마의 건축, 네덜란드와 북독일의 근대 건축, 영국의 신사적인 절제와 벽돌작업 기술 등이 모두 결합된 절묘한 건물이다.

유리와 벽돌 처마가 얹혀진 원통형의 지붕, 마찬가지로 유리와 벽돌로 만들어진 벽이 바라보기에도, 사용하기에도 즐거운 건물이다. 무엇보다 이 건물은 런던여객운송국의 책임자였던 프랭크 픽(1878~1941)의 꿈을 보여 준다. 런던을 세계에서 가장 좋은 통합운송체계를 갖춘 도시로 만들고 싶어하던 픽의 노력 덕에 런던은 여러 해 동안 그 방면에서 최고의 도시였다. 1923년에 픽이 홀든을 영입했다. 1차 세계대전 기간에 공병 중위였던 홀든은 그때까지 제국전쟁분묘위원회의 의뢰로 인상적인 전쟁 기념물을 여럿 설계했다. 1925년에 시작된 런던 지하철 북부 노선의 역들을 설계할 때부터 그들의 설계 방식이 달라졌다. 1930년대 초 피카딜리 노선의 여러 역 중 아너스 역이 가장 뛰어났다. 이 역을 설계하기 전에 픽과 홀든은 네덜란드와 독일의 최신 건축 답사를 위해 여행도 했다. 그들은 뒤도크(163쪽)의 작업에서 강한 인상을 받았고, 그 영향은 홀든이 아너스 그로브 역을 설계할 때 분명하게 반영되었다. 아스플룬트의 스톡홀름 시립도서관(45쪽)에서 받은 영향도 느낄 수 있다.

사바우디아 신도시 Sabaudia New Town

루이지 피치나토 · 지노 칸첼로티 · 에우게니오 마르투오리 · 알프레도 스칼펠리, 1933, 이탈리아

이탈리아 파시스트의 신도시로 건설된 지 약 70년이 지난 사바우디아는 로마제국의 분위기를 지니고 있는데 강렬하면서도 다소 냉랭한 모습이다. 합리주의 건축과 도시 계획을 함께 구현한 설계라서 데 키리코의 그림이 현실화된 듯한 느낌을 준다.

그러나 폰틴 습지에 강제로 만든 작은 마을 사바우디아는 교외라는 의미가 지배적인 영국의 신도시와는 규모나 위상이 사뭇 다르다.

사바우디아는 악명 높은 모기서식지인 폰틴 습지에 무솔리니 정부가 만든 네 마을 중 하나다. 무솔리니는 습지의 물을 빼 말라리아를 퇴치했다. 마을의 설계는 로마식 신도시에서 볼 수 있는 '토착적' 양식에 대한 의식적 대응이었다.

피치나토(1899~1983)와 그의 동료들은 1928년에 로마에서 열린 〈1회 합리주의 건축전〉에서 이곳과 다른 곳에서 실행하려 했던 것, 즉 분명한 선, 장식의 배제, 기념비적 감각 같은 것들을 보여 주었다. 건물들, 특히 중앙의 교회가 음울하고 엄숙하다.

엄격한 건물 정면을 가르며 드리워진 부서질 듯한 그림자나 광장에 새겨진 종탑의 그림자를 보면, 고도로 단련된 질서가 있는 건축임을 알 수 있다.

오프셋 격자판 위에서 설계된 이 마을의 질서 정연하고 딱딱한 느낌은, 중심축 남단에서 '라고 디 파올라'와 연결된 공원이 완화시켰다.

중요한 성과라 할 수 있는 건축이고, 이를 통해 알도 로시(304쪽)를 중심으로 형성된 이탈리아 합리주의 후기 세대 작업의 면모를 알 수 있다.

올림픽 경기장 Olympic Stadium

베르너 마르히, 1936, 독일 베를린

레니 리펜슈탈의 강렬한 기록영화 〈올림피아드〉의 감동적 배경인 이 위압적인 경기장은 건축이 정치적 의지력을 얼마나 효과적으로 상징하는가를 보여 준다. 아돌프 히틀러 정권 하에서 건축은 가장 효과적인 정치 도구로 이용되었다. 12만 석 규모 올림픽 경기장의 첫 도면을 본 총통은 마르히(1894~1976)가 철골을 노출한 것에 비판적이었다. 마르히는 현대적 기념물을 만들려 했고, 히틀러는 고대 로마 영광의 재창조를 원했다. 히틀러가 총애하던 건축가 알베르트 슈피어(53쪽)의 개입으로 결론이 났다. 슈피어는 화강암과 석회암을 입히는 영웅적 석조물을 설계했고, 대규모 열주를 둥글게 이었다. 바깥에서 보는 경기장의 규모도 컸지만, 그 입구는 깜짝 놀랄 만하다. 어찌나 높은지 도대체 무엇이 들어설지 짐작조차 할 수 없을 정도다. 방문객들을 경기장으로 인도하는 끝없이 긴 도로 편에서 보면, 트랙과 운동장이 구조물들보다 훨씬 낮은 자리에 있다.

규모는 제쳐놓더라도, 이 경기장은 현저히 문명화된 스포츠 건축이다. 식당과 휴게실, 탈의실 등이 있었는데 뒤쪽 경기장의 시야를 막는다는 이유로 헐렸다. 경기장은 오늘날에도 활발히 이용되며 확실히 1,000년은 갈 것이다. 히틀러 정권은 1,000년에서 988년을 남기고 사라졌지만 말이다.

모스크바 호텔 Hotel Moskva

알렉세이 수세프 등, 1936, 러시아 모스크바

이 기념비적인 호텔에 얽힌 오래된 우스갯소리가 하나 있다. 알렉세이 수세프(1873~1949)가 스탈린에게 설계를 설명할 때, 같은 종이에 두 가지 도면을 그려 갔다. 고개를 끄덕이던 스탈린이 문서에 서명했고 그것으로 끝이었다. 하나의 호텔 건물에 두 개의 설계를 완성해야 했다. 아무도 스탈린 동지에게 이의를 제기할 수 없었다. 순수한 '스탈린주의적' 설계로 된 건물 중 초기작에 속하는 모스크바 호텔은 한 건물에 두 개 이상의 건물이 함께 들어 있는 듯한 느낌을 준다. 이 호텔이 러시아 사냥개 보르조이의 아침밥 같은 모습을 하게 된 데는 사연이 있다. 당시 혁명적 구성주의자들의 건물이 소련에서 더는 허용되지 않는다는 사실을 모르던 두 명의 젊은 건축가 사바레프와 스타프란이 설계한 꽤 현대적인 건물을 꾸미는 데 수세프가 투입되었다. 그는 어떤 양식이든 소화해 낼 능력이 있는 뛰어난 건축가였다.

수세프는 17층짜리 건물을 화강암, 대리석, 청동, 기념비적 세부 등으로 모조리 덮어 버렸다. 끔찍한 모습이 되었지만 서류상의 요구에는 맞아떨어졌고, 스탈린 시대 허식적인 건물의 기준이 되었다. 소련이 니키타 흐루시초프 자기를 잠깐 겪고 레오니드 브레즈네프 통치 아래 망령 들어 가던 1970년대까지 볼품없는 안쪽 건물은 완공되지 못했다. 방의 설비는 훌륭했고, 꼭대기 층의 화려한 식당은 오랜 세월 동안 '동지들'의 최고 자랑감이었다.

마야코프스카야 지하철역 Metro Mayakovskaya

알렉세이 두쉬킨, 1938, 러시아 모스크바

모스크바 지하철은 1935년 처음 개통된 이후 무섭게 뻗어 나갔다. 2000년 현재 열 개 노선에 역이 150개에 달한다.

오래된 역들은 참으로 훌륭한데, 비싼 물자를 아낌없이 써 바로크식 지하 궁전이나 지하 대성당을 방불케 한다.

기본적으로 두 유형, 즉 격렬한 바로크 형태와 발레 분위기를 주는 형태로 나뉜다. 마야코프스카야 역은 두 번째 유형으로 초기 역 중 아주 설득력 있게 만들어진 것에 속한다. 재능 있는 설계자 알렉세이 두쉬킨(1904~1977)이 설계를 맡았다. 그는 당의 총애를 받아 누구나 탐내던 스탈린상을 세 번이나 탔고, 결코 관의 기호에서 벗어나지 않도록 처신했다. 청동 횃불로 밝혀지고, 별과 망치와 낫의 소비에트 문양으로 장식된 서른여섯 개의 둥근 지붕이 지하 중앙홀을 덮었다. 이 둥근 지붕들은 밝고 어두운 색의 대리석을 박고 스테인레스 스틸로 테두리를 하여 인상적인 일련의 아치들이 지지하고 있다. 플랫폼도 둥근 천장을 이고 있으며, 신고전주의식 등이 달려 있다.

이 역의 모형이 1938년 뉴욕 세계박람회에 출품되어 1등상을 탔다. 그러나 최고의 시간은 1941년 11월에 왔다. 구데리안 장군의 독일 기갑부대가 모스크바의 관문에 닿아 도시 일부가 소개되었다. 그때 스탈린이 지하 깊은 곳에 있는 이 역에서 전 정치국원에게 연설을 하고 효과적인 반격을 시작하였다.

그로세 할레 Grosse Halle

알베르트 슈피어, 1938, 독일 베를린

만약 이 건물이 지어졌다면, 높이 약 300미터에 나치 열성당원 18만 명을 수용하는 거대한 규모로, 가장자리까지 최대한 청중을 채워 넣는다면 건물 내부에서 구름이 생기고 비도 흩뿌려 총통의 발광적인 연설을 듣기에 안성맞춤인 바그너적 분위기가 연출되었을 것이다.

그로세 할레는, 1933년에 화재로 심하게 손상되어 노먼 포스터 경(278쪽)이 재건축한 의사당 자리에 세워질 예정이었다. 나치의 궁전, 사무실, 호텔, 극장 들이 늘어선 남북으로 뻗은 행진용 도로의 정점에 위치할 계획이었다. 또 그 도로는, 에른스트 자게빌이 1941년에 건설해 나치 시대의 것 중 드물게 남아 있는 건물 중 하나인 템펠호프 공항과 새로 만들어진 베를린 남역으로 이어지게 되어 있었다.

히틀러가 총애하던 알베르트 슈피어(1905~1981)가 히틀러의 스케치에 기반을 둔 돔의 건축을 맡았다. 돔은 기본적으로 로마의 판테온을 본떴지만, 높이가 그것의 다섯 배이고 부피는 열여섯 배였다. 슈피어는 뉘렘베르크 경기장(1937) 설계로 입지를 확보하고 새 베를린 건축의 책임자가 되었다. 이 건물은 게르마니아(Germania)로 불릴 예정이었으며, 독일 승전 후 1948년에 세울 계획이었다. 전쟁 중 슈피어는 전시 생산 및 동원 장관으로 다시 승진했고, 1946년 뉘렘베르크 재판에서 25년형을 선고받았다. 세계적으로 유명해진 회고록을 남겼으며, BBC와 영화를 만들던 중에 런던의 호텔 침실에서 애인과 함께 죽었다.

총통 관저 Reich Chancellory

알베르트 슈피어, 1939, 독일 베를린

1938년에서 1939년 사이, 독일 전역에서 노동력과 물자를 끌어 모아 급하게 총통 관저를 지었다. 위대한 19세기 프러시아 건축가 카를 프리드리히 쉰켈의 설계에 기초한 이 신고전주의적 궁전을 통해 히틀러 치하 새로운 독일의 정신과 본질을 표현할 목적이었다. 슈피어의 조직력은 비상했다. 신기술과 신자재를 전통적인 것들과 함께 쓰면서 1939년 9월, 폴란드를 침공하기 직전에 총통이 입주할 수 있도록 완공했다. 히틀러의 거대한 서재가 거울로 된 방까지 이어졌는데, 그 방은 슈피어가 베르사유에서 따온 것이었다. 히틀러가 2차 세계대전의 마지막 수개월을 지켜본 악명 높은 벙커가 이 건물의 지하에 있었다. 20세기의 끝자락, 한때 도시의 한 구역 전체를 차지하던 건물에서 남은 것이라고는 총통의 지하 벙커뿐이다. 건물은 심한 폭격을 받았고, 1945년 5월에 베를린이 함락되자 연합군이 해체하였다. 첨단기술을 활용한 고전주의 건물의 보기로서 매력적인 건물이었다. 1,000년을 가리라 마음먹었으나 결국 988년을 남겨두고 사라진 냉혹한 정권의 한 상징으로서 어리석은 정치적 야심에 대한 적절한 기념물이 되었다.

최고 법원 Supreme Court

F. 베링턴 워드, 1939, 싱가포르

제국 양식의 마지막 시도라 할 수 있는 건물이다. 크리스토퍼 렌 (1632~1723) 경의 영국식 바로크에 많이 기댄 것으로 잘 알려진 에드윈 루티엔스 경과 허버트 베이커 경이 인도와 남아프리카공화국에서 한 작업으로부터 영감을 받았다. 많은 법원 건물이 이런 양식으로 지어졌고, 런던의 올드 베일리(에드워드 마운트포드, 1906)가 유명하다. 싱가포르 최고 법원은 마운트포드의 작품을 분명히 참고했다. 영국 건축가들은 루티엔스가 이름 붙인 이 '레네상스' 양식을 대영제국의 모든 식민지에서 적용했다.

루티엔스가 인도 뉴델리에서 제국 양식의 걸작 총독 관저(47쪽)를 완공할 즈음, 세계에서 가장 광활한 제국이던 영국의 해는 기울고 있었다. 또 베링턴 워드가 싱가포르 최고 법원을 완공할 때에는 제국이 바야흐로 침략받고 있었다. 일본이 1940년에 싱가포르를 차지한 것이다. 건물은 살아남아 지금도 활발히 사용되고 있다. 수백 년은 끄떡없을 것이다. 분명한 영국식 건물이 하늘거리는 야자수에 둘러싸여서 열대의 태양 아래 땀 흘리는 것을 보면 이상하기도 하지만, 넓은 복도와 큰 방들은 에어컨이 없이도 공기가 마음대로 드나들게 설계되어 시원한 실내를 보장한다. 싱가포르에서 당당히 제자리를 지키는 건물이다.

임간 화장장 Forest Crematorium

군나르 아스플룬트, 1940, 스웨덴 스톡홀름

천재의 작품이다.
숲이 우거진 언덕에 애도하듯이 그러나 아름답게 서 있는 이 화장장은 근대주의자가 된 20세기 고전주의자의 눈으로 본, 죽은 이들을 위한 고대 그리스의 아크로폴리스다. 엠스케데 언덕에 세 개의 예배당, 지하 납골당, 화장장 등이 세워졌다. 관대한 느낌을 주는 입구는 참배객들이 날씨에 상관없이 모일 수 있도록 설계되었다. 유해들이 납골당에 안치될 때 적연한 기둥에 달린 가스등이 우산 같은 덮개 아래에서 희미하게 탄다.

장소와 건축을 초월하는 아름다움과 상징을 담은 곳이다. 크고 단순한 나무 십자가가 인상적인 이곳은 고대 이집트 피라미드 이래 가장 위대한 건물로 나아가는 힘과 본질적인 간결함이 있다. 아스플룬트의 마지막 걸작이기도 하다.

한 스웨덴 건축가의 천재성은 고전주의 시대의 건축 정신을 20세기 중반에 적용하는 방법을 찾아냈다. 한편 과거를 부정하지 않고도 근대적일 수 있는 길이 있음을, 또 건축이 과장되고 급진적인 양식과 형태의 분절이 아니라 연속체임을 증명했다. 유럽의 다른 곳들이 전쟁 준비를 하는 동안, 아스플룬트에게는 영원한 안식을 상징하는 이 메멘토모리를 만들 기회가 생겼다. 그리고 그는 그 기회를 잘 살렸다.

국립미술관 National Gallery of Art

존 러셀 포프, 1940, 미국 워싱턴 D. C.

고전주의 전통이 여러 가지 방식으로 20세기에 살아남았는데 미국에서도 마찬가지다. 이것은 고전주의, 특히 순백의 고전주의가 고대 그리스의 민주적 가치 및 미국 독립전쟁 직후 유행한 건축 양식과 연관되었기 때문이 아닌가 싶다.

독일, 이탈리아, 소련과 달리 미국의 고전주의는 권위주의나 파시스트적 독단, 사회적 획일화와 연결되거나 혼동되지 않았다. 존 러셀 포프(1874~1937)의 국립미술관은 팔라디오 양식의 순정한 실천인데, 거의 동시대 작품인 트루스트의 뮌헨 미술관보다 학술적으로 더 정확하게 만들어졌다. 뮌헨 미술관은 한결같이 찬 느낌이고, 감탄하게 하기보다는 마지못해 존중케 하는 건물이라 사랑스러움과는 거리가 멀다.

토마스 제퍼슨부터 카를 프리드리히 쉰켈까지, 건물을 떠받치는 영감은 명백하지만 고전주의를 새롭게 해석한 흔적은 보이지 않는다. 국외자에게는 미국과 같은 열렬한 나라가 그토록 냉담하고 경직된 건축에 그 문화적 가치를 구현하려 한 것이 이상하게 보일지도 모른다.

그러나 미국이 스스로 만들어 온, 또 적응해 온 역사의 일부는 옛 문화나 고결함의 추구다. 포프의 국립미술관은 일단의 망명 과학자들이 원자폭탄을 개발하던 시기에 미국이 품은 문화적 야망을 보여 주는, 활기는 없어도 존경할 만한 기념물이 되었다.

레닌 도서관 Lenin Library

블라디미르 슈코 · 블라디미르 겔프라이히, 1941, 러시아 모스크바

레닌 도서관은 1928~1929년 설계 공모를 통해 지은 건물이다. 독일군이 모스크바 코앞까지 진격한 1941년에 완공되었다. 두 개의 안마당 주위에 세운 건물로, 변질된 고전주의적 설계를 기초로 했다. 어떤 면에서는 공격적으로 보이는 극적인 열주가 입구에 있다. 높은 키의 이 기둥들은 사각형이며 장식이 거의 없다.

그런데 초기 스탈린주의의 성전에 소장된 3,600만여 권의 책을 열람할 수 있는 2,300석 규모 열람실(18실)과 로비, 층계에 이르면 소박함은 자취를 감추고 갑자기 화려해진다.

이 장대한 건물은 전시실, 강의실, 연주홀, 사무실, 모스크바 지하철로 이어지는 통로 등도 갖추고 있다. 레닌 도서관은 엄격함과 풍족함을 함께 갖춤으로써 스탈린이 품은 강력한 소련에 대한 야망을 상징한다.

당시 소련은 공산주의 이상향으로 유약해지기는커녕 인민들을 제자리에 묶어 두기 위해 설계된 건물들이 엄격히 통제하고 종종 위협까지 하는 상태였다. 인민들을 누르는 힘의 일부는 공공건물의 완벽한 규모에서 나왔다.

스탈린 시대 초기에는 레닌 도서관에서 확인할 수 있는 것처럼 고압적이면서도 상쾌한 양식이다가 위대한 애국전쟁(1941~1945)을 승리로 이끈 후에는 고압적이고 현란한 것으로 바뀌어 갔다.

이탈리아 문명 궁전 Palace of Italian Civilization

궤리니 · 라파돌라 · 로마노, 1942, 이탈리아 로마

이탈리아 문명 궁전은 1942년 열릴 예정이던 로마 세계박람회의 출품작으로 설계되었다. 2차 세계대전의 발발로 박람회는 취소되었다. 대신 전쟁이 끝난 후에 박람회 터가 사무, 스포츠, 레저 건물의 새로운 중심이 되었고, 결과적으로 박람회를 위해 만들어진 전체주의 건축물들은 버려지지 않았다. 간소하고 딱딱하며 약간 위협적이기도 한 기념비적 건물이다. 반짝이는 석회화로 벽을 둘렀고, 각 층은 회랑으로 잘 연결되었다. 그런데 신기하게도 밖에서는 내부가 보이지 않는다. 근본적으로 홈이 있는 정권의 공허한 기념물, 텅 빈 건물처럼 보인다. 한편 진부할 정도의 단순함이 오히려 형태적 힘이 되어 인상적이고 기억에 남는 건물이다.

콜로세움의 디자인을 활용하여 사무용 건물을 만들겠다는 착상이었던 것 같다. 걸출한 위치와 건물을 둘러싼 힘찬 조각이 건물의 힘과 기념성을 강화한다. 이 궁전은 로마 세계박람회의 엄격하고 생기라곤 없는 건물들 중 하나다. 판테온에서 영감을 받은 교회와 이탈리아 문명 박물관이 이 궁과 나란히 있다. 그러나 그것들 역시 포장도로 위로 죽은 듯 솟아 있다.

건물의 규모와 투입된 대리석의 양을 생각하면 튼튼하고 아름다운 건축물들을 만들 수밖에 없을 것 같다. 감각적이고 따뜻한 이탈리아의 태양 아래에서도 냉랭해 보이는 고전적 건물들을 만들었다는 것이 어쩌면 하나의 성취일 수도 있겠다.

로모노소프 국립대학 Lomonosov State University

레프 루드네프 등, 1953, 러시아 모스크바

이 놀라운 건물의 완공을 얼마 앞두고 스탈린이 죽었다. 그리고 그의 열정적인 후원을 받은 이 건물은 공산 독재자가 행한, 전례 없는 공포 정치의 상징으로 널리 인용된다. 그래도 소비에트 벽돌과 강철로 높이 쌓은 이 웨딩 케이크를 보고 감동하지 않을 사람이 있겠는가. 과대망상 같아 보이긴 하지만 장엄한 것 또한 사실이다.
모스크바 강 70미터 높이 언덕 위에 선 대학 건물이 러시아 수도의 경관을 한눈에 내려다본다. 엄청난 조경을 자랑하는 정원을 통해 대로를 따라가면 본관이 있다. 거기에서 볼 수 있는 26층 높이 중앙 탑의 꼭대기에는 구소련의 상징인 붉은 별을 단 색다른 첨탑이 있다. 수없이 많은 사무실, 강당, 클럽 룸, 카페, 강의실, 실험실이 있는데, 거의 모든 방이 대리석과 모자이크로 풍성하게 꾸며졌고, 마감 솜씨도 흠잡을 데가 없다. 학생 기숙사(18층)와 교직원 아파트(12층)를 부속 건물로 두고 있다. 건물 전체에 장식을 아끼지 않았고 정교한 탑들이 멋을 더했다. 본관 뒤로 나지막하지만 큰 건물이 두 동 있는데 물리학부와 화학부다.
위대한 애국전쟁(1941~1945) 전, 붉은군대의 힘을 상징하며 위압적인 모스크바 프룬제 육군사관학교를 설계한 레프 루드네프(1885~1956)가 이 학술적 제국의 설계를 맡았다.

인민대회당 Great Hall of the People

자오 동리 · 장 보, 1959, 중국 베이징

중국 혁명에는 많은 모순이 있다. 인민을 위한 혁명이었나, 인민에 반한 혁명이었나? 마오쩌둥이 행한 1950년대의 '대약진운동'이나 1960년대의 문화혁명이 재난을 동반하긴 했지만 인민의 삶을 향상하려는 것이었나, 아니면 중노동에 시달리는 10억 인민을 기아나 야만적인 '정의'로 폭정 아래 두려는 것이었나? 뭐라 말하기 힘들다.

우리가 아는 것은 건축가들이 그 시기에 확실히 혼란에 빠졌다는 것이다. 새롭게 태어난 인민공화국을 표상하기 위해 소련이나 유럽의 혁명적인 양식을 취할지, 중국의 전통적인 특색을 다시 살릴지, 아니면 전혀 새로운 방식을 고안할지 갈피를 못 잡았다. 그리고 그들은 아무것도 하지 않았다. 대신 냉혹하고 야만적일 정도로 기능적인 구획선에 따라 집단 주거지를 건설했다. 정부 건물일 경우엔 거대하고 개성 없는 상자에 볼품없이 중국식 지붕을 얹는 식이었다. 게다가 종교나 미신이 공식적으로 금지되었던 공산 중국에서 저주로 여기던 고대의 풍수 원리를 지킨 흔적을 여기저기 남겼다.

지나치게 크고 황량한 공산 중국 건축의 본보기인 인민대회당은 경제가 크게 후퇴하고 수백만 명이 굶어 죽던 '대약진운동'의 비참한 시기에 세워졌다.

명백하게 반동적인 이 건물은 여러 국가적 용도 중 다양한 코스의 공식 연회용으로 설계되었다.

2장 고전주의 | 61

호반 아케이드 Les Arcades du Lac

탈레 데 아키텍투라 사, 1981, 프랑스 파리

'민중을 위한 베르사유 궁을 만든다'는 착상은 좋아 보였다. 리카르도 보필의 탈레 데 아키텍투라에 의뢰하여 호수 주변에 신고전주의 양식의 아파트 건물들을 짓게 했다. 아주 인상적인 계획이었다. 미리 채색한 패널을 조립해서 지어야 했다. 결과는 참담하다. 1980년대 초 탈레 데 아키텍투라는 전 유럽에서 유명한 회사였다. 이 회사가 대단한 고전주의 작풍으로 새로운 파리 교외의 거대한 부분을 설계하고 건축했다는 것을 아무도 믿지 못했을 것이다. 햇빛 찬란한 스페인 바르셀로나에서 그려진 드로잉은 매력적으로 보였으나, 실제로 지어진 건물은 너무 음산했다.

고도로 양식화된 콘크리트 용기에 구겨 넣어진 많은 집들이 어둡고 답답했다. 전면을 빼곤 고전주의적 균형과 조화가 아주 실패하고 말았다.

더 나쁜 것은 당시 파리 시장이던 자크 시락의 정책이었다. 가난하고 비참한 사람들을 파리 중심부 우아한 부르주아의 영광에서 멀리 떨어진 교외의 이 대단위 개발지로 이주케 한 것 말이다. 르네상스의 천국으로 구상되었던 곳이지만 곧 펑키의 지옥으로 변했다. 양식 하나만으로 매력적이고 바람직한 건축을 할 수 없다는 것을 증명하는 건물이다.

마른-라-발레 Marne-la-Vallée

탈레 데 아키텍투라 사, 1982, 프랑스 파리

탈레 데 아키텍투라가 담당한 조립식 콘크리트의 고전주의는 호반 아케이드에서 더욱 발전하여, 민중을 위한 베르사유라는 착상이 극한에 이른 본보기를 만들어냈다. 파리 신교외의 혼돈스런 상황은 모든 것이 참으로 음울하여, 사람들이 킹즈베리나 이스트 침의 유사 튜더식이나 새 조지 양식이라도 갈망하게 할 정도였다. 강렬한 건축과 공간감을 만들겠다는 보필의 구상은 이치에 닿는 것이었다. 그러나 규모가 문제였다. 균형과 채광도 마찬가지였다. 그리고 이것은 시작에 불과했다. 거대한 중앙 부분에는 황량한 아파트가 들어차 있고, 그 중 일부는 육중한 콘크리트 더미 한가운데를 통과하는 피라네시(18세기 이탈리아의 고전주의 건축가-옮긴이)식 통로를 마주 보는 틈새 같은 부엌창이 특징적이었다. 즐거울 수 없는 장면이다. 건축가의 노력이 개발의 전체 배치와 앙바튐한 전면에만 치우쳐 개별 주거에는 신경을 쓰지 않은 것 같았다. 그 후의 설계, 특히 코트다쥐르의 몽펠리에서 보필의 고전주의적 광시곡은 기질상 눈에 띄게 가벼워지고 인간적인 기조를 보인다. 고전주의적 비례와 상당한 세부는 내부에서도 보였다.

국립로마미술관 National Museum of Roman Art

라파엘 모네오, 1984, 스페인 메리다

1980년대에 유럽 여러 도시를 휩쓴 새 미술관 물결 중 무서울 정도로 출중한 걸작이다. 모네오(1937~)는 베낌과 섞임에 의지하지 않고 로마 건축의 정신을 일깨우면서 로마의 미술과 고고학을 전시하기에 딱 좋은 자리를 메리다에 만들었다. 처음 볼 때에는 1930년대의 웅장한 기차역 같고, 약간 시각을 달리 하면 아주 인상적인 공장이나 발전소처럼 보이기도 한다. 가까이 다가가면 그 의도가 선명하게 드러난다. 관람객들은 결이 있는 흰 대리석 판에 트라야누스 기념주 양식으로 '무제오'(MUSEO, 미술관이라는 뜻의 이탈리아 어—옮긴이)라는 이름이 새겨진 당당한 벽돌 아치를 통해 안으로 들어간다. 정원을 지나면 순수한 광휘라 할 수 있는 미술관 본관에 이른다. 마치 로마 공회당의 내부 같은 개념에 근거해 벽돌로 만든 장엄한 본전시장은 멋지고 고즈넉하며 침착한 공간으로 길게 이어진다. 모두 로마식 벽돌로 만든 아치가 전시 공간을 자연스럽게 나누고 있어서, 다른 미술관에서 칸막이가 하는 기능을 건물 자체가 수행하는 셈이다. 모네오가 이 미술관의 감동적인 수집품에 결맞는 영속성을 제공했다. 아치 밑에는 주요한 고고학적 유물을 저장하는 공간이 있다. 뒤편의 2층에서는 빛나는 설계에 깜짝 놀라게 된다. 보통 공회당형의 전시 공간이 하나의 중심축으로 구성되는 것과 달리 뒤편의 2층은 건물을 비스듬히 십자로 가르는 축과 단순한 직각의 기하학을 뛰어넘는 장치가 많기 때문이다.

리치먼드 리버사이드 Richmond Riverside

퀸런 테리, 1988, 영국 서리 리치먼드-어폰-템스

혁명적인 것만큼이나 반동적이게도, 1980년대에 영국의 건축가들은 색다르고 기발한 작업을 많이 했다. 당시에는 시시해 보이다가 5년 동안은 기발하게 느껴지고 10년 안에 잊혀지고 마는 건물들을 세운 것이다.

아주 현대적인 부모를 두었던 퀸런 테리(1937~)는 제임스 스털링(305쪽) 밑에서 일했다. 그러다 영국을 고전주의의 좁은 틀로 바꾸라는 신이 내린 사명(그 자신은 그렇게 믿었다.)을 띠고 에식스 데덤에서 실행에 들어갔다. 그 작업의 결과로 인형의 집처럼 생긴 저택들이 많이 생겼고, 런던 중심부에서 남서쪽으로 약 20킬로미터 지점에 템스 강을 따라 유사 조지 양식 사무실과 상점들의 불쾌한 조합, 리치먼드 리버사이드가 들어섰다.

테리의 항변에도 불구하고 불쾌한 이 건축은 가장 나쁜 의미에서 가짜다. 겉으로는 조지 양식으로 보일지도 모르겠다. 하지만 몇몇 건물들은 공들인 목조 패널이 아닌 임시 천장을 하고 있고, 조지 왕조풍의 프록코트를 입혀 놓은 개방형 사무실에 불과하다. 굴뚝도 공기 배출구에 불과하고, 세세히 따져 보면 볼수록 마음에 들지 않는다.

영국 왕세자와 그의 시종들이 테리와 그 동료 고전주의 부흥론자들의 대의를 옹호해 주어서 그들이 잠시나마 명성과 부를 챙겼다. 그러나 그것도 얼마 안 가 끝나 버렸다.

테리의 저택 Terry's Assorted Villas

퀸런 테리, 1988, 영국 런던

1820년대와 1830년대에 존 내시와 그의 제자들이 런던의 새 리전트 공원 주변에 놀랍고 아름다운 저택과 테라스를 지었다. 그들은 싼 벽돌을 비바람에 견디는 흰 치장 벽토로 마감하여 쓱쓱 그리듯 빠른 속도로 공사를 마쳤다. 엄청난 규모였고 세부는 대담하게 처리되었다. 고맙게도 지금까지 남아 있는 이 건물들은 한때 장려한 도심 풍경을 선사했다. 1980년대 말에 리전트 운하를 따라 지은 테리의 저택들(일부는 고딕 양식, 일부는 베네치아 양식)은 정반대다. 모든 것이 동떨어지고 깐깐하며 수줍게 저마다의 시대를 말하는 세부로 꽉 찼다. 공원이나 내시의 건축과는 전혀 안 어울린다. 왜? 지나친 자의식 탓이다. 테리의 건축은 내시가 확신에 차 있었던 곳에서는 신경과민이었고, 내시가 한껏 여유로웠던 곳에서는 까다로웠다. 분명히 테리의 것이 내시의 것보다 잘 만들어지긴 했다. 지하층을 조금만 엿보면, 놀랍게도 이 유사 조지 양식의 저택이 동시대의 다른 집들보다 훨씬 더 '첨단'의 냉난방 시설을 갖추었다.

어느 '시대'라는 이름을 걸기 좋아하는 건축의 문제점은 늘 비슷하다. 내시의 경우처럼 어느 시대의 건축이든 진정한 재능은 늘 그 시대의 선구자들에게 있었다. 뒤돌아보는 이유는 배우기 위해서다. 베끼기 위해서가 아니다.

패터노스터 광장 Paternoster Square

존 심슨·토마스 비비 등, 1990, 영국 런던

패터노스터 광장의 설계안은 영국 건축사에서 아주 특별한 시기에 나왔다. 영국 왕세자의 영향력이 최고조에 달했으니, 당연히 고전주의 건축의 부흥에 중요한 때였다. 그러나 실패를 피할 수는 없었던 것 같다.

그 설계안은 성 폴 성당의 북쪽 면에 접한 대규모 사무실과 상점가를 만들려는 것이었다. 런던 공습 때 독일 공군에게 파괴되었지만 서점과 인쇄소 거리로 유명한 패터노스터 거리 자리에 1950년대 후반과 1960년대 초반에 들어섰던, 음산한 포틀랜드석을 입힌 사무실 구역을 헐어야만 하는 계획이었다.

이런 부담을 덜고 찰스 왕세자를 기쁘게 하기 위해 고전주의 부흥론자들이 새로운 제안을 했다. 강력한 에어컨이 돌아가는 사무실과 지하 상점을, 고전적인 외관을 한 자신들의 미래의 판테온 안에 두자는 것이었다.

이러한 제안이 성 폴 성당의 위엄을 망칠 것이라는 비평이 바로 나왔다. 결국 계획은 축소 조정을 거쳐 1990년대 중반에는 폐기되었다. 1998년에는 노련한 건축가 윌리엄 휘트필드가 지휘한 새로운 구상 하나가 발표되었다. 그런데 아무도 그것의 어리석음을 눈치 채지 못했으면 하는 바람에서 가능한 한 일을 조용히 진행하는 것 같다. 불쌍한 성 폴 성당이여.

파운드베리 마을 Poundbury Village

레온 크라이어 등, 1996, 영국 도셋 도체스터

이런 일이 일어날 수 있는 곳은 영국뿐이다. 수년 동안 새 둥지 같은 머리와 반짝이는 옛 통구두를 뽐내면서 한량처럼 지낸 일단의 흥분한 건축가들이 왕세자의 호사스런 발치에 모여 앉아 영국 남서부 도셋의 오래된 마을 도체스터를 근사하게 개발하자고 입을 맞추었다. 논의를 주도한 불 같은 성질의 레온 크라이어(1946~)는 1970년대에 제임스 스털링과 함께 실행되지 않은 여러 고전주의적 건축과 도시계획에 참여했던 명석한 이론가다. 파운드베리라는 이름으로, 이상적인 '시골 속의 도시'를 만들어 아주 새로운 생활 방식을 선도하려는 계획이었다. 예스러워 보이게 새로 지은 집과 상점들은 처마를 없애고 르네상스식 회랑으로 꾸미려 했다. 거기에는 범죄, 유행에 대한 민감함, 노동계층의 분위기가 없을 것이었다. 크라이어가 멋지고 야심찬 설계도를 그렸다. 건축계는 냉담했지만 파운드베리에 거품이 일었다. 법안과 규정 등 현실적 제한 때문에 계획은 휴지조각이 되었고, 일반의 관심도 사그라졌다. 결국 공손해진 몇몇 건축가들이 오두막의 불을 껐고 마을은 다시 깊은 잠에 빠졌다. 클로우 윌리엄스-엘리스와 프랑수아 스포리(285쪽)가 연전에 웨일스와 프랑스(포트메리온과 그리모 항)에 자신들의 별장 마을을 만든 것이 훨씬 나았다.

디즈니 셀레브레이션 Disney's Celebration

로버트 스턴·필립 존슨 등, 1996, 미국 플로리다 셀레브레이션

셀레브레이션은 그 안에서 미국의 모든 가족이 생활하고, 일하고, 즐길 수 있게 만든 '멋진 디즈니 세상'이다. 2010년이 되면, 이 깨끗하고 안전하며 미래에서 온 것 같은 마을이 2만 명의 보금자리가 될 것이다. 그들은 현대 도시생활을 떠나 예의 바르고 법을 지키며 마음 맞는 사람들과 함께 미키와 미니 마우스의 팔에 안겨 정착하기를 선택한 사람들이다. 고전주의, 빅토리아, 식민지 복고, 해변, 지중해, 프랑스 양식 중에서 선택할 수 있는, 흰 판자로 만든 집이 〈바람과 함께 사라지다〉와 뒤섞인 〈월튼네 사람들〉의 정신을 불러일으킬지도 모른다.

사바나나 보스턴의 멋진 마을처럼 영국의 전원 마을 개발에 그 뿌리를 둔 셀레브레이션은 플로리다 사우스 올랜도의 매립된 습지 약 2만 제곱킬로미터에 세워졌다. 디즈니는 탄탄한 경력의 로버트 스턴(1939~)과 필립 존슨(1906~)에게 자문과 기본 설계를 의뢰했다. 디즈니 학교, 디즈니 산부인과, 디즈니 버스 등이 둘러싼 디즈니 마을의 착상이 지겹고 통제하는 느낌(커튼과 블라인드가 흰색이어야 하고, 잔디는 정기적으로 깎아야 하고, 길에서는 차를 못 고친다.)일 수도 있다. 하지만 이곳은 '외부와 차단된' 곳이 아니라 고도로 질서 정연한 실재 마을이다. 1990년대 중반까지 400만이 넘는 미국 도시민들이 높은 담, 철조망, 감시 카메라, 경비 등이 지키는 '외부와 차단된' 곳으로 숨었다. 셀레브레이션은 미국의 집단 편집증이 낳은 이 유감스런 현상에 대한 총천연색 만화 같은 반격이라 할 수 있다.

20세기가 끝나 갈 즈음에 '유기적'이란 말은 먹는 것에서부터 사는 집에 이르기까지 그 많은 것이 대량생산되고 불안정하며 건강에 해롭기까지 한 소비사회에서 악을 물리치는 부적같이 통했다. 유기적 건축이란 말 역시 한 건물이 그것이 서 있는 땅으로부터 자연스럽게 솟아나도록 서 자연스럽게 성장한 식물이나 동물같이 보인다. 가우디는 뼈와 힘줄 또는 덩굴손과 가지처럼 보이는 것으로 이루어진 건축의 한 형태를 창조했다. 브루스 고프(96쪽)나 허브 그린(105쪽) 같은 건축가는 사람뿐만 아니라 동물이나 벌레들의 집도 될 법한 얽히고 설킨 건축물을 형상화했

유기적 건축
"직선은 인간의 것이고 곡선은 신의 것이다."
— 가우디

설계한다는 기본적 생각은 담고 있지만 느슨하게 쓰이는 용어다. 이 말은 또한 고전주의적 신전이나 백색 근대주의 운동(백색 건물을 선호하던 근대주의 초기 건축의 한 풍조—옮긴이)의 '살기 위한 개념'으로는 도저히 생각할 수 없는, 천연 자재로 짓는 건물을 바란다. 그리고 천연 형태를 이용하며 유클리드나 수학적 완결성과는 무관한 기하학을 채택한 건물의 개념을 이해시키며 제반 원리에 활짝 열린 설계를 제시한다.
안토니오 가우디(75, 80, 81쪽)의 작품과 같은 극단적인 예를 보면, 건물이 정말 땅에 다. 프랭크 로이드 라이트는 철이 빽빽한 맨해튼에서와 마찬가지로 미국의 깊은 시골에도 잘 어울리는 유기적 건축을 유산으로 남겼다. 20세기의 마지막 사반세기에 헝가리에서 유기적 건축과 공예를 온전한 학파로 확립한 임레 마코베츠는 자신의 건축을 가리켜 '생물을 만드는 것'이라고 했는데, 실로 부다페스트 장례식장(112쪽)이나 팍스의 성령 교회(119쪽)처럼 기이하고 노리에 깊이 박히는 건물들을 보면 마치 살아서 숨 쉬는 것 같다. 그러나 이 전통 안에서는 늘 영감과 저속함 사이에서 외줄을 타야 한다.

이 장의 모든 건물들은 사용한 소재나 입지 면에서 자연과 가깝다. 안도 다다오, 안토니오 가우디, 후고 헤링 등 속내를 알 수 없는 사람들을 여기서 봐야 하는 것도 이 때문이다. 각 건축물은 고도로 개별적이며 의도적이다. 전통적 규범을 따르더라도 전례나 관습에 얽매이지는 않는다. 자기만의 방식으로 매우 정서적인 건축물들이지만, 탈근대주의 건축 표현처럼 냉소적이거나 영악하거나 아는 체하는 것이 없다. 오히려 그 반대로 대부분 결백이 있고 각자 건축을 미지의 바다로 인도하려는 의도를 담고 있다.
그렇다고 힘이나 진취성이 없다는 뜻이 아니다. 함부르크의 칠레하우스(85쪽)에서는 힘을 볼 수 있고, 슈투트가르트 역(87쪽)에서는 당당함을 느낄 수 있다. 아서 슈스미스의 뉴델리 요새 교회(89쪽) 같은 경우, 마야 사원이나 바빌로니아 신전의 힘과 마력이 함께 있다.
이 느슨한 건축적 연대가 20세기의 가장 호감 가는 건물과 가장 호기심을 끄는 건물을 남겼다. 생태와 자연에 대한 관심이 고조되는 20세기의 끝에서 볼 때, 유기적 건축이 다음 세기에 더욱 활짝 꽃필 것이 분명하다.

웨스트민스터 성당 Westminster Cathedral

존 프랜시스 벤틀리, 1903, 영국 런던

하늘을 찌르는 종탑과 장중하고 동굴 같은 내부를 지닌 이 놀라운 건물은 존 프랜시스 벤틀리(1839~1902)의 작품 중에서 확실히 특이하다.

돈캐스터에서 태어난 벤틀리는 기계공학을 전공했다. 건축회사에 근무하면서 가톨릭으로 개종하고 확고한 고딕 양식으로 교회를 건축해 성공적인 경력을 쌓았다.

웨스트민스터에서 뜻밖에 비잔틴 양식을 택한 것은 초대 가톨릭 교회 교부들의 정신이 고딕이나 고전주의보다는 비잔틴 쪽에 더 가깝다고 생각한 본 추기경 때문이었다. 종교의 빛이 들어간 거대한 구조의 성당은 분명 현대적이다. 내부에는 네 개의 커다란 콘크리트 돔 천장 아래 거대한 아치형 공간이 자리한다.

1970년대 말까지는 빅토리아 가의 음산한 건물에 가려 거리에서 잘 보이지 않았다.

광장이 조성된 후에는 벤틀리의 걸작이 이 적적한 거리의 명소가 되었다.

카사 바틀로 Casa Batlló

안토니오 가우디, 1907, 스페인 바르셀로나

중세 벽화에서 나온 상상의 동물 용처럼 카사 바틀로는 놀랍고 충격적인 건물이다.

직물 제조업자 호세 바틀로 이 카사노바의 의뢰로 설계된 이 환상적인 아파트 건물이 바르셀로나 도심에서 가장 중요한 거리인 파세오 드 그라시아에 생기를 불어넣는다. 아래층은 툭 튀어나온 턱을 벌린 모양이고, 지붕은 아르마딜로의 등 같아 보이며, 벽에는 깨진 색타일을 붙였는데, 이런 특이한 외관이 아파트 하나하나에 다 적용되었다. 여기서 사는 사람들은 고래 뱃속에 들어간 요나의 기분일 것이다. 뱃속에 가구와 설비를 이렇게 아름답게 갖춘 고래는 없겠지만 말이다.

건축가 안토니오 가우디 이 코르네(1852~1926)는 역사상 가장 특이한 건축가라 할 수 있다. 독실한 가톨릭 신자인 그는 평생 심미가이자 경건한 구도자로 살았다. 자신의 미완성 걸작인 '성가족 성당' 부근에서 아마도 그 성당의 건축을 골똘히 생각하고 있었는지 길을 걷던 중 전차에 받쳐 죽었다. 병원으로 옮겨진 그를 사람들은 떠돌이로 알았다. 젊은 시절 가우디는 카탈루냐 지방의 말과 역사를 되살려 스페인으로부터 독립하자는 정치문화운동 '르네센사(Renaixença)'에 감화되었다. 그는 바르셀로나에 건축을 남겨 그 정신을 지켰다.

로비 하우스 Robie House

프랭크 로이드 라이트, 1910, 미국 일리노이 시카고

로비 하우스는 20세기의 위대하고 논란 많은 건축가 프랭크 로이드 라이트가 부추긴 주택 디자인의 혁명으로 우리를 인도한다. 라이트의 허풍과 병적인 자기중심주의는 『파운튼헤드(The Fountainhead)』(에인 랜드의 자극적인 소설과 게리 쿠퍼가 주연한 할리우드 영화에서 건축가가 이해받지 못한 영웅으로 그려진다.)에 잘 나타났다. 비록 시카고에 있지만, 라이트가 프레드릭 C. 로비를 위해 지은 이 집이 1894년부터 일리노이 교외에서 만들어 왔던 그의 긴 연작 '프레리' 주택 중 최후, 최고의 건물이다. 1900년에 나온 『레이디스 홈 저널』 중 한 호에 실린 그의 설명을 보면, 프레리 주택은 넓고 깊은 처마를 한 지붕이 특징이고, 중앙 난로 주변의 자유로운 설계와 수평성 등이 강조되었다. 그 집들은 우아하고 튼튼하게 지어졌으며, 자유로운 동시에 실용적이었다.

로비 하우스는 차고를 구비한 첫 번째 집이라 할 수 있다. 이런 면에서 새 시대의 도래를 알린 셈이다. 나중에 만들어진 꼴사나운 건물들 때문에 빛이 바래기는 했지만, 오늘날 보기에도 놀라운 것은 이 집이 극적으로 넓은 대지 위에 낮게 자리해 서로 엇갈린다는 점이다. 고대 일본 사원을 20세기 초 시카고라는 렌즈로 비춘 듯, 억지스럽게 보일 만큼 넓게 퍼진 지붕은 30미터 길이의 강철 빔 네 개로 지지된다.

거침없는 유선형의 미술공예적 방식으로 마감되었지만, 1910년 당시 산업도시 시카고의 신기술을 표현한 건물이기도 하다.

카사 밀라 Casa Milà

안토니오 가우디, 1910, 스페인 바르셀로나

"직선은 인간의 것이고 곡선은 신의 것이다." 가우디는 자신이 한 말을 실천했다. 바르셀로나 중심가에 있는 초현실주의적 아파트 카사 밀라의 안팎에서 직선을 찾기란 바늘구멍을 통과하는 낙타를 찾는 것만큼 어려운 일이다. 정말 괴상하게 보이는 이 건물이 현지에서는 채석장으로 통한다. 그러나 돌무더기는커녕, 지구상 어디에서도 볼 수 없는 구불구불한 아파트로 속을 채운 절묘한 석조 궁전으로 보인다.

두 개의 안뜰 덕에 7층 건물의 집집마다 크기에 상관없이 채광이 잘 된다. 밖에서 보면 건물이 돌로 만든 코끼리의 다리 위에 선 형상인데, 발코니와 창틀은 이탈리아의 기괴한 바로크식 정원에서나 만날 법한 거인의 입술이나 눈썹 같은 모습을 하고 있다. 더욱 얼떨떨한 것은 발코니에 주렁주렁 달린 이상한 쇠화환이다. 이 모두를 덮고 있는 옥상 정원은 달리의 그림이 현실화된 듯한 느낌이다.

카사 밀라는 많은 영화에 등장했다. 여전히 초현실주의적이며 값싸게 보이지 않는 디자인이다. 이 건물은 하나의 온전함으로 파악된다. 만약 이 집이 어느 날 밤 다른 도시에서 살려고 나간다 하더라도 반드시 되돌아올 것이다. 이렇게 엉뚱하고 뒤죽박죽인 건물을 품을 수 있는 도시는 바르셀로나뿐이기 때문이다.

미쉐린 빌딩 Michelin Building

F. 에스피나스, 1911, 영국 런던

마치 뚜껑을 열면 튀어나오는 인형처럼 만화 속 건물 하나가 런던의 고급 거리인 펄험 가에 갑자기 생겼다. 프랑스 건축가 F. 에스피나스(1880~1925)가 설계한 화려한 아르누보식 미쉐린 빌딩은 프랑스 타이어 회사의 재치 있는 광고라 할 수 있다. 귀에 약간 거슬리긴 하지만 말이다. 활력이 넘치는 건물 정면은 유약 바른 색벽돌, 흰색 파양스 타일, 고전주의적 꽃무늬 장식, 그리고 당연히, 공기가 주입된 고무 타이어 형상 등으로 장식되었다. 모서리에는 미쉐린맨의 토르소를 나타내는 타이어 더미(마음속에서 머리, 다리, 팔 들을 더해 보라.)가 얹혀 있다.

소매업, 출판업, 외식업 등을 하고 있던 테렌스 컨런과 출판업자 폴 햄린이 1984년에 이 건물을 사들여, 굴요리점, 레스토랑, 상점, 사무실로 아름답게 개조하였다. 원래 건물에서 볼 수 있던 우아함이나 재치를 잘 살리지 못하고 뒤와 옆으로 확장한 것이 거슬리긴 한다. 많은 건축가들이 건물을 통해 '위트'를 말하려 하지만 그것이 실현된 건축은 드물다. 미쉐린 빌딩은 그런 점에서 특별한데, 정말 익살스럽다는 것말고 이 건물을 특별하게 하는 것은 발광성이다. 건물이 걸치고 있는 환상적인 겉옷의 내구성과 도시적 예절을 한껏 뽐내면서, 밝은 날에는 빛을 내고 비 오는 날에는 반짝인다.

괴테아눔 Goetheanum

루돌프 슈타이너, 1913, 스위스 바젤 도르나흐

루돌프 슈타이너(1861~1925)는 인지학의 창시자다. 어렵게 말할 것 없이 인지학은 '영적 실재의 실현과 인지력 개발'에 목표를 둔 교육적이고 종교적인 운동이다. 결국 이 운동은 의미심장하고 독특한 학교들을 전 유럽에 점점 많이 설립했고, 그 학교들은 눈에 띄게 인간적인 교육방법으로 높이 평가받았다.

괴테아눔은 슈타이너 운동의 첫 본부요 회합장소였다. 원래는 뮌헨에 세울 계획이었으나 허가를 받지 못했다. 1913년에 색다른 모습의 둥근 돔을 얹은 괴테아눔이 바젤의 한 언덕에 세워졌다. 굳이 말하자면, 유기적 건축 양식이다. 혹은 표현주의라는 이름을 붙여도 좋을 것이다. 그러나 아무데도 속하지 않았던 사람이 설계한 건물이라 어떤 이름을 붙이든 맞아떨어지지 않기는 마찬가지다. 그래도 건물의 설계와 형태는 20세기에 반향을 일으켰고, 핀란드의 레이마 피에틸라(1923~), 헝가리의 임레 마코베츠(112쪽) 같은 건축가의 작품에서 그 새 뿌리가 발견되기도 한다. 사실 괴테아눔은 사람 자궁의 단면과 닮았다. 덮개 부분의 여성적 형태가 이런 생각을 뒷받침한다. 따뜻함과 피난처라는 개념을 바탕으로 구상되었다.

건물의 수명은 짧았다. 1922년에 불타 버린 것이다. 슈타이너와 헤르만 란첸베르거가 콘크리트로 다시 지었는데 역시 독특한 설계였다. 이것은 지금도 남아 있다.

백주년 홀 Centennial Hall

막스 베르크, 1913, 독일 브레슬라우

브레슬라우 시의 책임 건축가 막스 베르크(1870~1947)가 사람의 마음을 사로잡는 건물을 영웅적인 규모로 만들었다. 나폴레옹에 저항하여 그 지역에서 일어난 봉기 백주년을 기념하여 만든 백주년 홀은 1913년까지 시도된 것 중 가장 야심 찬 콘크리트 건물이었다. 너무 엄청난 건물이었기 때문에 콘크리트를 그대로 노출하려는 베르크의 결정은 별 반대를 받지 않았다. 네 개의 거대한 아치로부터 꼭대기탑을 향해 위로 솟은 서른두 개의 서까래로 된 65미터 돔형 건물로 강화 콘크리트로 뼈대를 잡았다. 아치 뒤의 공간은 중앙 공간과 격리될 수 있는 네 개의 반원형 공간이다. 당시의 유리 기술이 콘크리트 돔의 서까래들을 덮을 구부러진 유리벽을 만들지는 못했기 때문에, 베르크는 반지 모양을 한 네 개의 콘크리트 구조물을 연속체로 만들고 구할 수 있는 것 중에서 가장 큰 유리를 끼웠다.

전례를 찾기 힘든 베르크의 홀을 당시 사람들은 20세기의 하기아 소피아로 보았다. 그런데 그만한 규모의 보강 콘크리트의 특성에 대해 아는 것이 적었기 때문에 베르크가 계획했던 것보다 더 묵직하고 강한 구조가 되었다. 백주년 홀은 2차 세계대전을 잘 견뎠고, 지금도 처음 지어질 때와 같은 모습으로 원래의 목적에 맞게 사용되고 있다.

헬싱키 역 Helsinki Station

엘리엘 사리넨, 1914, 핀란드 헬싱키

엘리엘 사리넨(1873~1950)은 19세기와 20세기의 건축적 관심, 미술과 건축, 구세계와 신세계 등을 잇는 다리 구실을 하던 사람이다.

핀란드의 란타살미에서 태어난 그는 헬싱키대학과 공예학교를 오가며 화가와 건축가 수업을 동시에 받았다. 1904년에 헬싱키 역 설계 공모에서 당선되었다.

이 당당하고 극적인 기념물은 사리넨이 낭만주의와 결별하는 것을 뜻한다. 작곡가 얀 시벨리우스, 화가 악셀 갈렌-카렐라, 초기에 함께하던 건축가들인 헤르만 게젤리우스, 아르마스 린드그렌 등과 그는 낭만주의 운동의 일원이었다.

입구를 밝히는 거대한 등을 들고 있는 화강암 거인상으로 유명한 이 역은 조각 기념물로 표현된 논리적이고 합리적인 설계를 보여준다. 시계탑의 측면은 거의 유선형인데, 1923년에 사리넨이 미국으로 이민 가서 작업한 역과 공공건물에서도 그 영향을 찾을 수 있다. 미시간 주 워런의 제너럴 모터스 기술 센터(194쪽)를 비롯해 그가 아들 에로와 설계한 몇몇 작품들은 20세기 중반부의 건축 추세를 결정하는 작품이었다. 핀란드 낭만주의와 헬싱키 역으로부터 먼 거리를 여행한 것이다.

그엘 공원 Parc Güell

안토니오 가우디, 1914, 스페인 바르셀로나

1900년에서 1914년 사이에 바르셀로나 외곽의 가파른 언덕에 가장 사랑스러운 도시 공원이 조성되었다. 안토니오 가우디가 산업 자본가 에우세비 그엘 이 바시갈루피의 의뢰로 만든 것이다. 그엘은 원래 그 자리에 신도시 모델을 만들 생각이었는데 그 계획이 실패하고 공원이 남았다. 홈을 판 거대한 도리아식 기둥이 선 동굴 같은 홀이 장관이다. 그 기둥들은, 깨진 타일과 유리조각을 멋지게 모자이크한 돌벤치 덕에 더욱 돋보이는 구불구불한 발코니를 받치고 있다. 발코니는 세계에서 가장 권위 있으면서도 기묘한 도심을 굽어보기에 아주 좋은 장소다. 거칠게 깎은 기둥이 받치고 있는 작은 동굴 같은 터널을 따라 이어지는 복잡한 통로를 공원 곳곳에서 볼 수 있는데, 기둥의 각도가 제멋대로인 듯해도 실은 자연스러운 힘을 느낄 수 있도록 되어 있다. 가우디는 공원 바닥에 있는 작은 방에서 여러 해를 살았다. 오랫동안 그곳은 카탈루냐인의 성지였다. 그의 간이침대는 구도적 삶을 감동적으로 보여 준다. 그러나 공원의 놀라운 세계가 증명하듯 그의 수도 정신은 아름다움이나 관능성을 전혀 배척하지 않았다. 재치있는 개념과 현란한 제작도 볼 만하지만 이 공원의 설계에서, 자연이 감추고 있는 질서를 가우디가 얼마나 명확하게 이해했는지 확인할 수 있다.

산타 콜로마 디 세르벨로, 콜로니아 그엘

안토니오 가우디, 1914, 스페인 바르셀로나   Santa Coloma de Cervelló, Colonia Güell

가우디가 그의 후원자 에우세비 그엘 이 바시갈루피의 의뢰를 받아 이상적 산업사회의 영적 심장으로 설계한 이 성당은 아주 특이한 건물이다. 여성 성기 모양의 창문, 신비한 현관 등의 외관과 함께 예배실 또한 참으로 기묘하다. 자연물리학의 관점에서야 극히 합리적이지만 그냥 보기에는 기묘한 각도로 선 네 개의 육중한 기둥이 손으로 만든 벽돌로 서까래를 얹은 본당을 받친다. 기둥 중 둘은 아무렇게나 깎은 돌로 만들었고, 나머지 둘은 벽돌로 만들었는데 부분적으로 시멘트 마감을 했다. 신도들은 나무벤치에 앉거나 무릎을 꿇는데, 이 벤치는 곤충이 설계하거나 곤충을 염두에 둔 이가 설계한 것 같다. 예배실이 놀랄 만큼 정숙한 분위기이고, 건축의 논리가 명확히 드러난다.

가우디의 작품은 건축과 자연을 일치시키려는 지극히 개인적인 시도였다. 가우디 건축의 세부에 신이 있다면, 그 신은 새와 나무와 곤충과 물고기를 만든 신이다. 가우디의 작품에서 진정 특출한 것은 그의 고집스런 방식이 항상 논리적이었다는 점이다. 그는 대부분의 20세기 건축가와는 아주 다른 방식으로 세계를 보았다. 그러나 불필요한 부분이 결코 없었고, 키치 가까이 다가갔지만 거기에 빠지지는 않았다. 구조 감각에 대한 그의 대안 논리는 수용하기에 너무 벅찬 것이었기 때문에 진정한 후계자가 없다. 또는 그가 했던 것처럼 위험을 감수할 만한 능력이 있는 사람이 없는 것이다.

대극장 Grosses Schauspielhaus

한스 펠치히, 1919, 독일 베를린

한스 펠치히의 후기작들은 나치 독일에 우호적인 기념비적 성격이 강한 손상된 고전주의 양식이었다. 1차 세계대전 직후 많은 표현주의 프로젝트에 관여했고, 그 가운데 하나인 대극장은 실제로 건축되었다. 이채롭던 극장장 막스 라인하르트를 위해 설계한 이 환상적 건물은 불행하게도 그 일부만이 베를린의 프리드리히 궁에 남았다.

표현주의적 종유석으로 된 이 동굴은 강철 골조로 된 시장 건물 안에 있던 옛 슈만 서커스 건물을 개조한 것이다.

펠치히(1869~1836)는 외관을 로마식 아케이드로 당당하게 개조했는데, 사실 그가 더 공들인 곳은 잔뜩 과장된 내부 구조다. 5,000석 규모의 홀로 이어지는 이 집트풍 로비는 핏빛으로 칠해졌다. 나치가 이 인상적 내부를 개조했는데, 연합군이 베를린을 침공했을 때 파괴되었다.

1차 세계대전이 일어날 때쯤 독일에 등장한 느슨한 설계 철학, 표현주의 건축이 한껏 고양된 예로 지금은 사진 속에서만 볼 수 있다.

표현주의자들이 형식적·기하학적 한계와 너무 견고한 자재의 구속으로부터 벗어나려고 했던 것처럼 보이지만, 확고한 규범은 갖지 못했다.

아인슈타인 타워 Einstein Tower

에리히 멘델존, 1921, 독일 포츠담

장화처럼 생긴 이 이상한 건물은 알버트 아인슈타인의 상대성 이론을 실험하기 위해 만들어진 것이다.

아인슈타인의 조수 에르빈 핀라이-프로인트리히가 추진해 1924년부터 작동에 들어갔다. 관측소의 망원경이 우주의 선을 잡으면 그것이 거울에 반사되어 지하 실험실에 있는 분광사진장비로 보내졌다.

당시 러시아 전선에서 막 돌아온 에리히 멘델존(1887~1953)이 설계를 맡았다. 우주에 매료된 멘델존은 1차 세계대전 전에 그리고 전쟁 기간에 유선형의 환상적 건물들을 스케치했다. 그것은 기존 자재의 제한이나 전통적 건축 논리에 제한받지 않는 것이었다. 비록 형성력이 강력한 단일 자재로 짓겠다는 바람이 실현되지는 않았지만, 멘델존은 아인슈타인 프로젝트에 딱 맞는 건축가였다. 당시 그런 자재는 실재하지도 않았고, 지칠 대로 지친 독일 건축산업이 그를 도울 처지도 못 되었다. 거친 벽돌과 콘크리트로 지은 건물은 가능한 한 유선형이 되도록, 또 다른 세계에서 온 것처럼 보이도록 만들어졌다.

실제로는 사진에서보다 훨씬 작아 보인다. 하지만 사람들의 마음을 사로잡는 건물로, 20세기 건축의 주류를 가리킨 지침이 되었다.

성심 성당 Church of the Sacred Heart

알베르트 폰 후펠, 1922, 벨기에 브뤼셀

브뤼셀 중심가의 전차로변에 솟아올라 도시 전체를 내려다보는 건물이다. 사람들은 이 거대한 돔형 성당에 수치라도 느끼는 양 건축사에서 거의 언급하지 않았다. 이 건물이 수치스러운 이유는 아마도, 벨기에의 영광을 기리는 국가적 기념물 혹은 성스런 판테온으로 설계된 이 건물이 1970년에야 완성되었고, 그때는 이미 1880년대의 민족낭만주의가 크리스토퍼 렌의 성 폴 성당을 거쳐 아르데코와 만난 이 건물의 이상한 양식이 구식인 데다가 설득력 없는 것이 되었기 때문이다.

그러나 건물 자체와 그 기이함은 기억할 만하다. 성당의 규모가 인상적인데, 햇빛으로 가득 찬 내부는 오히려 냉랭하고 마음을 끌지 못한다. 신비롭거나 경건한 구석을 볼 수 없다.

알베르트 폰 후펠의 설계 양식은 곤경에 처했지만, 도시를 지배하는 돔형 건물의 구상은 살아남았다. 비록 지어지지는 않은 것이지만, 에드윈 루티엔스의 리버풀 가톨릭 성당 설계와 알베르트 슈피어의 베를린 대의사당 설계(붉은 군대가 끝냈다.)에서 부활한 것이다. 폰 후펠의 건물에서 부족한 것은, 루티엔스나 슈피어의 훌륭한 설계에서는 오히려 지나치다 싶게 보장된 경외감이나 자궁 속 같은 안정감이다.

칠레하우스 Chilehaus

프리츠 회거, 1923, 독일 함부르크

홀슈타인 출신인 프리츠 회거 (1877~1949)는 영국 디자인을 수입한 헤르만 무테지우스의 작업에 뿌리를 둔 미술공예 양식으로 작은 집을 많이 지어 1907년부터 함부르크에서 유명해졌다. 칠레하우스는 조개껍데기로 장식을 한 거대한 기선인 양 도심에 닻을 내린 장엄한 표현주의식 건물이다. 칠레에서 칠레초석을 수출하여 부를 모은 헨리 브러렌스 슬로맨의 의뢰로 지어졌다. 안뜰 두 개를 둔 이 건물은 도시의 한 구획을 차지하고 있다. 1층은 가게로 채워져 있고, 그 위로 사무실들이 파도처럼 쌓여 마치 '뱃머리' 같은 동쪽 꼭대기에서 절정을 이룬다. 6층 이상은 안쪽으로 물러나 있으며 꼭대기 창문은 아치 모양을 하고 있다.

바그너(건축가 오토 바그너가 아니라 음악가 리하르트 바그너)식 대걸작인 칠레하우스는 20세기 사무실 건물이 다양한 방향으로 개발될 수 있다는 것과 미스식 (Miesian) 모델이 유일한 것이 아님을 보여 준다.

도시적 세련미를 갖추고 행인들의 관점에서 잘 배려된 인상 깊은 건물을 지었다는 점에서 회거가 훌륭하다. 함부르크의 보행자들은 회거의 이 율동적인 건물을 따라 걷는다. 보행로에서는 환기구나 업무용 출입구와 마주치지 않고 걸을 수 있다.

우사 Cow Shed

후고 헤링, 1924, 독일 뤼베크 근처 구트 가르카우

근대주의 운동은 기본적으로 도시에서 일어난 현상이었다. 그러나 후고 헤링(1882~1958)은 그것을 시골로 가져가는 데 그치지 않고 바로 농가에 적용했다. 여기에 보이는 표현주의적 우사는 놀라운 기이함으로 다가온다. 벽돌로 된 아래층에는 마흔 마리 정도의 암소들이 자기 우리에 갇힌 한 마리의 수소와 교미하기 위해 대기하는 공간이 마련된 자궁 모양 콘크리트 구조의 통로가 있다. 그리고 비막이 판자를 댄 위층은 건초장으로 쓰인다. 아주 효과적으로 만들어진 이 우사는 지금도 사용되고 있다. 물론 약간 낡긴 했지만, 인공 수정이 대중화된 시대에 미술관이나 건축 센터로 바뀌지 않고 원래의 목적, 생식의 장소로 계속 남기를 바라 본다.

우사가 완공되던 해, 헤링은 에리히 멘델존(83쪽)과 루트비히 미스 반 데어 로에(152쪽) 등이 속한 건축가 모임 '데어 링(Der Ring)'의 발기인이 되어 고루한 베를린 계획 당국과 싸웠다. 1933년 나치가 집권하자 모임은 해산되었다. 헤링은 독일에 남아 1943년까지 사립 미술학교에서 교편을 잡다가 은퇴해 고향 비베라흐로 갔다. 그를 우사 설계자로 기억한다는 것이 이상해 보일지도 모른다. 그러나 구트 가르카우에서 그는 지역의 요구, 지역의 물자, 심지어 동물들까지도 그것을 다루는 방법에 대한 근본적 재고를 통해 혜택을 받을 수 있음을 보여 주었다.

슈투트가르트 역 Stuttgart Station

파울 보나츠, 1927, 독일 슈투트가르트

슈투트가르트 역에서 한 잔의 커피를 마시면 전성기에 있는 한 독일 도시를 즐기는 것이다. 열차라도 타게 되면 그것 또한 큰 기쁨이다.

사리넨의 헬싱키 역으로부터 따온 것이 여럿 보이지만, 이 역은 늦게 개화한 민족낭만주의가 가미된 손상된 고전주의식 양식으로 기억할 만한 건물이다. '정시에 떠나는 기차'가 연상되는 놀라운 느낌을 갖게 하는 역이다. 설계는 파울 보나츠(1877~1956)가 프리드리히 오이겐 숄러와 함께 했다. 로렌에서 태어난 보나츠는 뮌헨에서 공부했고 1908년에 슈투트가르트 공대의 교수가 되었다. 나중에 나치의 고속도로 설계에 프리츠 토트와 참여했으며 히틀러 시대와 그 이후에도 활동을 계속했다. 전통적 주택과 함께 극히 현대적인 공장들을 설계했고, 양대전 사이에 여러 건축가들이 그랬던 것처럼 슈투트가르트 역 같은 기념적 형태와 존재감에서 자기의 목소리를 찾았다.

독일제국 시절인 1911년에 착공되었다. 그러나 바이마르 공화국이 무너지기 6년 전인 1927년에야 완공되었다. 이 역은 거대한 시계탑, 엄격한 열주, 위대한 구조적 단순미 등으로 1930년대 나치와 꼭 직접적으로 연결하지 않아도 되는 고전주의 건축의 뚜렷한 전망을 제시하였다.

프릴링스도르프 교회 Frielingsdorf Church

도미니쿠스 뵘, 1927, 독일 쾰른

이 멋진 프릴링스도르프 교회는 바바리아의 건축가 도미니쿠스 뵘(1880~1955)이 전통 가톨릭 교회의 설계를 재창조하려는 시도로 만들었다.

2차 바티칸공의회가 뵘의 설계에서처럼 교회 회중과 사제들이 가깝게 자리해도 좋다는 지시를 내리기 훨씬 전이었다는 것을 생각하면 선견지명이 있는 시도였다. 한때 가톨릭 교회의 특징이던 본당 회중석, 통로, 성가대석의 구별 없이 커다랗게 트인 하나의 공간으로 만들었다.

바닥에서 시작해 지붕에 닿는 둥근 콘크리트 천장은 천사의 날개가 신자들을 품고 있는 모습이다. 이 둥근 천장에서 볼 수 있는 에너지의 솟구침은 하늘에 이르는 기도를 위한 공간이라는 느낌을 만들어 낸다. 둥근 지붕의 명료함과 넓은 창은 비슷한 종류의 건축에서는 최고로 여겨질 만큼 장엄하고 금욕적인 내부공간을 창조하였다.

바바리아 예팅겐에서 태어난 뵘은 이 성당과 같은 해에 완성된 슈투트가르트 역(87쪽)을 설계한 파울 보나츠와 마찬가지로 슈투트가르트에서 테오도르 피셔에게 배웠다. 후기에 가서는 교회 설계에 전문적으로 임하긴 했으나 자신의 표현주의적 경향 대신 더 엄격하고 덜 정서적인 근대주의적 접근법을 채용하면서 개성이 약해졌다. 그러나 독일 교회의 건축은 1950년대와 1960년대에 이 전문 영역을 새로운 경지로 올린, 도미니쿠스 뵘의 아들 고트프리트를 포함하여 그의 뒤를 따르는 여러 뛰어난 건축가들의 출현을 보았다.

성 마틴 교회 St Martin's Church

아서 고든 슈스미스, 1930, 인도 뉴델리

많은 역사가와 건축 비평가들이 20세기 영국 건축의 백미로 꼽는 건물이다. 아서 고든 슈스미스 (1888~1974)는 에드윈 루티엔스의 조수였다. 루티엔스가 뉴델리의 다른 일로 너무 바빠서 슈스미스가 성 마틴 교회 건축의 재량권을 받았다.

높은 기온과 비 때문에, 또 값싼 재료와 노동력의 비숙련성 때문에 마치 하나의 기념물 같고 비가 스며들지 않을 벽돌 조각품 같은 교회 건물을 만들었다. 건물의 형태는 루티엔스에게서 나왔으나 (런던 화이트홀에 있는 1·2차 세계대전 전사자 기념비가 떠오른다.) 슈스미스의 이 걸작은 장식을 배제했다.

그는 1920년대의 새로운 산업적 미학과 고전주의적 기하학 및 영국의 전통적 교구 교회의 설계와 결합하여 독특한 건물을 탄생시켰다. 지붕은 일련의 콘크리트 천장으로 구성된다. 내부는 단순하면서도 높고 깊은 분위기가 있다. 더위에 지친 여름날, 도시에서 벗어나 시원하고 고즈넉한 피난처 구실을 한다. 원래 군대용으로 지었기 때문에 요새의 모습을 하고 있다. 지금은 인도교회 북관구로 쓰인다.

1990년대 중반에 런던 『인디펜던트』지 독자들의 성금으로 보수 공사를 했다.

주 성심 교회 Church of the Holiest Heart of Our Lord

요시프 플레니크, 1932, 체코공화국 프라하

요시프 플레니크(1872~1957)는 20세기에 활동한 중부 유럽의 건축가 가운데 아주 뛰어난 사람이다. 그러나 오랫동안 주목을 받지 못했다. 체코슬로바키아 시절에는 안내책자에서 그의 건물이 목록에 오르거나 기술된 것을 찾는 게 불가능했다.

많은 프라하 방문객들이 포데브라디 조지 광장의 정원에 솟은 이 특이한 교회와 우연히 마주친 경험이 있을 것이다. 이 교회의 디자인은 두 세기에 걸쳐 있다. 하나는 19세기 중반의 고전주의에서 온 것이고, 독특한 탑을 뚫어 가로지르는 거대한 초현실주의적 시계는 1920년대나 1930년대를 연상시킨다.

플레니크는 특정한 학파나 양식을 따르는 사람이 아니었다. 그는 자기만의 개성을 추구하는 건축가였고, 이 독특한 양식의 잊지 못할 교회도 초대 교회의 힘과 정신을 당시의 방법으로 표현하려는 시도였다. 가로 26미터, 세로 38미터의 터에 13미터 높이로 세워졌다. 벽의 하부 3분의 2는 자기벽돌로 마감했는데 중간중간에 나란히 입방체의 돌을 도드라지게 끼웠다. 그 윗부분은 흰 회반죽을 발랐다.

본당의 박공 위로 탑문과 오벨리스크로 치장된 아주 흥미로운 시계탑이 서 있다. 그 기묘함은 마치 탈근대주의의 전조를 보는 듯하다.

산타 마리아 노벨라 철도역 Santa Maria Novella Railway Station

조반니 미켈루치, 1936, 이탈리아 피렌체

조반니 미켈루치(1891~1991)는 그의 긴 생애 동안 자신의 걸작 산타 마리아 노벨라 역이 유행의 물결에 이리저리 부침하는 것을 지켜보았다.

이 건물은 당대 이탈리아 합리주의 건축 중 최고라 할 만큼 경이로운 작품이다. 무솔리니가 집권

하고 있을 때에 의뢰되고 지어진 건물이라 해서 간단히 파시스트적인 것으로 몰아세울 수는 없다. 그렇게 말하기에는 너무 훌륭한 건물이기 때문이다.

여전히 혼잡한 역인 산타 마리아 노벨라는 도심의 중요한 표지이자 만남의 장소다. 철도국과 피렌체 시가 높은 감각으로 훌륭하게 관리해 왔다.

기본적으로 이 역은 장식을 뺀 로마 공회당의 모습이다. 그래도 대리석을 둘렀으며, 어느 당당한 법원처럼 고상하게 보인다. 넓은 벽은 피렌체의 여름 더위를 막는 구실을 해 늘 시원하다. 앉아서 커피를 마시며 시실리나 잘츠부르크로 가는 바쁜 사람들을 구경하기에 딱 좋은 장소다.

피렌체의 모든 구경거리 중에서 이 산타 마리아 노벨라 역이 가장 훌륭하다고 볼 수 있다. 그런데 관광객들은 미켈루치는 아무것도 아닌 양 무시하고 브루넬레스키나 미켈란젤로를 찾아 역을 빨리 빠져나간다.

미켈루치는 긴 경력의 후반에 이르러 훨씬 자유롭고 두드러진 표현주의적인 건물(특히 피렌체 근처 '태양고속도로' 옆의 성 조반니 바티스타 교회)들을 지었다. 그렇지만 비길 데 없이 훌륭한 이 역에 비하면 그것들은 어딘지 강제된 듯하고 들뜬 모습이다.

성 앤드류 하우스 St Andrew's House

토마스 테이트, 1936, 스코틀랜드 에든버러

20세기 말 독자적 의회를 갖게 된 후 지위가 변한 정부 부처 스코틀랜드 성의 건물이 성 앤드류 하우스다. 칼턴 힐의 호화로운 고전주의적 별장과 언덕 그리고 홀리루드 하우스와 에든버러 로열 마일의 역사적 영광들 사이에 펼쳐지는 장관 속에 자리 잡고 있다. 인상적인 건물 성 앤드류 하우스는, 이런 양식의 거대한 건물이 역사적이고 감각적인 도시 경관에 얼마나 크게 기여하는지를 보여 준다. 토마스 테이트(1882~1952)는 철저하게 그 지방에서 난 돌로 마무리되고, 그 아래 펼쳐진 장대한 도시에 걸맞는 분위기를 띤 건물에 근대주의 운동의 새로운 구상들을 결합해 내는 천재성을 보였다.

에든버러에 무언가 새로운 것을 보여 주고 싶은 후대의 스코틀랜드 건축가들이 참고할 점이 많은 건축물이다. 1960년대와 1970년대의 멋 없고 흉한 콘크리트 구두 상자같이 개성 없이 크기만 한 건물 대신 돌과 유리로 상상력이 풍부하게 실현된 건물이 세워질 수 있음을 증명하였다. 1990년대가 되어서야 비로소 성 앤드류 하우스와 걸맞는 도시적 아름다움을 지닌 새 건물들이 들어섰다.

위대하다고 할 정도는 아니지만, 찰스 홀든이 런던에 세운 상원 건물에 버금가는, 고집스러워 보이기도 하는 과묵함에서 지성미가 빛나는 건물이다.

말라파르테 저택 Casa Malaparte

쿠르지오 말라파르테 · 아달베르토 리베라, 1942, 이탈리아 카프리

파시스트 작가 겸 탐험가인 쿠르지오 말라파르테(1898~1957)가 1942년의 엘 알라메인 전투 직전에 아프리카 군 사령관 에르빈 롬멜을 카프리 해안에 있는 자신의 새 집에서 접대했다. 롬멜이 말라파르테에게 이 절묘하게 아름다운 집을 혼자 설계했느냐고 물었다. 작가가 자신은 풍경을 설계했을 뿐이고 원래 그 자리에 그대로 있던 집을 발견했다고 거짓말을 했다.

육지와 바다가 만나는 그 풍경은 지금도 세계에서 가장 빼어나다고 할 만하다. 말라파르테는 아달베르토 리베라(1903~1963)의 도움을 받아 자기 집 자리를 아주 주의 깊게 골랐다. 바다로 불쑥 내밀어진 바위 위에 자리한 이 집은 말라파르테 자신의 몸과 마음을 표현하려는 의도로 설계되었다. 이런 점에서 말라파르테 저택은 당대의 건축 조류와는 무관한 극히 개인적인 설계다.

이탈리아 파시즘의 기수였던 그는 그 때문에 투옥되기도 했다. 나중에는 공산주의자가 되었고, 죽을 때쯤에는 가톨릭 신자였다. 말라파르테는 상상력이 대단한 작가이자 저널리스트였다. 이 집은 하나의 영묘, 유혹처, 작가의 은둔처, 말라파르테의 표현을 빌면 '그만의 노스탤지어 이미지'다. 이 집의 설계는 상당히 특이하다. 아크로폴리스 같은 계단이 아래에 감추어진 입구로 향하는 게 아니라 일광욕과 전망을 위한 지붕으로 향한다. 침실은 마치 감옥의 작은 독방 같다. 거실은 크고 넓어서 바다의 빛이 한껏 들어온다.

현재 말라파르테 저택 협회 소유이며, 말라파르테 사후에는 아무도 살지 않았다.

아시시의 성 프란체스코 교회 Church of St Francis of Assisi

오스카 니마이어, 1946, 브라질 팜풀라

아시시의 성 프란체스코 교회 지붕이 주는 충일한 느낌은 주변에 있는 브라질 해변의 파도에 메아리친다.

기발한 착상이고, 분명히 1940년대 중반의 콘크리트 기술에 대한 도전이었다. 오스카 니마이어의 기술자 카르도조가 그 일을 맡았는데, 복잡하게 연결된 포물선의 아치 모양이 편하고 자신 있어 보이는 만큼 필연적인 것 같다. 지붕을 해안의 햇빛을 차단하는 커다란 우산처럼 활용하는 시적이고 유기적인 건물 한 채가 탄생하였다. 입구와 주제단 위로 난 지붕창으로 빛이 들어와 내부를 밝힌다. 종탑과 입구 현관이 따로 떨어져 있어서 지붕의 물결이 끊어지지 않는다. 뒷벽은 화가 포르티나리가 푸르고 흰 타일을 붙였다. 바닷가의 조개 위로 넘나드는 파도가 떠오르는 모습이다.

동시대 유럽 건축가들이 정확한 법칙과 반듯한 각을 지닌 합리적이고 기능적인 건축을 한 것과 달리, 니마이어는 콘크리트 사용에 상상력을 불어넣어 시적인 형태의 건축을 추구했다. 아마도 아시시의 성 프란체스코 교회를 파블로 네루다의 시나 가브리엘 가르시아 마르케스의 소설에 견줄 수 있을 것이다. 그것들은 우리의 감수성을 한껏 키우고 서정적으로 만든다.

니마이어(1907~)는 이 도발적인 해변 교회의 설계를 통해 현대적이라는 것이 엄격하고 정열 없는 것과 같은 뜻이 아니라고 말하는 것 같다.

구르나 마을 Gourna Village

하산 파티, 1947, 이집트 룩소르

하산 파티(1900~1989)는 근대주의와 전통을 결합하기 위해 그리고 사는 사람에게 기쁨이 되는 만큼 생태적으로도 올바른 건축을 하기 위해 20세기의 다른 건축가들보다 더 열심히 노력한 사람이다.

그의 노력이 늘 성공으로 이어진 것은 아니었다. 1940년대 말 룩소르 언저리에 작은 마을들을 새로 건설하려는 파티의 시도는 소규모 지방 정부나 그보다 더 작은 행정단위의 의뢰로 시작되었다. 그래도 그는 구르나에서 손으로 빚어 구운 벽돌로 합리적 설계에 맞는 집과 건물들을 지었다. 가난한 지역에서 비싼 수입 자재 없이도, 지역의 기술을 뛰어넘는 혹은 무리를 주는 구조나 기술이 없이도 집을 지을 수 있음을 제시한 구상이었다.

알렉산드리아에서 태어난 파티는 나중에 카이로대학 건축과의 온후한 학과장이 된다. 그러나 파티의 삶은 일종의 투쟁이었다.

그는 비용이 적게 들고 환경친화적인 건축을 개발하고 권장하였다. 하지만 북아프리카나 중동의 도시들은 태양의 힘을 무시하고 막대한 전력이 필요한, 화려하며 에어컨을 갖춘 사무실, 호텔, 나아가 쇼핑몰의 모습으로 나타난 진부하고 수준 낮은 근대적 디자인의 희생물이 되었다. 이것은 가난한 나라가 부자 나라에 점점 더 의존하게 되는 현대적 제국주의 체제의 일부다.

파티의 투쟁은 그가 죽은 후에도 계속되고 있다.

3장 유기적 건축 | 95

새뮤얼 포드 하우스 Samuel Ford House

브루스 고프, 1949, 미국 일리노이 오로라

브루스 고프(1904~1982)가 냉장고 시대의 미국인이 아닌 동화 속의 동물을 위한 것으로 보이는 집을 지었다. 그러나 그것들의 뚜렷한 기발함에도 불구하고(고프는 프랭크 로이드 라이트의 제자다.) 일리노이 주 오로라에 있는 새뮤얼 포드 주택 단지 같은 건물은 합리적이고 지적이며 사랑스러운 주택의 모습이다.

포드 하우스는 지름 50.5미터의 강철돔에 지붕널을 덮었다. 거의 고딕 격자식의 강철들보가 지지하는 중앙 채광탑은 내부에 자연광을 비춘다.

고프는 북미 유기주의 건축가 중 표현력이 뛰어난 편에 속하고, 맹목적 철학에 갇히지 않았던 사람이다.

그의 생각은 1960년대 이래 미국의 선구적이고 실험적인 건물들에 많이 반영되었다. 생태적으로 건전하고, 초기 정착민들의 진취적인 정신을 20세기에 맞게 나타내는 생활 방식이 그런 건물들을 통해 추구되었다.

캔자스에서 태어난 고프는 시카고에서 일을 시작했다. 나중에는 오클라호마로 가서 1947년부터 1955년까지 노먼 오클라호마대학 건축과의 교수로 재직하였다. 그의 작품은 거의 주택이었다. 전통적 주택 개념에 얽매이지 않고 신뢰와 상상력을 지닌 의뢰인들과 만날 수 있었던 그는 행복한 건축가다.

존슨 왁스 빌딩 Johnson Wax Building

프랭크 로이드 라이트, 1950, 미국 위스콘신 라신

어디에서도 비슷한 예를 볼 수 없는 유일무이한 사무실 건물 존슨 왁스 빌딩은 1936년과 1950년 사이에 두 단계에 걸쳐 개발되었다. 유선형 벽돌 구조의 외관을 보아서는 마치 화성에서 온 것 같은 내부를 도무지 상상할 수 없다. 넓은 사무실 공간은 리놀륨 바닥에서부터 발끝으로 선 듯이 높이 솟아오른 낯선 버섯 모양의 기둥들로 기묘하게 나뉜다. 그 기둥 사이사이, 또 주위에서 존슨 직원들이 라이트가 디자인한 책상에 앉아 일을 한다. 창밖 풍경은 볼 수가 없다. 햇볕은 버섯기둥이 받치는 지붕으로부터, 또 벽 꼭대기에 설치된 총연장 34킬로미터에 달하는 파이렉스 유리관을 통해 들어온다. 건물 내부 모습이 정말 놀랍다. 연구 실험동 증축을 의뢰받은 라이트가 1944년에서 1950년 사이에 이 버섯 사무실 위에 벽돌과 유리로 둥글게 지은 15층 건물을 완성했다. 여기에서도 라이트는 전통적인 것을 그대로 따르지 않았다. 한 층 걸러 중이층(中二層) 구조를 보이고, 속이 빈 강화 콘크리트 지주가 외팔보(한쪽 끝이 고정되고 다른 끝은 받쳐지지 않은 상태의 보ー옮긴이)식으로 모든 층을 받친다. 승강기와 계단을 모두 갖춘 건물이다.

각 층이 바깥 세계와는 격리된 자기만의 공간으로 구획되었다. 그래서 마치 커다란 캐비닛더미처럼 설계된 재래식 고층 건물에서 누릴 수 없는 넓은 공간과 밝은 빛을 제공하는 아주 특별한 사무실 건물이 만들어진 것이다.

브레다 전시관 Breda Pavilion

루치아노 발데사리, 1951, 이탈리아 밀라노

나치 독일 편에 붙어 부끄러운 전쟁을 치른 후 바닥에서 다시 일어나 이룩한 이탈리아의 '경제 기적'은 대부분 뛰어난 디자이너들 덕이었다. 이탈리아의 기업가들은 건축가와 디자이너들을 전폭적으로 지원하였다. 기관차와 운송장비업체로 유명한 브레다는 당시 이탈리아에서 가장 크고 역동적인 기업이었다. 1951년의 밀라노 무역박람회를 위해 브레다는 루치아노 발데사리(1896~1982)에게 전시관 설계를 의뢰했다. 그리고 조각가처럼 콘크리트를 다룬 발데사리가 세상을 놀래는 전시관을 만들었다. 커다란 콘크리트 구조물들을 접은 것처럼 만들어 사람들이 그것을 통해 위층으로 오르면서 브레다의 최신 상품들을 볼 수 있게 하였다. 전시관 자체를 마치 탐험관처럼 만들어서 유원지의 놀이기구로 보이게 했다.

밀라노의 건축가 발데사리는 1920년대 초에 연극이나 영화의 표현주의적 디자이너들과 함께 일하면서 경험을 쌓았다. 영화 〈칼리가리 박사의 밀실〉(391쪽)의 환상적인 세트를 만들었고, 그 후 전시관, 가구, 조명기기 디자인으로 명성을 얻었다. 그는 장수하여 자신의 유희적이고 모험적인 작품들이 다시 호평받는 것을 볼 수 있었다. 이 전시관을 빌바오의 구겐하임 미술관(321쪽)과 비교해 보기 바란다.

돔 하우스 Dome House

파올로 솔레리, 1952, 미국 애리조나 케이브 크리크

이탈리아 출신인 파올로 솔레리(1919~)는 1947년에 프랭크 로이드 라이트의 작업실이 있는 탈리에신 웨스트로 갔다. 1949년에 마크 밀과 함께 지금 보아도 급진적인 돔 하우스의 설계를 시작했다. 건물의 본체는 마치 동굴처럼 언덕에 묻혀 있고 주위를 돌벽이 싸고 있다. 겨울에는 따뜻하고, 여름에는 시원하다. 햇빛과 공기가 유리돔을 통해 이 인조 동굴로 공급된다. 레일 위에 올려져 있어서 열과 빛에 반응하는데, 필요하다고 감지되면 언제나 열리는 구조다. 이것이 에너지 절약과 유지 관리의 편리성을 진지하게 고려한 최초의 건축으로 꼽는 이유다. 히피, 뉴 에이지 거주자, 무책임한 에너지 남용과 도시 생활에 염증을 느낀 사람들이 이 건물 양식을 여러 방식으로 본받았다.

솔레리는 1950년에 이탈리아로 돌아갔다가 1956년에 미국으로 다시 간다. 도시 생활의 새로운 양식을 추구한 애리조나 스콧데일의 코산티 재단을 만들기 위해서였다. 새로운 생활 양식에는 솔레리가 '아콜로지'(Arcologies, 완전환경계획도시, 생태학적 노아의 방주)라 부른 일련의 계획이 포함되었는데, 그것은 사막 한가운데에 600만 인구를 수용할 대규모 구조물을 만드는 것이었다. 1970년, 애리조나 사막에 시범적으로 15만 명을 위한 아콜로지 건설이 시작되었다.

기적의 동정녀 교회 Church of the Miraculous Virgin

펠릭스 칸델라, 1955, 멕시코 멕시코시티

펠릭스 칸델라(1910~)는 마드리드 고등건축학교와 산페르난도 미술대학에서 공부를 마치자마자 공화군의 병사로서 장차 스페인의 독재자가 될 프랑코와 싸웠다. 1939년, 전투에서 살아남아 프랑스령 피레네의 난민 수용소를 거쳐 멕시코로 가는데, 거기에서 그의 형제 안토니오와 함께 임시직 건축가로 일한다. 콘크리트 덮개 구조에 대한 이 시기의 연구는 그에게 많은 도움이 되었다. 콘크리트는 싼 재료일 뿐 아니라(멕시코는 그때나 지금이나 가난하다.) 그 지역의 기술력에 큰 부담을 주지 않고 창조적이고 화려한 건물을 만들 수 있다는 이점이 있었다. 칸델라는 엔리케 데 라 모라의 도움을 받아 이 웅장한 교회를 건축함으로써 이런 사실을 입증했다. 이중으로 굽은 지붕은 직선 판자를 이용해 아주 쉽게 만들 수 있었다. 직선 판자가 없었다면 분명히 어려운 작업이 되었을 것이다.

칸델라는 기술자로 작업에 참여했고, 지붕의 구조와 디자인은 직관을 따른 것이었다고만 했다. 그러나 그렇지가 않다. 그는 상상력이 풍부한 좋은 기술자였다.

이 교회를 밖에서 보면 단순한 직사각형 모양이어서 내부에 대한 기대를 안 했다가 막상 들어가 보면 최면에 걸린 듯 놀라게 된다. 예수회가 들여온 바로크 건축이 오랫동안 사랑받은 나라에서, 칸델라는 열정과 극적 효과를 지닌 새로운 건축 양식을 제안하였다.

노트르담-뒤-오 교회 Chapel of Notre Dame-du-haut

르 코르뷔지에, 1955, 프랑스 롱샹

콘크리트로 쓴 시(詩)다. 순례자를 위한 이 교회는 보제의 높은 언덕 위에 있는 옛 기도처 자리에 서 있다.

당시 여러 건축가와 비평가에게 르 코르뷔지에가 지난 30년 간 보인 합리적 건축으로부터 급진적, 충격적인 일탈을 한 것으로 받아

들여졌다. 그러나 나름대로 합리적 논리가 있다. 영성이 깊은 건물이고, 일단 내부에 발을 들여놓으면 어떤 식으로든 기도할 수밖에 없는 곳이다. 그러나 안으로 들어가기 전에 방문자가 알아야 할 것은 이 교회 건물이 종교적 의미에서 안팎으로 모두 기능한다는 사실이다. 거칠게 마감한 두껍고 흰 콘크리트 벽은 야외 미사와 예배를 위한 공간이고, 조개껍데기처럼 덮인 커다란 지붕은 찬송과 기도, 설교의 공명판 구실을 한다.

르 코르뷔지에(1887~1965)는 이 독특한 교회 형태의 영감을 바닷가 조개껍데기에서 받았다고 했다.

두꺼운 벽 안의 실내는 색유리와 보통 유리를 끼워 여기저기에 낸 작은 창으로 채광이 되는데, 벽과 지붕 사이 틈으로도 빛이 들어온다. 어떤 구조인지를 알면 충격을 받는다. 무엇이 지붕을 받치는가? 답은 두꺼운 벽 속에 감춘 가느다란 강철 기둥이다. 겉으로 보기에 무거울 것 같은 지붕도 사실은 속이 비어 아주 가볍다. 롱샹의 이 교회는 기계 시대에서 영적인 공간으로 가는 독특하고 특별한 탈출구다.

솔로몬 R. 구겐하임 미술관 Solomon R. Guggenheim Museum

프랭크 로이드 라이트, 1959, 미국 뉴욕

간단히 말해 구겐하임 미술관은 세계에서 가장 유명한 건물이라 할 수 있다. 나선형으로 감기고 꼬인 외계의 달팽이 같은 이 미술관에는 상식을 벗어난 사랑스러움이 있다. 그런데 아직도 이 건물을 나쁜 농담 정도로 보는 사람들이 많다.

나선형 경사로는 사람들이 한쪽 다리를 약간 굽히고 그림을 보게 한다. 초현실주의자라면 반드시 좋아할 것 같다는 생각이 들 것이다. 뉴욕 사람 대부분이 좋아하고, 큰 사과라고 생각하고서 찾은 사람들도 좋아할 것이다.

맨해튼의 건물치고는 낮지만 그냥 지나칠 수 없는 곳이다. 둥근 알약 상자 같은 옆면은 5번가로 돌출되어서 사람들을 안으로 유혹한다. 위로 올라갈수록 더 바깥으로 돌출하는 경사로가 있는 커다란 북 모양이다. 지붕은 낮은 유리 돔으로 덮였으며, 승강기를 이용해 맨 위층으로 올라갔다가 천천히 내려오면서 구경하는 것이 좋다. 난간에 기대어 선 사람들은 이 아름다운 오르막을 돌고 도는 다른 관람객들을 보면서 오랜 시간을 보낸다.

라이트는 1920년대 중반부터 이런 나선형에 심취되어 있었는데 구겐하임 미술관은 1943년에 작업을 시작했다. 많은 이유가 있지만, 특히 2차 세계대전으로 진행이 연기되어서 그가 죽은 해에야 완공되었다. 그 후 확장 공사가 계속되었지만 원래 건물이 주는 느낌은 이상함까지도 그대로 유지되고 있다.

호세 마르티 기념탑 José Marti Memorial

여러 건축가들, 1959, 쿠바 아바나

피델 카스트로, 라울 카스트로, 체 게바라 등이 혁명을 일으키기 직전인 1950년대 말의 아바나는 방종과 부패로 가득 찬, 찌는 듯한 소굴이었다.

이 카리브 해의 작은 섬나라 쿠바는 매춘, 도박, 강탈 또는 럼, 사탕수수, 담배 등의 불법 거래를 통해 얻은 수익으로 돈궤를 채운, 군 하사관 출신 훌겐치오 바티스타 독재의 발굽 아래 있었다. 60여 년 전 스페인으로부터 어렵게 독립을 쟁취한 이 나라가 놓인 슬픈 상황이었다.

호세 마르티는 쿠바의 독립전쟁에서 죽은 국민 영웅이다. 이 특이한 기념탑은 1958년 새롭게 조성된 아바나의 정부 구역에 세워졌다. 당시 한 위스키 광고에서 디자인을 따왔다. 아바나에서 마르티가 느낀 경외감을 술이 함께 나눈 셈이다.

피델 카스트로가 유명한 연설을 많이 한 혁명광장의 중심부에 위치한다. 석회석으로 외벽을 마무리한 이 탑은 별 모양의 기저부에서 위로 갈수록 좁아지는 구조다. 승강기를 타고 80미터를 올라가면 전망대에 이른다.

현재 일반에게 개방되어, 마르티와 쿠바 혁명의 키치적 성지가 되고 있다.

TWA 터미널 TWA Terminal

에로 사리넨, 1961, 미국 뉴욕 아이들와일드(현 존 F. 케네디)

자연스러운 즐거움과 멋을 지닌 이 경쾌한 공항 건물에 들어서면 여느 범속한 공항 건물에서는 경험할 수 없는 상쾌한 기분을 느낄 것이다. 마치 날아갈 듯한 모습이다.

극적인 이 건물은 네 개의 콘크리트 덮개 혹은 날개로 만들어졌다. 각각 Y자 모양의 버팀벽으로 지지된다. 덮개의 틈에 유리가 끼워져서 다른 공항 건물과는 달리 낮과 밤 모두 아름답게 채광된다. 내부도 기대에 어긋나지 않는다. 높이 솟아오른 천장 때문에 계단 역시 위로 솟는 모양을 하고 있고 공간들이 많이 확보되어 있다. 작은 세부까지도 시각적 즐거움을 배려했다.

정연하고 바른 이론이 필요한 구조였겠지만 건축가와 의뢰자 모두 이 건물에 크게 기뻐했음을 느낄 수 있다.

지금의 뉴욕 존 F. 케네디 공항에 있는 이 TWA 터미널에서, 광고 효과를 노리는 현란한 미국 건물의 오랜 전통과 최신의 전위예술 건축이 어떻게 결합하는가를 확연히 볼 수 있다.

이 건물은 당시 미국 항공사와 고급 자동차를 결합시키는 구실도 했다. 록히드 사의 최신 항공기를 바싹 붙여 댈 수 있게 해, 고급 옷으로 치장한 손님들이 곧바로 1959년산 엘도라도 캐딜락에 탈 수 있도록 한 것이다.

한편 사리넨이 더 야심 만만하게 진행한 작업인 텍사스 달래스 공항은 1980년에 일부가 붕괴되어 재건축하였다.

그린 하우스 Greene House

허브 그린, 1961, 미국 오클라호마 노먼

새일까? 버팔로일까? 외로운 오클라호마의 초원에 서 있는 한 채의 집일까? 누가 알겠는가. 허브 그린(1929~) 자신도 확신이 없을 것이다. 미지의 장소에 홀로 선 이 판잣집은 여러 반응을 불러일으킨다. 아주 기묘하게 보이긴 해도 물론 이건 집이다. 처음 볼 때에는 마치 미국 기병이 도살할 것을 잊고 지나친 버팔로 한 마리가 서부의 대평원에서 풀을 뜯고 있는 듯하다. 가까이 가 보면 판자들이 독수리 같은 맹금의 깃털처럼 매달려 있다. 더 가까이 가 보면, 내부의 수수께끼가 이어진다. 내부도 바깥과 흡사한데, 삼나무 판자들이 벽을 가로질러 걸려 있고, 특이한 각도로 빛이 비치며, 나무 계단으로 다니게 되어 있다. 허브 그린은 프랭크 로이드 라이트(102쪽)의 제자였던 브루스 고프(96쪽)의 영향을 받았다. 가장 최근의 경우를 본다면, 그린의 영향을 임레 마코베츠(112쪽)를 중심으로 형성된 유기적 건축 학파에서 볼 수 있다.

'자연적' 혹은 '유기적' 건축은 늘, 엄격하고 법칙에 따른 형식적 설계의 대안이 되어 왔다. 그러나 그 결과는 어리석고 당황스러운 경우가 많았다. 건물은 생물이 아니다. 따라서 새나 버팔로를 만족스럽게 표현해 내기가 쉽지 않다. 하지만 문명화된 건축의 확신을 반박하면서 자연적·전원적 삶의 정신을 고취할 수는 있다. 이 점에서 그린 하우스는 갈비뼈 사이를 느닷없이 파고들어 숨을 멎게 하는 권투의 잽과 같다.

국립예술학교 National School of Art

리카르도 포로 등, 1965, 쿠바 아바나

쿠바 혁명이 새로운 건축에 기여한 바는 별로 없다. 이것은 아이디어의 부족이나 결핍의 문제가 아니다. 미국이 1961년 피그 만에서 자기 나라의 식민지라고 여겨오던 쿠바의 군대에 패한 후 행한 악의적인 경제 봉쇄 탓에 경제적 여유가 없었기 때문이다. 쿠바는 이 실패한 반혁명 기도로 도덕적 승리는 거두었지만, 다음해의 쿠바 미사일 위기 때문에 소련의 지원에도 불구하고 경제적으로 고통을 받는다. 건축에 신경을 쓸 상황이 아니었다.

아바나 서쪽 외곽지역인 미라마르의 공원에 자리한 국립예술학교는 멋진 예외에 속한다. 전체 다섯 건물 중 여기 보이는 것은 쿠바 건축가 리카르도 포로(1925~)가 지은 미술학부다.

빈센트 가라티는 음악과 발레학교를, 로베르토 고타르디는 연극학교를 지었다. 저마다 개인적 양식을 적용했지만, 벽돌로 된 돔의 연결 및 자연과 이룬 조화 같은 형태적 유사성을 유지함으로써 유기적인 동시에 근대적인 교정을 만들었다.

성서 성소 The Shrine of the Book

프레드릭 키슬러 · 아먼드 P. 바르터스, 1965, 이스라엘 예루살렘

이 경이로운 이스라엘의 기념관에 사해문서와 그 밖의 귀중한 성서 원고들이 보관되어 있다. 프레드릭 키슬러(1890~1965)가 사람이 거주할 수 있는 조각품을 지었다.

세계에서 가장 오래되고 흥미로운 도시의 깊숙한 곳으로부터 솟은, 희고 얕은 돔 모양의 조용하고 단단한 기념물로 보이는데, 그 안으로 들어갈 수 있음을 알게 되면 놀랄 수밖에 없다. 박물관과 문서보관소 건물의 대부분은 땅밑에 있으니 사실 돔은 빙산의 일각에 불과하다. 돔 아래의 명상적인 공간은 쉽게 뇌리를 떠나지 않는다. 성서에 나오는 고래 뱃속의 요나가 절로 떠오른다.

키슬러는 자기 작업을 조각이라고 생각했다. 빈에서 태어난 그는 잠깐 동안 아돌프 로스(129쪽) 밑에서 일한 후 무대 디자이너로서 명성을 얻었다. 1926년 뉴욕으로 건너간 그는 줄리아드 음악학교의 무대디자인학과를 맡았다. 67세에 아먼드 바르터스와 건축사무소를 차리기 전까지 컬럼비아대학에서 학생들을 가르치기도 했다.

극장과 관계된 일을 많이 한 그의 마지막 주요 작품이 바로 성서 성소다.

순례자 교회 Pilgrimage Church

고트프리트 뵘, 1968, 독일 네비게스

순례자 교회는 20세기 내내 가톨릭 국가에서 열성적으로 추구하던 건물 양식을 보여 준다. 순례 운동은 르 코르뷔지에가 만든 노트르담-뒤-오 교회(101쪽)처럼 비할 데 없이 아름다운 건물들을 낳았다. 독일 네비게스에 있는 이 놀라운 교회도 최고라 할 수 있다. 순례자들의 새 정착지 위에 고트프리트 뵘(1920~)이 설계해 올렸다. 계단으로 된 통로가 순례자들의 숙소를 구불구불 휘감아 올라 인상적인 교회에까지 이른다. 당당한 산 같기도 하고, 더 정확히 말하자면 콘크리트로 만든 거대한 수정 같다. 놀라움과 감동을 안겨 주는 이 건물은 사진보다 실물이 훨씬 영적인 느낌을 주며, 마치 18세기 독일의 바로크나 로코코 교회 같다. 게다가 건축재로서 콘크리트가 갖고 있는 가능성을 실현하고 있다.

뵘의 이 걸작은 천국에 가 신과 마주하기 위해 산을 올라야만 하는 순례자를 상징한다. 비록 신자가 아니더라도 현란한 로마 가톨릭 교회들이 가진 전통적 장식에 전혀 뒤지지 않는 당당함과 위엄을 느낄 수 있을 것이다. 간과된 보물이다.

브라질리아 성당 Brasília Cathedral

오스카 니마이어, 1970, 브라질 브라질리아

프레드릭 기버드의 그리스도왕 성당(221쪽)보다 앞서 설계된 브라질리아 성당은 타협 없는 조각품 같은 근대주의 건축을 보여 준다. 이 건물은 부분과 전체의 구분이 무의미하다. 만약 전체 건물이 마음에 들지 않는다면 세부나 구석을 돌아볼 필요가 없다. 니마이어가 이곳 브라질리아에서 전에 완성했던 의회나 정부 청사가 가졌던 압도적 느낌의 기하학적 추상에 대한 유기적이고 현란한 대비로 설계한 예배 장소이기 때문이다.

이 성당은 그리스도가 십자가에 못 박히기 전에 썼던 가시관을 나타낸다. 콘크리트를 부어 만든 버팀벽이 지반으로부터 관능적인 느낌으로 솟아 거의 보이지도 않는 꼭대기에서 강철과 콘크리트 링에 의해 결합되는 구조다. 중간의 공간은 전체적으로 유리를 끼웠다.

입구는 캄캄한 좁은 통로를 통해 내려가다가 다시 가시관의 빛을 향해 올라가는 구조로 되어 있어서 극적인 느낌을 더한다. 숨이 멎을 것 같은 감동이다. 밖에서 보는 것보다 안이 훨씬 크고 넓다. 둥근 바닥이 땅보다 낮고, 브라질리아 중심부의 영웅적인 공공건물들 사이를 걸을 때는 느끼지 못할 규모감을 성당의 가구들과 예배자들이 제공하기 때문이다.

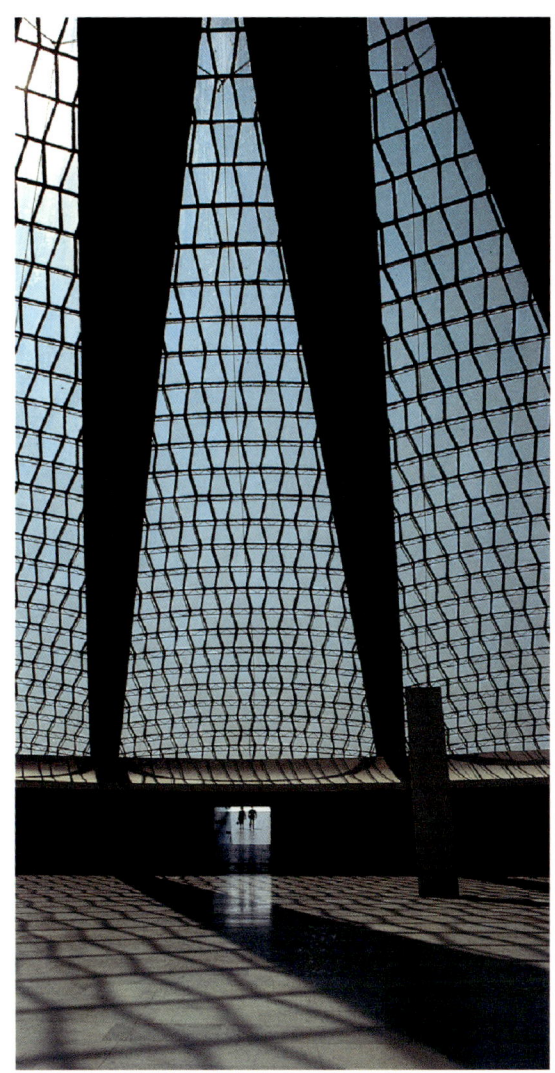

브리온 묘지 Brion Cemetery

카를로 스카르파, 1972, 이탈리아 트레비소 산 비토 달티볼레

카를로 스카르파(1906~1978)는 자기 자신의 개성적 작풍에 따라 많은 작업을 했다. 그래도 가끔 결코 자신을 내세우지 않는 베네치아 아카데미의 개축(1952), 트레비소 집소테카 카노비아나 별관(1957), 베로나 카스텔베키오의 미술관(1964, 213쪽) 개축 등 기존 건물의 개조도 했다.

브리온 묘지는 그의 수작 중 하나로, 그가 자기 뜻대로 자유롭게 설계한 경우다. 이탈리아에서는 묘지 설계가 오랫동안 예술로 받아들여져 왔고, 스카르파는 쇼핑몰과 탈근대주의가 없는 행복한 신의 도시로 옮겨 온 사람들을 위해 자랑스런 묘지 건축의 유산에 또 하나의 작품을 보탰다.

브리온 묘지는 죽음에 대한 찬미로 불려 왔다. 그러나 딱히 정의하거나 범주화하기는 힘들다. 스카르파는 어느 시대에도 속하지 않으면서 모든 시대에 속하는 파편을 한데 모아 놓았다. 르네상스의 미술가나 건축가가 처음 발견했을 때의 고대 로마의 폐허와도 같은 이 파편들은 무성한 잎을 달고 쑥쑥 커 갔다. 묘지는 새, 곤충, 벌레 들과 함께 살아 있다.

브리온 묘지는 마음을 적잖이 동요시키는 묘한 장소다. 그러나 감동을 준다. 스카르파는 파편 같은 것들로 건축을 완성했다. 그러나 이 파편들은 완전한 건물이 주는 것과 똑같은 힘과 효력으로 묘하고도 신비롭게 우리에게 다가온다.

시드니 오페라 하우스 Sydney Opera House

요른 웃존, 1973, 오스트레일리아 시드니

꼭 기억할 만한 건물인 오페라 하우스 덕에 시드니가 세계지도에 꽤 적절하게 그려졌다고 말해도 괜찮을 것 같다. 사실 시드니 오페라 하우스는 훌륭한 면과 실망스러운 면을 동시에 가지고 있다. 독특한 지붕 덮개를 갈매기의 부리, 상어 지느러미, 파도, 수녀의 베일 중 무엇으로 보든 간에 전율을 느끼지 않을 사람은 없으며, 그 건축에 얽힌 이야기 또한 흥미롭다. 이야기는 오베 아룹을 위해 일하던 젊은 구조공학자 피터 라이스에 대한 것이다. 이 건물의 구조 설계에 참여했던 그는 로열 건축 금메달을 받을 예정이었는데 1992년에 사망하였다.

내부 구조는 평범하다. 외관에서 느껴지던 전율이 로비와 공연장에까지 이어지지는 않는다. 아마도 요른 웃존(1918~)이 1966년에 사임하고, 그의 천재성이 빠진 상태에서 건물을 완공했기 때문이 아닐까 싶다. 완성한 설계에 맞춰 일을 하는 게 아니라 가우디처럼 일을 하면서 설계를 진행하는 방식을 취했기 때문에, 그가 이 야심작을 어떻게 끝내려 했던 것인지 우리는 알 수가 없다.

주로 그의 모국 덴마크에 있는 웃존의 다른 건물들은 거의 모두가 창의적이며, 신자재와 기술을 유기적 형태로 결합한 흥미진진한 실험이다.

파르카스레트 장례식장 Farkasrét Mortuary Chapel

임레 마코베츠, 1977, 헝가리 부다페스트

이 건물의 독특하고 감동적인 내부 구조를 보면 사람의 흉곽이 떠오른다. 죽은 사람을 담은 관은 심장이 놓일 자리에 안치되고, 조문객들은 그 자체가 조문객처럼 생긴 나무의자에 앉는다. 이곳은 빌 때가 없다. 넓은 파르카스레트 묘지가 있는 부다 구역의 언덕 한쪽을 파서 만들고, 부다페스트 중심가와 전차로 이은 이 장례식장은 임레 마코베츠(1935~)에게 국제적 명성을 안긴 첫 작업이었다. 마코베츠는 마치 로빈후드와 그 유쾌한 일당처럼 점점 늘기만 하고 공산주의 기간 내내 사회에서 추방되다시피 했던 건축가들의 의심할 여지 없는 지도자였다. 그들은 1989년 이후 국민적 영웅으로 추앙받고 있다. 1970년대 초기부터 그가 키워 온 유기적 건축을 물론, 모든 사람이 좋아한 것은 아니다. 하지만 그가 만든 건물은 1980년대 헝가리에서 반대 의사를 표현하는 집결지이자 상징이었다. 1992년 세비야 엑스포에 선보인 헝가리관 설계를 마코베츠가 맡은 것은 의미심장한 일이었다.

목수의 아들로 태어난 마코베츠는 부다페스트에서 건축가로 훈련받았다. 1956년 헝가리 봉기에서 구속되어 재판을 받았던 그는, 당국과 종종 충돌을 빚고 주로 삼림지나 외딴 시골 마을의 일만 의뢰받았다. 당시에는 금서였던 프랭크 로이드 라이트, 브루스 고프, 루돌프 슈타이너의 책에서 본 구상을 제한된 자재를 가지고서도 자신의 건축 양식으로 개발하였다.

국립도서관 State Library

한스 샤로운, 1978, 독일 베를린

한스 샤로운(1893~1972)이 설계하고 한때 그의 동료였던 에드거 비스니프스키가 완성하였다. 이 당당하고 위대한 도서관에 이의를 제기하기는 쉽지 않다.

포츠담 거리가 있던 자리에 버티고 선 이 건물은 어떤 형식이나 지침도 없는 어수선한 모습으로 보인다. 그러나 내부는 하나의 계시와 같고 부분적으로는 놀라울 만큼 훌륭하다. 주열람실은 비 오는 오후를 보내기에 그만일 것 같은 분위기인데, 독일 영화감독 빔 벤더스의 〈베를린 천사의 시〉에 효과적으로 사용되었다.

이 도서관은 필하모닉 홀(1963), 실내악 홀(1987)과 함께 문화공간의 트리오다. 모두 샤로운이 설계했는데, 그는 필하모닉 홀의 완공만 보고 사망하였다. 세 건물 모두 불규칙한 외관이라서 밖에서 보면 여느 도시 건물의 느낌이 나지 않는다.

샤로운은 2차 세계대전 후 베를린에서 건설 책임자로 일하던 사람이다. 그의 유기적 건축 양식은 나치나 그 전의 프러시아 왕과 황제들이 그토록 좋아한 군국적 신고전주의에 대한 사려 깊은 반발이었다. 1930년대에 그가 독일에 지은 저택들이 그렇듯 베를린 건물들의 내부는 하나의 승리라 할 수 있다.

리버풀 대성당 Liverpool Cathedral

질레스 길버트 스콧, 1978, 영국 리버풀

에베레스트 산같이 생긴 이 교회를 짓는 데 70년이 걸렸다. 세계적으로도 큰 건물에 속한다. 용기를 내어 안으로 들어간 사람들이 내부는 별것 아니라고 여길 정도로, 겉에서 볼 때 찬란하고 오만한 건물이기도 하다. 높이가 100미터지만, 머시 강을 따라 뻗은 도시를 내려다보는 언덕 위에 장대하게 세워져, 비록 비바람을 맞겠지만 실제보다 더 높아 보인다. 성당 설계 공모에 당선했을 때 질레스 길버트 스콧(1880~1960)은 겨우 스물한 살이었다. 건축위원회는 그가 원숙한 건축가인 조지 프레드릭 보들리(1827~1907)와 함께 일해야 한다고 주장했다. 1910년에 완공된 여성 예배당이 그 후에 세워진 장엄한 붉은 사암 건물보다 다소 아둔해 보이는 빅토리아식의 건물인 것에는 이런 이유가 있다.

보들리가 죽은 후 스콧은 자유로워졌고, 자신의 걸작이 될 주건물의 설계를 여러 번 수정하였다. 중세 영국 성당과는 달리 주교차점 아래에 큰 공간을 확보했다는 데 그의 천재성이 있다. 여기에서 맛보는 공간감은 아주 광대하다. 전체적으로 능란한 솜씨가 돋보이는 건물로서 고딕 전통이 쇠퇴하지 않았음을 보여 준다. 2차 세계대전 기간 중에도 공사가 계속되었는데, 폭격을 당하기도 했다. 1978년에 프레드릭 토마스가 수톤의 콘크리트를 비롯한 현대적 자재를 써서 서쪽 면을 완성했다. 이런 자재를 사용했다는 것은 주의 깊게 가려져 있다.

의회 청사 National Assembly Building

루이스 칸, 1983, 방글라데시 다카

루이스 칸(1901~1974)은 생애 마지막 11년을 서로 이어진 일단의 독창적인 건물인 의회 청사에 바쳤다. 결국 완공까지는 20년이 걸렸다.

종교와 정치의 영역이 기발하게 접합된 건물로는 최초, 최고의 회합 장소다. 건물 주위에 있는 물가를 거닐어 보면 의회, 사원, 사무실 등이 한데 묶여 서로 에워싼 형국이다. 건물의 기본 구조인 입방체와 구체를 더는 할 수 없을 만큼 최대한 응용해 건축하였다. 붉은 벽돌벽의 안쪽은 콘크리트와 대리석으로 선을 둘렀는데, 칸이 늘 그리는 것처럼, 채광창, 아치, 틈새 등으로 들어오는 아름다운 햇살이 벽에 무늬를 만들며 장식하도록 했다. 외관과 내부가 상호보완적인 놀이를 즐기는 듯하며, 전체적으로 짜릿한 건축적 퍼즐을 경험할 수 있다. 이 건물은 연간 계속되는 다카의 더위를 잘 물리칠 수 있도록 지어졌다.

방글라데시의 수도 외곽, '벵골 호랑이의 도시'라는 뜻의 세르-에-방글라 나구르 시에 있다. 칸의 강력한 설계가 이 도시의 만만찮은 이름에 잘 어울린다.

로벤가세와 케겔가세 주택 Lowengasse and Kegelgasse Housing

프리덴스라이히 훈데르트바서, 1985, 오스트리아 빈

아주 독특한 공동주거 건물이다. 화가요 건축가인 프리덴스라이히 훈데르트바서(1928~2000)가 이 무모하게까지 보이는 설계로 전통적 아파트 개념과 결별했다. 건물에 입주할 사람과 건축가가 사전에 대화를 나누었는데, 건축가는 입주자의 요구와 희망을 의도적으로 대강 반영하였다. 결과는 바구니에 들어 있던 모든 색깔의 실을 다 써 버린 듯 커다란 편물 같은 건물로 나타났다. 모든 사람을 만족시키지도 못하고, 색안경을 끼고 보는 것이 편할 만큼 너무 많은 색깔을 가지고 있지만, 훈데르트바서의 높은 인기에 타격을 주진 않았다. 그는 전에 자신이 어디서 어떻게 살았는지를 잘 모르는 사람들의 말을 듣고, 말 그대로 그들의 삶에 색을 부여했다. 하지만 빈에 있는 카를 마르크스 주택(30쪽)과 비길 때, 과연 진정한 진보라 할 수 있을까? 1980년대에는 공동주거와 관련해 몇 가지 중요한 질문들이 제기되었다. 영국에서는 건축을 일시 중지했다. 프랑스는 리카르도 보필과 탈레 데 아키텍투라(62, 63쪽), 제노바는 렌조 피아노(256쪽), 빈은 훈데르트바서를 그 해결책으로 보았다. 이 기간 중 많은 실수가 있었지만, 건축가들은 자기가 설계한 집에 살아야 할 사람과 건물에 대해 의견을 나누고 다투기도 하는 법을 배워야 했다. 건축가가 주민의 말을 잘 들으려 하지 않을 때, 이와 비슷한 건물이 나온다.

빛의 교회 Church of the Light

안도 다다오, 1989, 일본 오사카 이바라키

오사카의 주택 밀집지에 안도가 세운 빛의 교회는 일본 통일그리스도 교회의 한 지부인 이바라키 가수가오카 교회 회중들을 다른 세계의 왕국으로 데려간다. 직사각형의 콘크리트 패널을 잘라 벽처럼 세워 연극의 시작과 같은 효과를 연출한 단순한 구조의 건축이다. 실내는 힘이 넘친다. 제단 뒤에 빛의 십자가 있는 형상이다.

원래 안도(1941~)는 유리를 끼우지 않아 회중들이 신의 영감을 직접 느끼게 하려 했다. 그러나 추운 겨울에 신은커녕 죽음의 천사 아즈라엘의 기운을 느끼기에 꼭 알맞을 것 같아서 다른 방법을 찾았다. 십자 모양의 틈을 통해 들어온 빛이 천장에 십자가를 그리는 것이다. 어디에나 신이 있는 느낌이 들고, 이 대담한 메시지를 강화할 다른 종교적 장식은 불필요다. 검은 삼나무로 된 바닥은 제단 쪽을 향해 아래로 기울어 그리스도가 그랬던 것처럼 사제도 회중 속에 있음을 구현했다.

건축이 장식 없이도 상징성뿐 아니라 영적 힘까지 풍부하게 가질 수 있음을 보여 주는 좋은 예다. 안도는 이런 효과가 빛과 어둠의 조화를 통해 가능하다는 것을 20세기 말의 어떤 건축가보다도 잘 알았던 사람이다. 20세기는 어둠을 몰아내려고 노력한 세기다. 따라서 영혼의 영역에 대한 주요 표현 수단도 함께 사라진 세기다.

피닉스 도서관 Phoenix Library

윌 브루더, 1992, 미국 애리조나 피닉스

윌 브루더(1946~)는 원래 조각을 배웠고, 건축은 혼자서 공부했다.

프랭크 로이드 라이트의 현대적 제자라고 할 수 있는 이 사람은, 신자재와 건축 기술을 적용하면서 지역적 색채와 형태를 만들어내는 미국적 전통을 따랐다. 그 결과 여기 보이는 인상적인 도서관처럼 불멸의 규모와 강렬한 조각적 형태를 띠고도 편안하고 스스럼없는 건물이 만들어졌다. 햇빛을 받는 면은 지역에서 나는 석재와 채색 콘크리트, 골이 팬 강철로 높고 단단한 벽을 해 붙였고, 햇빛이 들지 않는 면은 강철로 된 창살과 창틀을 끼웠지만 거의 다 유리로 보인다. 이런 구조가 극적인 효과를 거두었는데, 특히 강한 그림자를 늘어뜨리는 밤에 더하다. 내부의 여러 층은 '첨단 기술'을 구사하면서 초현대식으로 지었다. 가장 위에 있는 열람실의 지붕은 기계로 만든 나무에서 뻗은 가지 같은 버팀 지주를 가진, 끝이 뾰족한 장대가 받치고 있다.

사실상, 브루더의 도서관은 현대적 곳간이라고 할 만하다. 저렴한 비용으로 건축된 점, 프랑스 국립도서관(318쪽)이나 영국 도서관(271쪽)에서 볼 수 있는 허식이나 유예, 비싼 값을 치르는 미학적 약점이 없다는 점만 보아도 적절한 비유 아닌가. 다양한 컴퓨터 기술을 아우르고 있으며, 가정용 컴퓨터와 인터넷의 부상으로 큰 공공도서관이 얼마 안 가 사라질 것이라는 생각을 불식시키는 생생한 증거다.

성령 교회 Church of the Holy Spirit

임레 마코베츠, 1992, 헝가리 팍스

부다페스트 남쪽 다뉴브 강변의 작은 마을 팍스는 두 동의 현대적 건물로 유명하다. 헝가리에 하나뿐인 핵발전소와 임레 마코베츠가 설계한 성령 교회.

트란실바니아(19세기 말과 20세기 초 헝가리에 속해 있던 지역—옮긴이)적인 외관 때문에 그 지역 어린이들은 성령 교회를 '마귀의 교회'라고 부른다. 마코베츠의 빼어난 역작이다. 자궁 모양의 교회 본체는 따로 떨어져 있는 종탑 및 그 위의 세 첨탑과 대조를 이룬다. 첨탑 꼭대기에는 해와 달, 십자가 상징이 있다. 마코베츠와 함께 일한 유랑 목수단의 기술을 잘 보여 주는 이 교회는 어둠과 빛, 땅과 하늘, 남성과 여성, 해와 달 등의 상극을 표현한다. 이교도적인 동시에 가톨릭적인 상징이 현실감과 존재감을 더한다. 내부는 스테인드 글라스로 장식한 천장에서 들어온 빛으로 밝혀지는데, 그 천장은 종종 보석에 사용되는 고대 켈트 족의 상징같이 생겼다. 햇빛이 목재로 만들어져 자연스러운 흐름을 이룬 본당 회중석과 성단을 비춘다.

마코베츠는 하늘과 땅을 조화시키는 것이 자신의 사명이라고 말했다. 그는 아주 인간적이고 감동적인 이 건물에서, 헝가리 평원의 이방 종족들이 기독교를 받아들이던 때 초대 교회의 감성과 미학적 표현임이 분명한 것을 다시 창조하면서 긴 여정에 나선다.

미국 전승 센터 American Heritage Center

안트완 프레드락, 1993, 미국 와이오밍 레러미

안트완 프레드락(1936~)은 이 건물을 보면 떠오르는 유에프오에 열광하는 사람이다. 마치 외계에서 지구에 착륙해 그 안에 '정체를 알 수 없는 사람'들이 가득 타고 있을 것 같은 느낌을 주는 건물이다. 황량한 풍광 속에 불쑥 솟아 불길하게 보이기까지 한다.

이 박물관 겸 전승 센터에 방문한 이들은 비행접시라는 둥 인디언 천막이라는 둥 나름대로 거기에 이름을 붙이며 즐거워한다. 인근에 있는 주술적인 산들을 반영하려 했다는 건축가 자신도 실은 이런 이름 붙이기를 즐긴다. 산, 숲, 사막, 온천, 공룡 화석 발견지 등이 있는 환상적인 경치 속에 자리잡았다. 자연적 풍요와 역사적 깊이가 담긴 건물이다.

극적인 건축 이미지의 달인인 프레드락은 유로디즈니 건축가에 속하기도 한다. 전승 센터 주건물의 푸른 녹이 낀 구리 돔이 낮은 벽 위로 솟아 있는데, 주건물과 마찬가지로 수수께끼 같은 건물들이 그 벽을 따라 줄지었다. 돌로 마감한 그 건물들은 돔보다 더 기하학적이다.

프랭크 로이드 라이트의 건물처럼 전승 센터도 도시 건축가들의 작고 깔끔한 작품들을 일거에 입다물게 하는 거대한 경관으로 만든 하나의 드라마다.

트러스-월 하우스 Truss-Wall House

우시다 에이사쿠 · 캐스린 핀레이, 1997, 일본 도쿄

1990년대에 젊은 건축가들이 지난 20년 간 탈근대주의와 다른 독단적 양식에 밀려 묻혀 있던 근대주의를 재발견하기 시작한다. 대부분의 경우, 근대주의가 처음 생길 때의 계획이나 목적 등과 연관된 것이 아닌 순수한 외양이나 양식과 관련된 유연한 근대주의를 추구했다. 결론은 어디서나 받아들여질 수 있고 패션지가 좋아할 만한, 크림같이 부드럽고 세련된 흰색 건축이었다.

우시다 에이사쿠와 캐스린 핀레이가 도쿄에 지은 이 독창적이고 사랑스러운 집은 그런 일반적인 흐름에서 벗어난 경우다. 부드럽고 물이 흐르는 듯한 유기적 양식에서, 아주 빡빡하게 돌아가는 도시에 여유로운 생활방식을 권하는 지성적 설계를 읽을 수 있다. 더욱 좋은 것은 영국과 일본의 건축가가 함께 작업함으로써 특정 민족의 특성이 아닌 건축 자체의 개성이 드러난 점이다. 이들이 채택한 툭 트인 형태는 1990년대 중반 실내 장식, 패션, 가구에서 불어온 유기적 경향을 반영한다.

설계의 교류 속에서 우주시대의 기미를 엿볼 수 있었다면, 탈근대주의의 아이러니(혹은 패배주의자의 방종)는 죽었음을, 근대적 건축은 여전히 연구하고 찬양할 만한 것임을 분명히 믿는 건축가들의 낙관주의가 반영된 것이다.

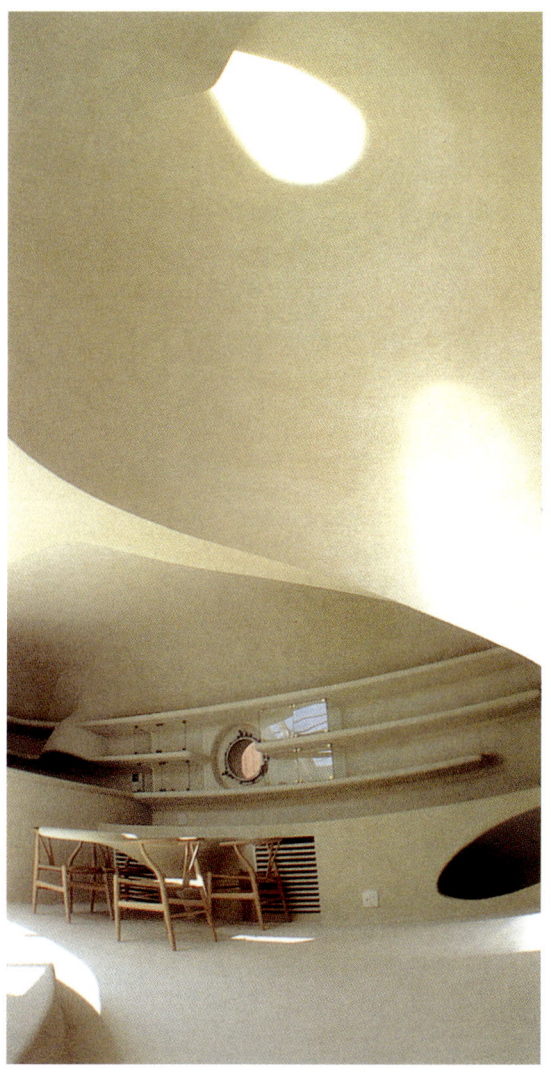

힌두 사원 Hindu Temple

여러 석공들, 1997, 영국 런던 니스든

20세기의 끝에 런던에서 세워진 건물 가운데 가장 매력적인 것으로 니스든 북부순환도로변 힌두 사원을 들 수 있다. 풍자적 내용이 많은 격주간지 『프라이비트 아이(Private Eye)』에 등장해 많이 알려진 이곳이 인도인의 생활 방식을 보여 주는 곳으로 다시 태어났다.

18세기 중엽부터 약간 아둔한 양식의 본보기, 로코코식 실내 장식, 브라이턴의 왕궁 정원, 세진코우트(Sezincote)같이 약간 이상한 낭만주의 전원주택 등으로 이용된 기존 영국 내 인도 건축과 달리 이것은 진짜다.

세계 각처, 특히 동아프리카에 있던 인도인들이 안전·교육·종교적 표현의 자유를 찾아 영국으로 모여들어 영국 내 인도인들의 인구가 수천 명으로 늘어났다. 종교적 표현의 자유가 니스든에서는 영광스런 대리석 사원에 표현되었는데, 전적으로 인도에서 만들어진 것들을 필요할 때마다 배로 들여와 조립해서 만들었다. 이런 의미에서 이 건물은 확실히 가짜가 아니고, 그 기본이나 세부를 따로 재창조할 필요가 없는 종교 전통의 일부다. 사이비 튜더조 건물들의 붉은 색타일 지붕 위로 화려한 돔과 섬세한 세부의 물결이 솟아나, 들쑥날쑥한 도시 경치에 정말 볼 만한 구경거리를 제공하고 있다.

온천 욕장 Thermal Bath

페터 줌토르, 1997, 스위스 발스

스위스 남부에 있는 이 기발하고 아름다운 온천 욕장 덕에 페터 줌토르(1943~)가 세계적 명성을 얻었다.

오래되어서 새로 지어야 할 호텔에 딸린 이 욕장은 터널을 지나야 닿을 수 있다. 여러 탈의실, 증기실, 다이빙 풀 들을 끼고 있는 오르막은 짜릿함과 편안함을 동시에 준다. 꼭대기의 증기 풀은 산쪽으로 열려 있어서 겨울에 눈, 증기, 뜨거운 물, 얼음같이 찬 공기가 한데 섞인 가운데 목욕을 즐길 수 있다. 줌토르 건축의 품격, 창조성, 감각은 일종의 숭고함을 전한다.

석재, 테라초(대리석을 골재로 한 콘크리트 - 옮긴이), 목재, 가죽 등 손과 발에 닿는 모든 자재들이 그것 자체만으로도 기쁨을 준다. 이 욕장은 눈만이 아닌 모든 감각 기관을 위한 축제다.

건물은 언덕을 파고 만들어져 한쪽 면만 드러난다. 줌토르는 건축가일 뿐 아니라 공예가이기도 하다. 건물의 모든 이음새에 도를 닦듯 공을 들였다. 이런 점 때문에, 또 그가 자신의 건축팀하고만 일을 하기 때문에 대개 작은 건물 위주로 스위스에서 활동한다. 이미지가 빠르게 소비되는 시대에, 그토록 좁은 지역에서 이렇게 품격 있고 독창적인 건축가를 발견하기가 쉽지 않다.

근대주의 건축은 이 책의 중심이다. 20세기의 많은 건축들이 빠른 속도로 그 주위를 돌았다. 근대주의 운동의 많은 원천들은 20세기의 마지막 사반세기 동안 논의와 확인과 부정을 거듭했다. 미술공예운동이 그랬듯이 근대주의가 미학적 감수성이란 측면에서 혁명이었을 뿐 아니라 도덕적 편에는 근대적 설계에서 시적 표현의 새로운 형태를 발견한 건축가들이 있었다. 르 코르뷔지에나 오스카 니마이어 같은 사람들이다. 그들은 대중에게 걸맞는 새로운 건축을 창조해야 한다고 목청을 높이면서도, 실제로는 20세기 중반의 건축가가 마땅히 지향해야 할 사회과학자적 입장을 구덩이 뒤로 건강, 빛, 개방성, 정직성 등의 분명한 메시지를 담은 강령으로 시작한 것이 반세기의 냉혹한 실험을 거친 후에는 앞뒤가 안 맞고 서로 싸우기까지 하는 이교도 집단이 되었다. 런던 주택 단지 설계작업을 진행할 때 드러난 미스 반 데어 로에와 지역 관청 건축가들 사이의 차이는 너무도 컸다. 그래도 양쪽 다 입으로는 같은 공식들을 말했고, 근대주의의 같은 진언을 외었다.

근대주의
"적을수록 많은 것이다." – 미스 반 데어 로에

추동력이요 철학적 탐구였음이 여전히 진실로 받아들여진다. 근대주의 건축을 추동한 기본적인 구상은, 건물의 외관이 물론 중요하지만 우선 다양한 프로그램을 수행하는 기능적 기계여야 한다는 것이었다. 가장 위대한 근대주의자 르 코르뷔지에는 시대와 잘 조응하는, 기계시대의 찬양이면서도 시적인 건축 형태를 만들고 싶어했다. 바로 여기에 근대주의 건축의 갈등과 모순이 있다. 한편에는 장식과 시적인 것을 배제하며 딱딱하고 현실적인 기계 미학의 이상에 빠진 금욕적인 건축가들이 있었다. 그리고 다른 한 버리고 미켈란젤로나 보로미니의 후계자인 양 유일무이한 기념비적 건물들을 만들었다. 시간이 흐름에 따라 이런 모순과 분열은 더욱 뚜렷해졌다. 1960년대 말과 1970년대 초 근대적 실험의 확실성이 허망하게 사라지는 동안에도, 체계, 조립, 번듯한 외관이야말로 하나의 진정한 길이라고 믿는 건축가, 깊이를 알 수 없는 형식주의의 물 속으로 뛰어드는 사람들이 있었다. 이를 통해, 근대주의가 분파하기 시작한 종교 같다고 파악할 수도 있다. 그리고 아마도 그 과정은 다음과 같을 것이다. 1차 세계대전의 피와 진흙 어쨌든 두 가지 사실은 분명하다. 첫째, 근대주의가 과거와 결별하고 관습과 예절이라는 굳은 속박에서 건축가를 자유롭게 하려는 태도요, 결정이라는 것이다. 둘째, 건축가들이 근대적 건물의 기계적 특성을 찬양하는 것과 거의 동시에 기술자와 계약자들을 무더기로 잃기 시작했다는 것이다. 형태가 기능에 딸린 사소한 것이라면 건축가가 왜 필요하겠는가? 현명한 근대주의자들은 예술가만이 발견할 수 있는 완전한 상태를 목표로 최소 형태의 미학을 구현할 수 있는 사람이 바로 건축가임을 알았다. 미스의 경우, 적은 것이 진정 많은 것이었다. 그러나 많은 건축가들에게 근대적 건물은, 적은 것은 그저 적은 것이었다.

아파트 건물 Apartment Building

오귀스트 페레, 1903, 프랑스 파리

이미 2,000년 전에 로마인들은 건물에 콘크리트를 많이 사용했다. 그런데 20세기의 여러 모험적인 건물을 짓는 데 사용된 강화 콘크리트를 만드는 데는 2,000년이 더 걸렸다. 1890년대부터 사용되기 시작한 이 콘크리트가 젊은 프랑스 건축가 오귀스트 페레(1874~1954)와 그의 형제 구스타브와 클로드의 마음을 사로잡았다. 그들은 파리의 보자르 학교에서 학업을 마친 후, 페레 프레르 앙트르프리네르(Perrets Freres Entrepreneurs)라는 건축회사를 차렸다. 파리 프랭클린 가의 공원을 내려다보는 이 아파트 건물이 페레의 첫 주요작인데, 1908~1909년 겨울에 이 형제들과 함께 일한 젊은 르 코르뷔지에가 그로부터 큰 영향을 받았다.

당시로서는 아주 드물게 콘크리트 패널로 내부를 채운 단순한 강화 콘크리트 골조로 지은 건물이다. 그 시대의 정신을 따라 페레는 이것들을 꽃 모양의 아르누보 식으로 장식하게 했다. 유행을 따른 것이었는지, 콘크리트 건축의 친숙하지 않은 야만성을 누그러뜨리려는 세련된 조처였는지는 분명치 않다. 어쨌든 커다란 창과 넓고 우아한 실내 공간을 자랑하는 콘크리트 아파트 건축의 효시가 되었다. 옥상엔 정원이 있다. 페레 형제는 여러 해 동안 1층을 자신들의 사무실로 썼다.

카슨 피리 스콧 백화점 Carson, Pirie and Scott Department Store

루이스 설리번, 1904, 미국 일리노이 시카고

원래 슐레징거 마이어 상가였던 이 12층짜리 상업 건물은 시카고 도심에 들어선 근대적 사무실 건물이다. 하지만 예나 지금이나 크고 화려한 백화점으로 쓰인다. 아래의 두 층만 사치스럽게 장식되었고, 그 위의 열 층은 건축가가 '다락'이라고 적은 꼭대기까지 큰 전망창으로 간결하고 깨끗하게 올렸다. 각 층이 20세기 중반이나 말기의 도심 고층 사무건물처럼 설계되었다. 설리번이 고층건물 설계에 적용하는 '토대 중심-기둥 받침' 개념이 분명하게 적용되었다. 명확하게 구획하는 직선적 상하 구도가 이후에도 계속 이어졌다.

설리번(1856~1924)은 매사추세츠 공과대학과 파리 보자르 학교에서 공부했다. 그는 여러 면에서 19세기와 20세기 건축의 형태와 감성을 이었다. 멋진 건물들과 함께 1906년에 쓴 에세이의 다음 구절과 같은 결론으로 기억되는 건축가다.

"유기체와 무기체의 모든 것, 형이하학과 형이상학의 모든 것, 인간과 신의 모든 것, 머리와 심장과 영혼의 모든 표현에 있는 법칙은, 생명이 그 표현으로 인식될 수 있고, 형태는 늘 기능을 따른다는 것이다. 이것이 법칙……."

라킨 빌딩 Larkin Building

프랭크 로이드 라이트, 1905, 미국 뉴욕 버팔로

라킨 빌딩은 1950년에 헐렸다. 수명은 짧았지만 아주 중요한 건물이다. 진정한 근대적 사무 건물의 효시이고, 건물의 내부와 외부가 그 목적과 기능에 맞게 거의 과학적인 수준에서 설계되었다. 에어컨을 갖춘 최초의 건물이고, 안뜰 주변에 토대를 닦은 최초의 건물이다.

라킨 형제는 우편주문사업을 발명하기도 했다. 그들은 숙련되고 부지런한 사무원이 언제나 필요했다. 엄청난 양의 복잡한 주문을 처리해야 하기 때문이다. 프랭크 로이드 라이트(1867~1959)가 디자인한 맵시 있는 책상들이 빼곡한 가운데 앉아서 일한 이 초기 사무원들이 바로 프레드릭 테일러(1856~1915)식 사무 혁명의 희생자다. 테일러의 과학적 관리법은 헨리 포드의 대량생산 기술에 적용되었고, 시간에 맞춰 단순노동을 반복하는 사람들과 20세기 사무직 노동자의 평생에 걸친 권태를 만들어 냈다. 테일러식 발견, 라킨의 신속 회전 업무법, 라이트의 디자인 등에 있는 제한과 비인간성이 무엇이든 간에 라킨 빌딩 자체는 급진적인 개념이다. 그건 미국 인구의 50퍼센트가 사무실에서 고생하는 지금이나 5퍼센트의 인구만 그랬던 1905년 당시나 마찬가지다.

슈타이너 주택 Steiner House

아돌프 로스, 1911, 오스트리아 빈

장식이 일절 없는 근대적 설계의 예로서 종종 책에 소개된 슈타이너 주택은 1차 세계대전이 발발한 시기에 혁명적 건축을 고무하였다. 그러나 보이는 것은 늘 건물의 후면이었다. 정면은, 경사진 지붕으로 해야 한다는 지역 건축관리의 고집 때문에 타협하였다. 영리한 로스가 정면 지붕은 1층에서 위로 올라가게 한 대신 후면은 자신이 처음 원하던 정면같이 엄격한 모습으로 만들었다. 이런 점에서 호기심을 끄는 건물이다.

그러나 설계 의도를 고려할 때, 이 강화 콘크리트 건물은 다음 세대의 독일 건축가들이 하게 될 일을 암시한 최초의 건축이었다고 할 수 있다.

아돌프 로스(1870~1933)는 석공의 아들이었다. 드레스덴 공과대학에서 공부한 후 미국에서 3년간 석공, 바닥깔이, 접시닦이 등으로 일하고 1896년에 빈에 정착했다. 초기작인 빈의 미술관 카페는 장식이 너무 없어서 '염세 카페'로 알려졌다.

그는 빈 감옥에서 죄수들을 검열하기도 했는데, 종종 문명화되고 법을 준수하는 시민으로서 묵과하기 힘든 문신을 한 죄수를 보았다. 그리고 1908년에 유명한 에세이 『장식과 범죄(Ornament and Crime)』를 출간했는데, 거기에서 그는 장식을 방종이나 범죄 같은 것으로 보았다.

로스는 근엄한 '영국 신사'라는 개념을 좋아해서 늘 깔끔하게 차리고 다녔다.

골드먼 앤드 잘라취 빌딩 Goldman and Salatsch Building

아돌프 로스, 1911, 오스트리아 빈

"근대적 신경을 가진 근대적 인간은 장식이 필요 없다. 장식은 혐오스럽다."

로스가 『장식과 범죄』에 쓴 글이다. 로스에게는 안됐지만, 골드만 앤드 잘라취 빌딩의 비계가 처음 내려졌을 때, 언론, 대중, 건축 입안자들을 실망시킨 것이 바로 장식의 결핍이었다.

오페라와 바로크식 케이크를 즐기는 빈 사람들은 이 고급 양복점 건물이 벌거벗은 모습에 소스라치게 놀랐다. 건물주인 레오폴트 골드먼과 에마누엘 아우프리히트 역시 경악했고 건물을 완성하기 위해 다시 설계안을 공모했는데 이번에도 로스의 안이 채택되었다. 그 결과 빈 한복판에 산뜻하게 손질한 깔끔함과 풍부한 물자가 합쳐져 세련되고 멋진 모퉁이 건물이 탄생했다.

건물의 토대는 화강암이고, 저층은 그리스 시폴리노 대리석으로 녹색 선을 둘렀다. 중이층의 창사이를 질러 세운 기둥들은 아연으로 주조해 청동을 입혔다. 상점의 내부는 '엄격함'이라는 딱지 뒤로 가능한 한 사치를 부렸다. 상점 위로는 창만 냈는데, 그 중 일부에는 청동으로 만든 화초 상자가 달려 있다. 단순히 사랑스럽기만 한 건물이 아니다. 우아하고 당당하다. 좋은 옷감으로 정성들여 만든 옷처럼 곱게 나이를 먹었다.

파구스 공장 Fagus-Werke

발터 그로피우스·아돌프 마이어, 1914, 독일 알펠트-인-데어-라이네

'빈약한 자재로 만든 듯한 인상을 없애려는' 노력 속에서 발터 그로피우스(1883~1969)는 근대주의 운동 건축의 외관과 양식을 가진 최초의 건물이라 할 수 있는 것을 만들었다.

나중에 바우하우스를 세우는 그로피우스가 페터 베렌스의 사무실에서 일할 때에 아돌프 마이어(1881~1929)를 만났다. 마이어는 캐비닛을 만들다가 건축가가 된 사람이다. 두 사람은 당시 건축의 견고한 외관을 버리고 벽돌, 강철, 유리로 된 구둣골 공장을 지었다. 유명한 행정동의 모서리는 거의 유리만 썼다. 유리로 둘러싼 건물이 처음으로 만들어진 것이다.

건물이 완공되기 전 10년 간, 특히 독일공업조합이 생긴 1907년부터 건축이 제조산업의 이미지에 어떻게 이바지할 수 있을지에 대한 논의가 활발했다. 베렌스는 베를린의 아에게 터빈 공장(34쪽)으로 방향을 제시했다. 그리고 그로부터 10년 안에 전 세계에 영향력을 미친 그로피우스가 다음 수순을 밟아, 우아하고 세련되었을 뿐 아니라 확실히 근대적인 공장 건물을 창조했다. 그로피우스가 단독으로 진행한 첫 작업이었다.

더없이 의미 있는 건물이고, 근대적인 공장 양식을 세계적으로 확립한 것이다.

홀란드 하우스 Holland House

H. P. 베를라헤, 1914, 영국 런던

베를라헤가 네덜란드 선박회사 뮐러의 사무실을 야곱의 외투(야곱이 아들 요셉에게 화려한 외투를 선물한 후 요셉이 고초를 겪는 이야기가 성서에 나온다—옮긴이)처럼 다채롭게 지었다. 런던의 좁은 거리에 자리 잡았으며, 그의 작품 중 유일하게 영국에 있다. 지을 당시 사무실 건물의 미래를 가리키는 지침이었던 것과 같이 지금도 호기심을 일으키는 건물이다. 단단한 석조 건물처럼 보이지만 녹색 유리가 끼워진 타일 벽과 반짝이는 검은 화강암 각석 밑이 바로 강철 골조다. 내부를 조립식 칸막이로 완성한 개방형 구조 사무실의 초기작에 속한다. 화강암 토대가 입구에서 시작되어 양옆을 견고하게 받치는 모양이 마치 건물의 뼈대처럼 보인다. 건축가들이 말하기 좋아하는 것처럼 강철 프레임 골조의 논리가 개방적으로 또는 '정직하게' 나타나는데, 로비는 매우 치장되었다.

이 건물이 근대적으로 보여도 베를라헤는 자신을 전통주의자로 생각했다. 1928년에 열린 1회 〈근대주의건축국제회의(CIAM)〉에 참석해서도 젊은 급진주의자들의 모판 같은 이 모임에 가담하기를 거부했다. 홀란드 하우스가 나중에 볼품없이 확장되었다. 하지만 베를라헤의 디자인은 그대로 남았다. 당시의 영국 건축을 '레네상스'식 돔과 열주로만 생각하던 이들에게는 진정 놀라움이다.

독일공업조합 전시회 공장 모델

발터 그로피우스 · 아돌프 마이어, 1914, 독일 쾰른　　　Model Factory, Werkbund Exhibition

그로피우스가 빌헬름 황제의 군대로 싸우러 나가기 직전에 설계한 공장 모델로 후에 엄청난 영향력을 행사했다.

행정동의 중심부와 지붕선은 프랭크 로이드 라이트의 영향을 받은 것이 확실하지만, 유선형의 유리 구조로 된 쌍둥이 계단탑은 1차 세계대전 후 독일에서 시작해 수많은 건축가에게 영향을 준 새로운 고안이었다. 맵시 있는 사무동과 마당을 사이에 두고 떨어져 있는 단순한 작업장으로 된 이 공장은, 전 세계에 미래 공장 건물의 모델로 제시되었다. 여기에 분명히 나타난 의도는 공장 모습 그 자체가 생산자 이미지의 핵심적 표현일 수 있다는 것이다. 더는 '어두운 사탄의 공장', 방문객들만 보는 공장이 아니라 광고와 공공 캠페인에도 활용되는 공장이었다.

그로피우스처럼 현대적 건물이 자동차나 생활 용품과 마찬가지로 대량생산된 물건에 지나지 않는다고 생각하는 건축가, 개별 건물에 자신의 독특한 개성을 불어넣어야 한다고 주장하는 건축가로 양분된 공업조합 전시회 자체도 중요한 행사였다. 유리를 끼운 사무동 건물은 1920년대와 1930년대에 학교에서 기차역에 이르는 다양한 건물 양식의 '기계 미학'에 영향을 주었다.

헤니 하우스 Henny House

로버트 반트 호프, 1919, 네덜란드 우트레흐트

로버트 반트 호프(1887~1979)는 프랭크 로이드 라이트의 글을 읽고 감동하여 1913년에 미국으로 건너가 1년 간 그 대가와 함께 일했다.

네덜란드로 돌아와서는 유럽 최초라 할 수 있는 근대 주택을 지었다. 외관과 전체적 설계에서 라이트가 일리노이 오크 파크에 지은 게일 하우스와 유사해 보일 만큼 라이트의 영향이 컸다. 하지만 헤니 하우스는 라이트가 지은 집보다 한결 절제된 모습을 보여 준다. 강화 구조가 엄정하게 드러났고, 야단스러움이나 허식 없이 단호하게 기본적 요소를 갖췄다. 콘크리트 슬래브의 회색이 구조의 논리를 말해 준다.

1차 세계대전이 끝난 직후 건축이 시작되었다. 주위와 완벽하게 분리된 잘 가꾼 잔디 위에 앉아 있는 이 건물이 처음 세워졌을 당시 꽤 충격적이었을 것이다. 적어도 반트 호프와 그의 건축주는 네오-바로크든 아르누보든 간에 부르주아 유럽 건축의 데카당 시절이 끝났다고 보았다. 헤니 하우스는 비단 일반적인 건축뿐 아니라 개인 주택도 독단적 개인의 표현에서 벗어나 객관적이고 보편적인 방식으로 재해석될 수 있음을 보여 준 첫 시도라 할 수 있다. 어쨌든 그런 구상이었다.

반트 호프가 라이덴의 테오 판 되스부르크를 중심으로 모인 화가와 건축가 집단인 데스틸에 들어가지만 그 초창기에 탈퇴하고 만다. 1937년부터 영국에서 살면서 건축 역량을 발휘했다.

노트르담 드 랭시 Notre Dame de Raincy

오귀스트 페레, 1922, 프랑스 파리

높이 솟은 종탑, 긴 회중석과 복도 등 고딕식 교구 교회의 기본 요소들을 활용하였지만 페레의 노트르담은 강화 콘크리트의 자유로운 속성을 실증했다. 내부는 밝고 합리적이며, 결정적으로 근대적이다.

회중석 위의 원통형 천장을 높이 11미터 지름 35.5센티미터의 가늘고 긴 콘크리트 기둥이 받치고 있는데, 이 기둥들에 의해 회중석과 복도가 열두 구역으로 나뉜다. 종탑과 큰 규모로 서 있는 서쪽 입구의 전통적 모습 뒤에서 장엄하고 완전한 놀라움으로 다가온다. 본당 회중석의 구조는 아주 간소하다. 벽이 유리로만 되어 있는데, 중세의 건축가들이 콘크리트보다 훨씬 덜 유연한 돌을 써서 얻었을 효과를 거두고 있다. 이 인상적인 교회의 실내 구조는 20세기 건축에 지대한 영향을 끼쳤다. 콘크리트 구조의 새로운 가능성을 제시했을 뿐 아니라 새로운 자재와 새로운 설계법이 비물질성에 대한 감각과 영적인 차원에도 값할 수 있음을 보여 주었다.

2차 세계대전 후, 페레는 르 아브르 재건에 참여했다. 랭시의 특성을 그대로 물려받은 성 요셉 성당이 있긴 하지만 전반적으로 너무 엄격하게 계획된 도시다.

쉰들러 주택 Schindler House

루돌프 쉰들러, 1923, 미국 캘리포니아 로스앤젤레스

루돌프 쉰들러(1887~1953)가 1차 세계대전이 일어나기 직전에 그의 고향 빈을 떠나 미국 캘리포니아로 갔다. 미국 서부 해안을 근대 건축이 개척해야 할 땅으로 본 그는 '기후 조건과 지역의 특성이 좋은 건축들과 어울리면 남캘리포니아가 새로운 건축 표현의 요람이 될 것'이라고 했다. 쉰들러가 할리우드 서부에 이 멋진 단층 목조주택을 지음으로써 그 말은 현실이 되었다. 바람에 흔들리면 마치 바다처럼 소리를 내는 대나무 장막에 가려진 이 집은 안과 밖의 구별이 모호한 채 정원에 한데 녹아 있는 듯하다.

네 개의 스튜디오, 큰 객실 한 동, 차고 등으로 구성되었다. 미닫이식 문에는 캔버스를 발라 빛이 걸러지게 되어 있어서 당시 작품 중 보기 드문 현대적 편안함을 준다. 콘크리트 바닥, 최소한의 실내 장식, 기본적인 가구 배치 등이 꽤 오랫동안 건축가와 디자이너들에게 영향을 끼쳤다. 방이 정원과 이어져 있어서 미닫이를 열면 어디가 시작이고 어디가 끝인지 분간할 수가 없다. 쉰들러 사망 후 많은 유명 예술가들, 이를테면 존 케이지나 건축사가 찰스 젠크스 등이 살았다. 20세기의 끝에 가서는, 혁명적이고 보헤미안적인 건축가를 기리는 박물관 겸 사당이 되었다.

로쉬-잔느레 주택 Le Roche-Jeanneret House

르 코르뷔지에 · 피에르 잔느레, 1923, 프랑스 파리 오테유

르 코르뷔지에는 확실히 20세기의 가장 위대한 건축가다. 그는 자신이 새로운 시대의 것이라고 본 것을 형상화하기 위해 누구보다 더 큰 노력을 기울였다. 여러 양식적 단계를 거쳐서 60대에 지은 걸작들을 보면 30대 때의 급진적이고 절묘한 흰 집들과는 아주 다른 느낌이 든다.

그는 로쉬-잔느레 주택에서 필로티(자유롭게 선 기둥)가 떠받치는 1층(피아노 노빌레), 두 배로 높은 생활공간, 내부 경사로, 옥상 정원 등 그의 초기 양식을 확립하였다. 엄격한 기하학적 비례를 맞춘 이 현대적 도시형 '연립주택'은, 전통적 보자르식 사고의 옥죄는 긴장감에서 해방된 고전적 기하학이 새로운 건축의 지평을 어느 정도까지 넓힐 수 있는지를 증명하였다. 그의 유명한 표현을 빌면, 이 집은 '살기 위한 기계'일 뿐 아니라 '빛 아래에 여러 매스(건물의 규모나 크기를 뜻하는 건축용어—옮긴이)를 숙련된 솜씨로 정확하고 장엄하게 모으는 것'이라는 자신의 건축 사상을 구현한 집이기도 하다.

르 코르뷔지에(본명은 샤를 에두아르 잔느레)는 스위스 라 쇼-드-퐁에서 태어나 그곳에서 금속 조각을 공부한 후 유럽 여행을 떠났다. 이 여행 중에 파리의 오귀스트 페레, 베를린의 페터 베렌스의 사무실에서 일하고, 스케치도 하면서 건축가의 길에 들어섰다. 그의 필명 르 코르뷔지에는 그의 원래 성인 르코르비지에와 까마귀라는 뜻의 별명 코르보를 섞은 것이다. 그는 자신이 육체적 · 심리적으로 그 외로운 새와 닮았다고 생각했다.

슈뢰더 주택 Schröder House

게리트 리트펠트, 1924, 네덜란드 위트레흐트

캐비닛 제작자요 보석 디자이너인 게리트 리트펠트가 몬드리안의 그림을 집으로 옮긴 듯한 건물이다. 그는 화가와 건축가의 모임인 데스틸이 만들어진 지 1년 후인 1918년에 그 모임에 들어갔다. 금욕적인 칼뱅주의라는 배경과 미술과 건축에 대한 진보적 개념의 영향으로 데스틸 회원들은 90도 각도의 엄격성 안에서 자신들의 상상력을 담는 구조를 지향했다. 위트레흐트에 있는, 리트펠트의 보석 같은 집 창문은 (짐작대로) 90도로만 열린다.

슈뢰더 하우스는 몬드리안 화폭의 장면처럼 주구조에서 들어갔다 나왔다 하며 단단하게 묶인 일련의 입방체를 기초로 지어졌다. 엄격한 설계에도 불구하고, 아니, 어쩌면 그 때문에 실내는 아주 밝고 쾌적하다.

미닫이식 칸막이로 되어 있어서 공간의 넓이를 조절할 수 있다. 가구는 모두 집에 맞추어 제작했고, 적·백·황·청 등 색깔은 몬드리안의 것을 바로 따왔다. 건축주 트루스 슈뢰더-슈레더가 설계에 긴밀히 관여했기 때문에 살기에도 좋고 그림 같이 아름다운 집이 되었다. 옥의 티는 우중충한 벽돌집들이 늘어선 좀 음산한 거리의 끝에 불편하게 박혀 있다는 것이다.

에스프리 누보 전시관 Pavillon de L'Esprit Nouveau

르 코르뷔지에, 1925, 프랑스 파리

1925년의 〈국제장식미술과근대산업전〉에서 큰 반향을 불러일으킨 이 집은 미래 아파트 건물의 전형적 모델을 나타내려고 만들었다. 르 코르뷔지에는 화가 아메데 오장팡과 일하면서 3년 전쯤부터 구상하였다.

그들은 잡지 『에스프리 누보』 (1920~1925)를 창간하고 편집했는데, 르 코르뷔지에가 거기에 쓴 에세이들은 유명하고 논쟁을 불러일으킨 책 『건축을 향하여』로 엮어졌다(1923). 그가 쓴 글은 다음과 같다. "우리는 깨끗한 공기와 밝은 햇빛을 좋아한다. …… 집은 화장실, 태양, 냉수, 마음대로 조절할 수 있는 실내 온도, 음식저장시설, 위생, 아름다움 등을 조화롭게 갖춘, 살기 위한 기계이다." 기묘한 이름만으로 그를 판단하는 사람들이, 20세기 말에 생긴 섬뜩한 싸구려 공동주택을 주도했다고 여전히 그를 비난하긴 하지만, 그가 글에 쓴 것들은 거의 현실화되었다.

이 전시관을 보면, 놀라운 느낌을 받는다. '옥상 정원'에서 자란 듯한 큰 나무가 주위에 있다. 2층 높이의 거실과 침실, 전위예술작품, 가구 들을 뽐내고 있다. 80년 가까이 지났어도 새것처럼 보인다. 고상한 취미를 가진 전시기획자가 이 건물을 개막식 때까지 장막 뒤에 숨겨 두었고 결국 최고상을 받았다.

4장 근대주의 | 139

소련 전시관 Soviet Pavilion

콘스탄틴 멜르니코프, 1925, 프랑스 파리

1925년의 〈국제장식미술과근대산업전〉에서 르 코르뷔지에의 가장 독창적인 작품과 함께 이 건물이 전시된 후 10년도 못 되어 콘스탄틴 멜르니코프(1890~1974)의 경력은 끝났다. 그의 구성주의 스타일은 그의 옛 벗들과 스탈린에 의해 사회주의적 사실주의로 배척되었고, 기묘한 고전주의가 이후의 소련 건축을 지배하였다. 그 때까지 멜르니코프의 명성은 상승일로에 있었고, 레닌이 죽은 다음해에는 파리에서 진보적 신생 공산국의 대표로 뽑히기도 했다. 그의 설계는 혁명적 구성주의를 거의 처음으로 구현한 것이었고, 극히 인상적이었다. 목구조로 된 소련 전시관의 설계는 가히 급진적이다. 길고 비스듬한 입구 계단이 직사각형의 전면을 마치 번개처럼 잘랐다. 이 계단은 지나간 8년 동안의 구성주의 혁명 구호를 적은 그래픽으로 치장한 칼이 엇갈린 것 같은 강철 빔 아래를 지나간다.

비록 소련에서는 이런 양식이 없어졌지만, 20세기 전체에 걸쳐 급진적 표현 형태를 추구하는 디자이너들 사이에서 계승되는 시각적 전통이 되었다. 그리고 그 전통은 1990년대에 자하 하디드(395쪽)나 다니엘 리베스킨트(323쪽) 같은 서방 자본주의 세계의 건축가들의 작품에서 활짝 꽃피었다.

카페 드 위니 Café De Unie

J. J. P. 오우트, 1925, 네덜란드 로테르담

자코부스 요하네스 피에터 오우트(1890~1963)는 겨우 스물여덟 살에 로테르담 시의 건축 책임자가 되었다. 이를 보면 고위 공무원인 그가 도시에서 유행의 첨단이었을 카페 드 위니를 설계한 까닭을 알 수 있다. 그는 공공주택을 전공했고 그 분야에서 탁월했다. 카페 드 위니는 데스틸 그룹의 회원이었던 그가, 리트펠트가 그랬던 것처럼 2차원적 이미지를 3차원적 건물로 바꾸는 그의 초기 작품 경향을 나타낸다.

성공의 요인은 내부가 아주 단순한 데에도 있지만, 평범한 건물들이 죽 늘어선 거리에서 색다른 전면으로 주의를 끈 것에도 있다. 전면은 마치 커다란 몬드리안 그림 같다. 또는 오우트 자신이 말한 대로다. "현대 건축은 현대 미술처럼 확실한 비례를 향해 축약의 과정으로 나아갈 것이다." 건물의 정면에 양옆 건물과 조화를 이루려는 시도가 전혀 없는 것을 보면 그가 일종의 도발을 염두에 둔 것이기도 하다. 1940년에 헐렸다가 다시 세워졌다. 1925년에도 그랬겠지만 지금 보기에도 인상적인 건물이다.

바우하우스 Bauhaus

발터 그로피우스, 1926, 독일 데사우

바우하우스의 설립자이자 초대 교장이었던 발터 그로피우스가 1919년의 설립 취지문에서 말했다. "모든 예술적 창조력을 하나로 모으고, 조각·회화·디자인·공예 등 모든 예술 분야를 새로운 건축으로 재결합하기 위해 노력한다."

이 급진적인 미술학교가 정치적 이유로 1926년에 바이마르로부터 작은 주도인 데사우로 옮겨졌을 때 그 새로운 건축이 실현되었다. 그로피우스와 아돌프 마이어는 새 건물에서 그들의 예술적 이상을 펼쳐 보일 수 있었다. 엄숙하면서도 매혹적인 콘크리트와 유리로 된 건물들이 세워졌다. 유명한 커튼월 뒤에 있는 작업장, 정작 도로는 만들어지지 않았지만 육교 건너편에 있는 데사우시립기술학교, 육교에 있는 그로피우스의 스튜디오와 행정실, 체육관과 함께 있는 학생 숙소, 학생 숙소와 교실·작업장을 잇는 1층의 매점과 홀. 건물이 학교를 알리는 데 큰 힘을 발휘했고, 세계적으로 영향을 미쳤다. 그런데 언제나 학문적으로(무엇을 어떻게 가르칠 것인가) 또는 정치적으로(늘 너무 좌편향적으로 보였다) 공격을 받았다.

졸업생들은 근대주의 운동의 복음을 널리 전했다. 그로피우스는 1928년에 사임했고, 1933년에 나치가 폐교시켰다. 재개교한 후에 전면적으로 보수되었다.

뉴 웨이즈 New Ways

페터 베렌스, 1926, 영국 노스햄프턴

본고장인 영국뿐 아니라 독일에서도 인기가 있었던 규범 철로를 만든 바셋-로우크의 의뢰로 뉴 웨이즈를 만들 때, 베렌스의 나이 쉰여덟이었다. 베렌스는 오토 바그너의 뒤를 이어, 빈 예술 아카

데미의 수장으로서 또 훽스트의 IG-파르벤 화학 공장 설계자로서 전성기를 구가하고 있었다. 그러나 근대적인 집을 짓겠다는 그의 시도는 아주 서툴렀고, 르 코르뷔지에의 기준으로 본다면 진부한 편이었다. 그래도 영국에서는 바셋-로우크의 집이 전위예술적으로 보였다. 레치워스나 햄스테드의 미술공예적 전원주택마저 너무 급진적이라고 생각했던 당시 영국의 상황에서는 놀랄 일이 아니다. 그럼에도 불구하고 뉴 웨이즈는 분명하지 않은 외관으로나마 새로운 유럽 건축이 영국으로 건너올 수 있다는 가능성을 보여주었다.

아돌프 로스가 만든 빈의 슈타이너 주택처럼 뉴 웨이즈도 진보적 신문에 등장할 때 늘 뒷면이나 정원이 보였다. 건물의 전면은 주위의 단정한 이웃들을 고려하여 덜 급진적이었다. 그러나 뉴 웨이즈는 유럽 대륙에 이어지는 다리로서 그 디자인의 대단한 영향만큼이나 중요하다.

로벨 해변 주택 Lovell Beach House

루돌프 쉰들러, 1926, 미국 캘리포니아 뉴포트 비치

로벨 박사의 이 유명한 해변 주택이 지어질 당시 미국의 많은 젊은 근대주의자들로부터 너무 화려하다는 비판을 받았다. 필립 존슨과 헨리 러셀 히치콕이 기획해 1932년에 뉴욕 현대미술관에서 열린 〈국제양식전〉에서도 제외되었다. 사실 이 집은 살기 좋으면서도 독창적이다.

태평양이 내다보이는 넓고 높은 거실을 중심으로 자리하고, 다섯 개의 노출 콘크리트 골조가 받치고 있다. 해변과 길 위로 생활공간을 올려 지붕이 있는 열린 공간에서 바비큐를 구울 수도 있다. 2층은 천장이 높은 거실과 외팔보로 연결되어 있는데, 발코니, 침실, 용도 변경이 가능해 지금도 즐거움과 호기심을 자아내는 공간 등이 있다.

쉰들러는 단독으로 행동하는 사람이었고, 그가 설계한 집들은 소유주들에게 자유로움을 주었지만 당대의 비평가들은 그리 높이 평가하지 않았다. 할리우드 서쪽에 있는 자신의 집에서는 지붕에서 자는 것을 좋아했다. 해변 문화가 전문직 계층에서 막 향유되기 시작하던 1920년대 초임을 감안하면 대담한 행동이었다.

복잡한 구조와 아직 익숙하지 않은 생활방식을 지향한 설계의 결합인 로벨 해변 주택을 동부에 사는 사람들이나 빅토리아식 습속에서 자란 사람들이 이해하기는 힘들었다.

훅 오브 홀란트 주택 단지 Hook of Holland Housing Estate

J. J. P. 오우트, 1927, 네덜란드 로테르담

오우트의 경력은 유성과 같다. 암스테르담, 델프트, 뮌헨에서 공부한 후, 1917년 데스틸 운동 설립자 중 한 사람이 된다. 그 이듬해 로테르담 시의 건축책임자가 되고 뛰어난 주택 단지를 잇달아 설계한다. 검소하고 논리적이며 기능적인 이 값싼 주택들은 우아하고 인간적이기도 했다. 세월의 흐름에 맞추어 잘 성숙해 오늘날까지 살아남았다.

오우트의 중요한 설계 세 가지 가운데 가장 가까이하기 쉬운 것이 훅 오브 홀란트 주택 단지다. 2층으로 된 건물이 새로 난 길을 따라 나지막이 뻗어 있다. 멀리서 보면 한 건물로 보이지만, 가까이 가서 보면 각기 입구도 다르고 담장이 쳐진 정원을 가진 집들이다. 두 동의 주건물들은 끝을 둥글게 처리하고 작은 가게들이 들어가게 했다. 모범적인 이 설계에서 오우트가 보여 준 것은 인간적인 규모와 엄정하고 새로운 양식의 집단 주택 단지다. 전통적인 거리와 마주하고 있으며, 근대주의 후기의 주택 단지와는 달리 쉽게 알아볼 수 있다.

오우트는 슈투트가르트의 바이센호프 구역에 집을 계속 지었는데 높은 평가를 받았다(1927). 그러나 이후 점차 활동이 뜸해지다가 거의 현장에서 사라졌다. 1933년 로테르담에서 공직을 떠나 하버드대학의 교수직을 맡았다. 형식적이고 서툰 헤이그의 쉘 빌딩(1942)을 예외적으로 설계한 후 활동을 그만두었다.

말레-스티븐스 가 주택 Rue Mallet-Stevens Housing

로베르 말레-스티븐스, 1927, 프랑스 파리 파시

장대한 말레-스티븐스 가 주택은 입체파의 화풍이 건축에 화려하게 적용된 것이다. 종종 근대적이라는 딱지가 붙긴 하지만 엄격하고 본질적인 의미의 적용이라기보다는 그저 예의상 붙이는 이름일 뿐이다. 파리에서 이 거리는 놀라움 자체다. 시종일관한 아르데코식 도시 계획의 드문 예이기 때문이다.

말레-스티븐스(1886~1945)는 파리의 고등건축학교에서 배웠고 나중에는 그곳에서 가르치기도 했다. 그는 피에르 샤로와 함께 근대주의 예술가 연맹을 설립했다. 요제프 호프만과 찰스 레니 매킨토시의 영향을 많이 받은 그의 건축은, 르 코르뷔지에가 주택 설계에 급진적 경향을 도입할 즈음인 1920년대 말에 오히려 회고조였다. 르 코르뷔지에와 달리 말레-스티븐스가 명목상의 근대주의 주택과 아파트에 적용한 설계는 관습적인 것이었다. 그럼에도 불구하고 이 건물은 인상적이고 설득력 있는 구성을 보인다. 결과적으로는 건축사에서 수명이 길지 못했고 막다른 골목에 갇힌 꼴이 되었다. 1905년부터 1910년 사이, 조르주 브라크와 파블로 피카소가 일으킨 회화 양식인 입체파는 조망점 없이 3차원적 감각을 묘사하고자 했다. 건축에 적용하기는 어려운 개념이다. 말레-스티븐스와 그의 체코 동료들은 이 양식을 대부분 외관에 적용했다.

바이센호프 주택 단지 Weissenhofsiedlung

루트비히 미스 반 데어 로에(감독), 1927, 독일 슈투트가르트

미스 반 데어 로에(1888~1969)의 지휘로 슈투트가르트 외곽에 바이센호프 주택이 들어선 것은 중요한 성취다. 근대주의 건축가들이 사상 처음으로 저소득층을 위해 도시의 한 부분에 아름답고 쾌적하며 기능적인 저비용 주택을 새로 지었다는 데 의의가 있다. 이 프로젝트에 참여한 건축가들은 르 코르뷔지에, 발터 그로피우스, J. J. P. 오우트, 페터 베렌스, 한스 샤로운 등이었다. 각자 개성을 살려 참여했지만, 이 단순한 흰 주택과 아파트 동은 통일성을 보인다. 근대주의 운동의 젊은 말썽꾸러기들이 확실한 협동 작업을 해냈다.

독일공업조합이 후원한 이 건축 전시에서 스물한 채의 집이 만들어졌다. 일부는 그 후 많이 변경되었고 일부는 헐렸는데, 미국과 유럽의 주택에 몇 년 동안 영향을 준 미스 반 데어 로에의 인상적인 아파트 건물도 여기 포함된다.

바이센호프 주택 단지는 평범한 독일인들에게 현대적 도시가 어떤 모습인가를 볼 수 있는 기회를 주었다. 그러나 6년 후 나치가 집권하자 이런 밝고 쾌적한 주거는 홀대받았다.

1945년 이후 독일에서 근대적 주택이 다시 나타났지만, 섬세하고 이상적인 옛 모습을 찾을 수는 없었다. 지금도 배워야 할 교훈이 많은 건축이다.

쇼켄 백화점 Schocken Department Store

에리히 멘델존, 1928, 독일 슈투트가르트

아인슈타인 타워(83쪽)를 지어 주목을 받은 후, 멘델존은 독일의 여러 지방에서 공장과 개인주택의 설계를 의뢰받았다. 그러나 자신의 양식을 표현주의와 근대주의의 설득력 있는 결합으로 밀고 간 것은 쇼켄 백화점 설계였다. 슈투트가르트 도심 한복판에 자리 잡고 있다. 하나는 간선도로, 다른 하나는 측면도로를 향한 두 건물면이 주건물에서 나온 특이한 계단탑으로 연결되어 있다. 높이를 과장하기 위해, 스프링을 눌러 놓은 것 같은 긴장감을 주기 위해 강철 띠를 감았다. 멘델존은 이 활기찬 건물에 아주 크게 백화점의 이름을 붙임으로써 극적인 효과를 불어넣었다. 결국 쇼켄 백화점의 극적 당당함이 크고 장식적인 19세기 건물들의 장중한 존재감을 훼손하지 않고도 멋지게 균형을 맞추었다.

멘델존은 건물의 특성이나 본래의 모습을 손상하기는커녕 오히려 경관과 건물에 담긴 뜻을 고양하면서 도심에 급진적 건물을 세우는 능력이 있었다. 그 모든 것이 이 백화점에 나타났다. 1960년에 헐렸다.

바타 신발 매장 Bata Shoe Shop

루드비크 키셀라, 1928, 체코공화국 프라하

1920년대의 체코슬로바키아는 완성도 높은 진보적 건물로 유명했다. 루드비크 키셀라(1883~1960)가 1928년에 지은 바타 신발 매장 건물은 당시에 시대를 앞서 갔던 것처럼 지은 지 70년이 지난 지금도 이제 막 완공된 건물 같아 보인다.

유럽에서 거의 일상적으로 볼 수 있는 단순한 건물이지만 지을 당시에는 일종의 계시였음에 틀림없다. 그때나 지금이나 특별하게 느껴지는 것은 명료함이다. 7층 높이 콘크리트 구조 정면에 흰 불투명 유리를 중간에 끼운 큰 투명 유리로 벽을 만든 것이 이 명료함의 요체다. 해가 지면, 층별로 투명 혹은 반투명의 백열전구와 형광등을 밝혀 대조를 이룬다. 유럽 여러 곳에 매장을 내고서 싸고 좋은 운동화를 파는 신발 회사 바타를 위해 설계된 건물이다. 바타에는 디자인과 건축을 담당한 부서가 있어서 키셀라와 긴밀하게 협력하였다.

바타 매장은 근대 디자인의 한 도상이 되었고, 그 명료함과 더할 수 없는 경쾌함은 근대주의의 지나친 형식미와 탈근대주의의 부질없는 생성물에 대한 꾸짖음이 되었다. 단순한 건물의 좋은 예인 이 건물은 다음 디자인을 위해 꼭 참고할 사항이 되었다.

주에프 클럽 Zuyev Club

I. A. 골로소프, 1928, 러시아 모스크바

주에프 클럽의 원래 도면은 다섯 개의 원통으로 구성된 건물을 만들려고 했던 콘스탄틴 멜르니코프가 그렸다. 그런데 설계를 이어받은 골로소프(1883~1945)가 원통 하나만 남겼다. 그래도 건물의 직사각형 부분이 길에서 툭 튀어나와 레스나야 거리에 극적인 충격을 준다. 클럽의 건축은 모퉁이 탑을 중심으로 진행되었다. 1920년대 모스크바에 지어진 여러 대규모 공장 클럽 중 하나다. 클럽이 수행하는 사회적 역할과는 달리, 그 디자인에는 양식을 둘러싼 다툼이 담겨 있다.

스탈린의 테러 앞에 10월혁명 초기의 이상을 포기했던 소비에트 건축가들은 10년 동안 힘겹게 싸웠다. 혁명적 건축가들이 서로 다툰 이유는, 베스닌이나 긴즈버그 같은 '구성주의자'들의 합리적 디자인과 멜르니코프나 골로소프를 포함한, 이른바 '합리주의자'들의 표현주의적이고 현란한 디자인(일을 좀 더 복잡하게 만드는 디자인) 사이에서 버둥거리고 있었기 때문이다. 1935년쯤부터 스탈린이 소비에트식 고전주의를 지시함으로써 다툼은 끝났다. 건축되진 않았지만, 골로소프의 설계 중 주목할 만한 것으로 노동궁전(1923)과 소비에트 궁전(1934) 등이 있다.

실버 엔드 주택 단지 Silver End Housing Estate

토마스 테이트, 1928, 영국 에식스 쳄스포드

영국의 근대 건축 도입을 알리는 건물이다.

첫눈에 근대적으로 보인다. 그러나 실은 평평한 지붕, 수평 창, 흰 칠 등으로 유럽 근대주의의 기미를 알리는 전통적 교외 벽돌가옥이다. 그래도 선구적인 건물임은 분명하다.

1920년대에 설립된 창문회사 크리툴이 건축주였다. 이 회사는 당시 건축가들의 요구로 강철 창틀을 생산하였다. 직원용 모델 하우스인 이 건물의 입주자들은 새로 제작한 창이 습기 차고 엉망인 영국 날씨에 어떻게 대응하는지를 관찰하는 데 필요한 실험용 동물이었던 셈이다.

딱딱하지 않고 생기 있는 가든 시티 구역에 자리했다. 거의 벽돌로 짓고 흰 칠을 했다. 설계는 전통적이었다. 하지만 실버 엔드 주택 단지는 20세기 내내 엉터리 조지왕조식이나 튜더왕조식 개인주택들이 판친 영국에, 유럽 대륙의 근대주의 아이디어가 도입될 수 있다는 가능성을 확인한 것이었다.

실버 엔드는 계속 잘 보존되었고, 근대 주택인 척하는 테이트의 돈키호테식 근대주 주택은 세월의 시험을 이겨 왔다.

독일 전시관 German Pavilion

루트비히 미스 반 데어 로에, 1929, 스페인 바르셀로나

20세기의 또 다른 거장 루트비히 미스 반 데어 로에도 르 코르뷔지에처럼 정식 건축 교육을 받지 않았다.

석공의 아들로 아헨에서 태어난 미스는, 신고전주의 건축을 유럽과 미국에서 멋지고, 대가답고, 무엇보다 아름답게 다듬은 건물로 끌어올렸다. 그 첫 번째 작업이 바르셀로나 세계박람회를 위해 건축되어 큰 영향력을 발휘한 독일 전시관이다. 그 전부터 많은 건물을 만들었지만, 이 건물이야말로 그가 만든 사원 형식의 건물 중 첫 건물이고 새로운 유럽 건축의 상징이었다.

원래 상태로 복구된 이 건물은 천진하다 싶을 만큼 단순하다. 콘크리트 슬래브 지붕을 크롬 도금한 십자형의 날렵한 기둥이 지지한다. 지붕 아래와 기둥들 사이에 넓은 판유리와 반짝이는 석회화를 채워서 내부 공간을 바깥에서 볼 수 있다. 전시관에 딸린 두 개의 못에 햇빛이 반사되어 마노와 대리석으로 된 석회화와 유리에 얼룩을 만든다. 전시관 안에 있으면 무척 호화롭게 느껴진다. 미스는 곧 유명하게 된 새 바르셀로나 의자를 몇 개 두어 휴식과 명상이 가능한 공간으로 만들었다.

"이런 방식으로 산업과 기술력의 힘이 사상과 문화의 힘과 만나게 될 것이다."

미스가 한 말이다. 햇볕이 뜨겁게 내리쬐는 날, 이 건물에 들어가 서늘함을 맛보는 사람들은 모두 이 말에 동의할 것이다.

해변 주택 E. 1027 Seaside House E. 1027

에일린 그레이 · 장 바도비치, 1929, 프랑스 로크브륀-카프 마르탱

에일린 그레이(1878~1976)는 아일랜드의 지주 계급 가정에서 태어났다. 하지만 좋은 가문으로 시집 가 하인들을 거느리는 일을 마다하고 파리로 가서 그리 유명하지는 못해도 디자이너로 성공했다. 1920년 중반부터 20세기 디자인의 고전이 된 가구, 램프, 깔개, 거울 등을 만들었다. 비록 건축가는 아니었지만 애인인 장 바도비치와 살려고 이 여름 별장을 설계했다. E. 1027은 두 사람 이름의 머리글자를 숫자로 푼 것이다.

지주 위에 서서 아름다운 만을 바라보는 이 집을 르 코르뷔지에가 아주 흠모하였다. 이 집에 자주 머물렀고, 1965년에 이 집 부근 바다에서 익사했다.

그레이는 늘 자유롭게 사고했으며 예술이나 건축 사조에 자신을 맞추기를 거부한 사람이었다. 하지만 내부는 근대적 예술품으로 설계되었다. 그녀의 디자인은 비싼 재료를 썼기 때문에 고객들은 부자여야 했다. 자신이 만든 두 채의 건물을 근대적 집단 주택에서는 거의 볼 수 없는 따뜻함과 우아함으로 채웠다는 사실이 어쩌면 불명예일 수도 있다. 그레이에게는 별것 아니겠지만 이 집에서 흔하게 접하는 멋진 세부가 근대주의의 강령처럼 실용성만 추구하던 건축가들에게는 무척 새로운 것이었다. 그녀의 가구들은 나중에 '고전'으로 평가되었다.

마르보프 전시장 Le Marbeauf Showroom

알베르 라프라드 · L. E. 바쟁, 1929, 프랑스 파리

시트로엥 자동차 전시장을 찍은 이 사진은 언제 보아도 멋지다. 아래위로 긴 방열기, 고정된 전조등, 관능적인 흙받이, 노출된 발판 등을 갖춘 새 차가 전면이 유리인 건물보다 한참 오래되어 보이기 때문일지도 모른다. 라프라드와 바쟁은 전면이 바닥부터 천장까지 유리로 된 6층 높이 전시장에 외팔보로 콘크리트 판을 연결하고 그 위에 차를 차곡차곡 쌓듯 전시했다. 큰 유리창 반대편에 있는 문으로 고객이 헌 차를 몰고 들어와 차고에 댄 후 새 차를 타고 다른 문으로 나가도록 설계되었다.

자동차와 건축은 르 코르뷔지에의 명저『건축을 향하여』(1923)에서도 밀접하게 연결되었고, 멋진 유리 원판 사진으로 이 전시장을 세계에 알린 프랭크 여버리 같은 사진가도 기계 시대의 성과인 자동차와 그것을 돋보이게 하는 건물 사이의 관계를 확연히 보여 주었다. 유감스럽게도 이 전시장은 오래 전에 헐렸다. 여전히 멋지고 여전히 새 차 전시에 안성맞춤이었을 것을 생각하면 부끄러운 일이다.

멜르니코프 주택 Melnikov House

콘스탄틴 멜르니코프, 1929, 러시아 모스크바

소비에트 시절 모스크바에 지어진 유일한 개인 주택이다. 당국이 멜르니코프의 기발한 설계에 매료되어 건축 도중 돈이 떨어진 멜르니코프를 도와주기까지 했다. 엇갈린 두 개의 원통형 건물인데 하나가 더 높다. 아르바츠카야 지하철역 인접 도로를 바라보는 원통 건물은 지붕 테라스가 있는 유리벽으로 되어 있다. 다른 원통에는 '잠을 위한 소나타'로 신비하게 설계된 건축가의 침실과 스튜디오가 있다. 이 멋진 방들은 높이가 5미터이고, 벌집 같은 육각형 창으로 채광된다.

아무렇게나 배치한 것이 아니라 복잡한 기하학에 바탕을 둔 것이다. 140개의 벽돌 모듈과 60개의 유리창 모듈, 총 200개의 모듈로 구성된 집이다. 그런 구조를 직접 그려 볼 수도 있겠지만, 아마 머릿속이 엉킬 것이다.

멜르니코프는 통화관, 쓰레기 투기 장치, 두 입구의 미닫이문 등 진기한 고안품들로 건물을 채웠다. 부분적으로 수리된 적이 있고 (1990~1991), 현재 멜르니코프의 아들이 살고 있다. 이상하게 보이기도 하고 모든 사람이 편하게 살 수 있는 집은 아니지만, 주거용 건물과 그 건축에 대해 다시 생각한 용기 있는 시도였다. 소련이라는 나라보다 더 오래 말끔한 채로 살아남은 사실이 집의 설계보다 더 놀랍다.

쇼켄 백화점 Schocken Department Store

에리히 멘델존, 1929, 독일 켐니츠

독일이 동서로 갈라진 1950년대에 카를 마르크스 시로 개명된 켐니츠는 공산 통치를 받던 프러시아의 도시다. 자본주의와 소비 사회를 표현한 모든 건물 중에서 멘델존의 이 건물이 단연 돋보인다. 월가의 공황과 바이마르 독일의 나치화가 진행된 시기에 지어진 이 건물은 당시 유럽에서 가장 멋진 유선형 건물이었다. 근대적인 떠들썩함과 독일 근대주의의 엄격함이 한데 녹아 있다.

도로쪽 면이 깔끔한 띠로 끊김 없이 부드럽게 연결된 방식이 숨을 죽이게 한다. 윗부분의 세 층이 지역 건축법에 따라 뒤로 물러난 모습은 도심 한가운데 정박한 현대식 기선을 떠오르게 한다. 르 코르뷔지에는 『건축을 향하여』(1923)에서 기선이야말로 현대의 파르테논이라며 기선을 극구 찬양했다. 이 건물이야말로 그 말에 잘 어울린다. 자동차 시대의 속도와 (아마도 허울뿐인) 매력에 어울리는 힘을 거리에 주고 빛을 밝히며 길게 뻗은 띠를 통해 근대적 건물이 야간에 아주 효과적임을 보여 주었다.

2차 세계대전 때 연합군의 폭격으로 심하게 손상되었다. 도심에 자리 잡은 가장 뛰어난 근대적 건물이다.

로벨 하우스 Lovell House

리처드 노이트라, 1929, 미국 캘리포니아 로스앤젤레스

가장 매력적이고 갖고 싶은 집이라 할 수 있다. 건축주 필립 로벨 박사가 '건강 시범 건물'이라고 명명한 이 집은 리처드 노이트라(1892~1970)가 설계했다. 전망이 좋은 가파른 언덕에 세워졌다. 길에서 보면 단층으로 보이는데, 안으로 들어가면 언덕 아래로 여러 층이 있어서 속은 기분이 들 정도다. 멋진 발코니는 경량 강철 골조로 겨우 마흔 시간 만에 만들어졌다. 로벨 하우스뿐 아니라 노이트라의 다른 건물도 시험적인 개방형 건축이었다. 이 집은 햇빛이 잘 들며 깨끗하고 흰 열린 건축이다. 1920년대의 캘리포니아가 아니라 독일의 건물처럼 보였다면, 노이트라가 빈에서 아돌프 로스에게 배우고 베를린에서 에리히 멘델존과 일했던 오스트리아인이기 때문이다. 1923년에 미국으로 가 프랭크 로이드 라이트와 일했고, 1925년부터는 로스앤젤레스에서 동료 오스트리아인 루돌프 쉰들러와 함께했다.

공장에서 제작된 기성 자재로도 아름답고 진보적인 집을 지을 수 있음을 증명한 건축이다. 동일 규격의 유리와 콘크리트 패널을 널리 보급하는 계기가 되었다. 내부도 아주 수준 높다. 1997년에 할리우드 영화 〈엘에이 컨피덴셜〉에 등장할 만큼 늘 스타 대접을 받는 건물이다.

4장 근대주의 | 157

비트겐슈타인 저택 Wittgenstein House

파울 엥겔만 · 루트비히 비트겐슈타인, 1929, 오스트리아 빈

"말할 수 없는 것에 대해서는 침묵해야 한다." 아돌프 히틀러의 동급생이자 전 시대에 걸쳐 가장 위대한 철학자, 또 가장 오해되고 있는 사람인 비트겐슈타인(1889~1951)이 『논리철학논고』(1921)의 결론으로 남긴 유명한 말이다. 『논리철학논고』를 출판한 후 철학의 모든 문제를 해결했다고 결론내려 모든 것을 버리고 오스트리아의 시골로 가 교사가 되었다. 1929년, 그의 누이 마가레테 스톤버러 비트겐슈타인이 그에게 고향 빈으로 와 파울 엥겔만(1891~1965)과 함께 집을 지어 달라고 부탁했다. 엥겔만이 아돌프 로스(129쪽)의 제자였음은 이 집의 엄격한 기하학적 구조를 보면 분명히 알 수 있다. 근대적 겉모습은 부르주아적 실내와 안 어울린다. 비트겐슈타인 가(家)는 거부였고, 마가레테는 여흥을 즐기는 사람이었다.

비트겐슈타인은 방들의 비례를 정밀하게 다듬고 또 다듬는 일을 맡아 그의 날카로운 눈에 1, 2밀리미터의 착오가 있는 것으로 드러난 새 천장을 뜯어 내리기도 했다. 공학에 충실한 세부가 금욕적인 동시에 쾌락적이라서 불균형한 집을 만들어 냈다.

비트겐슈타인은 수학과 철학에 앞서 공학을 전공한 사람이다. 이 집을 지으면서 처음의 것으로 되돌아간 것이다. 건축에 늘 매력을 느꼈지만 일단 이 집을 지은 뒤에는 건축에서 완전히 손을 떼었다.

지멘슈타트 주택 단지 Siemenstadt Housing

발터 그로피우스, 1930, 독일 베를린

각각 4층, 5층인 이 두 아파트 건물은 발터 그로피우스가 공장 사택으로 지은 것인데, 그로부터 60년 간 전 세계에서 여러 형태로 반복되었다. 현대적 아파트의 모습을 볼 수 있으며 인본주의 정신을 바탕으로 구상한 건물이다.

1928년에 사임할 때까지 바우하우스에서 가르치고 일하면서 그로피우스가 몰두하던 문제가 있다. 어떻게 하면 산업 노동자들이 도심에서 전통적 주택과 비슷한 규모에서도 햇빛과 공기를 충분히 받고 마시며 살 수 있을까 하는 것이었다. 지멘스 사가 베를린의 신축 공장 사택을 그로피우스에게 의뢰했을 때, 그는 그 문제를 풀 수 있는 기회를 잡았다.

공원 지역의 잔디밭에 위치한 순백색의 이 아파트는 말끔한 고밀도 건물로, 햇빛을 가능한 한 많이 받기 위해 남북 방향으로 앉아 있다. 각 층에 두 세대만 들게 하고 복도를 없애 집집마다 입구를 따로 가진 느낌이 나게 했다. 무균 상태로 느껴질 만큼 순백의 색깔을 사용한 데는 건축가의 의도가 있는 것 같다. 공장에서 연기와 먼지 속에 일하고 돌아온 노동자들이 내일의 새로운 노고를 대비해 정신적, 육체적으로 정화하는 곳을 만들고 싶다는 바람 말이다.

힐베르줌 시청 Hilversum Town Hall

빌렘 마리누스 뒤도크, 1930, 네덜란드 힐베르줌

프랭크 로이드 라이트와 암스테르담 학파의 영향을 받은 뒤도크(1884~1974)는 공병 출신 건축가로서 완성도 높은 벽돌 건물의 중요한 양식을 확립하였다. 학교, 공중목욕탕, 시청 등 무엇을 설계해도 그는 흔들림 없이 간결하고 확실한 형태를 추구했다. 힐베르줌 시청은 수직과 수평 벽돌로 한 힘차고 타협 없는 영웅적 건축적 시도 중 가장 크고 발전된 것이다. 성당, 공장, 화장장을 한데 섞어 놓은 듯 야릇한 모습이다. 마음에 드는 곳은 없지만 아주 인상적이고, 설계나 건축의 질에서 전형적인 엄격함을 보인다.

뒤도크는 암스테르담에서 태어나 왕립사관학교 브레다에서 공부했고, 힐베르줌 시 건축책임자로 일했다(1915~1927). 그의 작품에서 영향을 받은 영국 건축가 찰스 홀든은 이 네덜란드 대가의 기념비적 작업을 런던 아너스 그로브 지하철역(48쪽)에서 완화해 표현하였다. 그 양식이 영국 공공건물 등에 도입되어, 질레스 길버트 스콧 경이 만든 런던 사우스워크 뱅크사이드 파워 역의 사랑스럽지는 않지만 장대한 공공사원 같은 모습에서도 힐베르줌의 영향을 확인할 수 있다.

사부아 저택 Villa Savoye

르 코르뷔지에, 1931, 프랑스 푸아시

"건물이 필로티 위의 발코니처럼 얹혀 있어서 전체적 모습이 원래 크기보다 더 확장되어 보인다. 따라서 무게를 받는 특성에서 벗어나…… 자유로운 구성을 할 수 있다." 르 코르뷔지에가 1922년부터 파리 교외에 지은 희고, 완벽하고, 자유롭게 선 주택 연작의 정점에 사부아 저택이 있다. 16세기 팔라디오의 빌라 중 최고작만큼 마술적이고 만족스러운 사부아 저택은 섬세함과 영묘함까지 한꺼번에 갖추었다.

마치 외계로부터 날아와 지주 위에 앉은 것 같은 이 건물은 진정 혁신적인 생활 방식을 제공한다. 파리에서 온 방문객들은 필로티(기둥 또는 지주) 사이에 있는 차고에 차를 보이지 않게 넣고, 본층 아래에 있는 유리 상자를 통해 집에 들어가 눈에 잘 띄게 설치된 세면기에서 손을 씻은 후 경사로나 계단을 통해 본층으로 오를 수 있었다. 실외와 실내가 분명히 구분되지 않아 기적처럼 신비하다. 이 집은 가장 낯익은 것들마저 당혹스럽게 느껴질 만큼 복잡한 기하학과 설계 그리고 빛과 공기에 대한 경의다. 지붕은 일광욕을 할 수 있는 테라스다.

여러 해 동안 쇠락한 상태로 있었다. 그러나 지금은 수리 후 일반에게 개방되었다.

로열 코린티안 요트 클럽 Royal Corinthian Yacht Club

조셉 엠버턴, 1931, 영국 에식스 버넘-온-크라우치

버넘-온-크라우치는 일반인들이 특징 있는 근대 건축을 쉽게 접할 수 없는 고장이다. 그러나 로열 코린티안 요트 클럽은 이 영국 동부 해안 도시에서 뛰어난 특징을 가진 근대 건축으로 건재하고 있다. 조셉 엠버턴(1889~1956)이 설계한 이 요트 클럽은 영국에서 건축된 최초의 근대적 건물이라 할 수 있다. 엠버턴이 최신 유행의 건물을 여럿 설계했지만 네덜란드, 프랑스, 독일, 오스트리아 등의 동시대인들과는 달리 진정한 근대주의자로 평가받지는 않았다. 이 요트 클럽도 근대적 건물이란 첫인상과는 달리 전체적으로 영국식 벽돌 건물이다. 튀어나온 외팔보식 발코니에 강철이 어느 정도 쓰이긴 했지만 말이다. 1931년의 영국적 관점에서 건물이 놓인 배경을 고려하면 근대적으로 보일 수도 있다. 엠버턴의 설계가 정신적인 면에서 명백하게 바다의 느낌을 지녔기 때문에 설계가 받아들여졌고, 어떤 면에서는 환영받았다. 그러나 한편에서는 너무 밝고 우아하고 개방된 건물에 눈살을 찌푸린 사람도 있었을 것이다.

완공 직후 상을 하나 받았는데, 건물이 가진 바다의 분위기 때문에 받은 것이지 근대성 때문에 받은 게 아니라는 사실을 기억할 필요가 있다.

비젠코프 백화점 Bijenkorf Department Store

빌렘 마리누스 뒤도크, 1931, 네덜란드 로테르담

슬프게도 이 힘찬 건물이 1940년의 공습으로 심하게 파괴되었고 전후 로테르담 재건 때 헐렸다. 건축적·도시적으로 엄정히 볼 때, 로테르담이 현재 세계에서 아주 근대적인 도시이기에 크나큰 손실이 아닐 수 없다. 뒤도크의 비젠코프 백화점 건물은 그의 작품 중 지나칠 정도로 근대적인 것이다. 거리의 시장들을 한층한층 쌓아올려 유리로 외벽을 두른 하나의 백화점을 만든다는 것이 설계의 기본 구상이었다. 가차없이 수평으로 뻗은, 유리를 끼운 가게들이 평평한 수직 입구 탑으로 모였다. 각 층의 점포들은 투명한 건축에서 분명하게 드러나고, 입구 탑에서 멈춰진 수평 띠로 결합된다. 따라서 자유로운 감각과 강력하고 추상적인 질서를 묶은 설계가 시각적으로 큰 힘을 발휘한다. 쇼핑에 관심이 없어도 방문하고 싶고, 단지 전면의 조명과 추상적인 시계를 보기 위해서라도 다시 가보고 싶어지는 곳이다.

완공 직후 뒤도크는 헤이그로 가 그곳의 도시계획 책임자가 되었다.

노동조합 하우스 Trade Union House

막스 타우트, 1931, 독일 프랑크푸르트-암-마인

1924년에 예술 평론가 할트라움이 신즉물주의라고 명명한, 인상주의에 대한 반작용의 영향을 막스 타우트(1884~1967)가 많이 받았다. 인상주의의 반대편에서 신즉물주의 건축이 한 일은 무엇이었나? 강력하게 표현된 콘크리트 골조로 가장 분명한 각도를 지닌 건축이 바로 답이다. 이는 인상주의를 연약하고 거칠고 초점이 흐린 것으로 보았던 타우트의 신즉물주의다. 그리고 그것이 가장 극적으로 확실하게 구현된 곳이 바로 프랑크푸르트의 노동조합 하우스다.

고도의 통제성과 합리성을 가진 이 건물은 동일 대칭 요소로 구성된 독일 논리의 결정판이라 할 만하다. 지금까지도 이 건물의 상징성이 옅어지지 않아서 수없이 많은 사무실 건물들이 이 건물의 엄격한 선을 따라 설계되었다.

딱딱하긴 하지만 시적인 면이 조금은 있다. 타우트는 히틀러 통치 기간 내내 활동이 금지되었던 사람이다. 2차 세계대전이 끝나자 당대의 가장 뛰어난 교사로 돌아와 1945년부터 1954년까지 서베를린 건축대학에 재직하였다.

데일리 익스프레스 건물 Daily Express Building

엘리스 클라크 · 로널드 앳킨슨 · 오언 윌리엄스, 1932, 영국 런던 플리트 가

1980년대 말 신기술로 기자와 인쇄소가 함께 있을 필요가 없어지자, 영국의 신문사들은 전통적인 본거지였던 플리트 가에서 철수하기 시작했다. 데일리 익스프레스는 1989년에 이 멋진 아르데코 풍 본부에서 철수하였다. 잊을 수 없는 기사를 만들어 낸 공장이자 런던에서 아주 유명하고 인기 있고 화려한 내부 장식을 한 곳이었다. 콘크리트 골조에 유리로 마감한 본관은 오언 윌리엄스(1890~1969)가 설계했다. 기본적으로 공장이라는 점을 생각하면 아주 호화스럽다. 런던의 가장 번화한 거리에서 성 폴 성당의 돔 그림자 아래에 자리했기 때문에 그럴 수밖에 없었던 것 같다. 독특하게 전면이 검은 유리로 되어 있어서 인기가 높았고, 약간 풍자적인 '검은 루비안카(러시아에 있는 감옥의 이름―옮긴이)'라는 별명도 얻었다.

로널드 앳킨슨이 설계한 입구 홀은 버스비 버클리의 희곡에 나오는 정물 같다. 할리우드 계단에 이르는 부분은 클레오파트라 무덤 입구를 기초로 만들어서, 크롬을 입힌 뱀 모양의 난간이 달려 있다. 천장에 달린 종유석 모양의 철제 구조물에서부터 빛이 춤을 춘다. 속물스러운 금속 부조에서는 제국적 기업의 호전성이 보인다. 1930년대에 전성기를 구가하던 한 신문 기업의 자신감을 나타내는 기백이 담긴 건물이다.

메종 드 베르 Maison de Verre

피에르 샤로 · 베르나르 비보에트, 1932, 프랑스 파리

이 메종 드 베르는 진짜다. 약간의 금속 세공 틀 부분을 빼고는 대부분이 유리로 이루어져 아주 독특한 건물이다. 정원 안쪽으로 숨어 있는 이 건물은 오래된 집을 증축한 것이다. 옛 건물의 제일 위층을 덮개처럼 쓰고 있는데, 거기 살던 노인이 이사하기를 거부해서 원래의 높이대로 올릴 수 없었던 것이다. 그래도 밝고 우아하며 상상력이 넘치는 건물이다. '살기 위한 기계'의 개념이 완벽하게 실현된 곳이다. 피에르 샤로 (1883~1950)와 베르나르 비보에트(1889~1979)가 파리의 저명한 산부인과 의사 달사체의 의뢰를 받아 의학적 효율성과 위생을 중심개념으로 삼고 설계했다. 그런데 아름답기까지 하다.

넓고 높은 거실이 가장 인상적이다. 바닥부터 천장까지 유리라서 강철 기둥과 속이 들여다보인다. 이런 '로프트 주거(loft living)' 양식이 50년 정도 지나서 중류층 전문직업인들 사이에 널리 채택되긴 했지만, 이처럼 태연하게 기성 공업품들을 써서 공간감 있는 급진적 주택을 만든 경우는 드물다. 샤로가 쓴 유리 벽돌은 1932년 신제품이었다. 1940년에 미국으로 이민 간 샤로는 두 번째 특별한 건물을 지었다. 롱아일랜드 이스트 햄프턴에 자리한 화가 로버트 마더웰의 집이다.

부츠 공장 Boots Factory

오언 윌리엄스, 1932, 영국 노팅햄 비스턴

구조 공학자 오언 윌리엄스가 당시 여느 건축가들이 엄두조차 내지 못하던 간결성을 갖춘 건물을 자신 있게 설계하였다.

그때나 지금이나 부츠는 가장 번창한 제약회사다. 1930년대 초 이 회사가 생산과 배송 시설을 노팅햄 외곽의 한 건물로 통합하려 했다. 윌리엄스는 윗부분이 버섯 같은 콘크리트 기둥을 넓은 공간 여기저기에 세워 극적으로 보이는 장대한 건물의 설계를 제안하였다. 일정한 간격으로 방을 배치한 4층 건물이다. 그 당시에는 일조량이 가장 풍부한 건물이었다. 완성된 지 70년이 지나도록 단순하고 위대한 논리를 뽐내면서 원래의 목적을 충실히 수행하고 있다. 런던대학에서 공부한 윌리엄스는 건축으로 옮기기 전에 철도와 항공 분야에서 일했다. 이 건물을 지은 후에 웸블리 운동장의 수영장(1933), 페컴의 선구적인 건강센터(1936), 덜리스 힐의 유대 교회(1938)를 설계했다. 윌리엄스는 1930년대 초 덴마크 건축가 오베 아룹이 오기 전까지 아마 영국에서 유일하게 근대 건축의 형태와 새로운 구조기술의 연관성을 이해한 건축가였을 것이다.

새 농장 New Farm

애미어스 코널 · 배질 워드, 1932, 영국 서리 해즐미어

영국에 근대 주택이 도입된 시기가 다른 유럽국가보다 많이 늦었다. 아마 새로운 구상을 하는 건축가가 부족했던 점과 함께 섬나라 특유의 정신 구조와 내부 지향성도 그 이유였을 것이다.

애미어스 코널(1901~1980)과 배질 워드(1902~1976)가 설계한 새 농장은 잘려 나간 듯한 유럽 대륙의 설계보다는 루티엔스의 집이나 지킬의 정원으로 잘 알려진 한가로운 영국 농촌지역 서리에 과감하게 구성주의 건축을 시도한 한 예다.

얇은 콘크리트 벽의 평면성과 유리가 끼워진 계단 탑이 특징이다. 완공된 후, 근대주의 운동에 때늦은 관심을 보인 영향력 있는 잡지 『아키텍추럴 리뷰(Architectural Review)』에 사진이 실렸다. 유리 원판이 도착하자, 허버트 드 크로닌 헤이스팅스(1902~1984)의 지도 아래 있던 편집자들은 콘크리트 벽의 넝마 같은 모습에 실망했다. 그래서 미술 책임자에게 부탁해 유리 원판을 조작, 아주 희고 매끈한 벽을 가진 건물로 보이게 만들어 발행하였다. 근대주의 운동이 디자인, 건축, 주거의 새로운 방법일 뿐 아니라 선전의 수단이 될 수 있음을 실증한 사건이다. 그때부터 새 농장의 설계 개념은 영국의 여러 곳으로 퍼져 나갔다.

최근 이 집을 자동차 디자이너 가족이 매입하여 60여 년의 긴 잠에서 깨웠다.

파이미오 요양원 Paimio Sanatorium

알바 알토, 1933, 핀란드 파이미오

알바 알토(1898~1976)는 위대한 20세기 건축가 중 한 사람이다. 자연적 형태를 기계 시대와 조화시킨 그의 능력은 아직까지도 최고의 자리를 차지한다. 핀란드 남서쪽 수림 지대에 깨끗하고 참신한 요양원을 설계하면서 건축을 시작했을 때 그의 나이는 서른에 불과했다.

이 건물은 설계와 건축에 돈을 댄 50여 지방자치기구의 희망을 담고 있다. 한 뛰어난 젊은 건축가를 믿고 돈을 모은 사람들이 바란 것은 모범적인 병원 건물이었다. 요양원이 완공된 후 그 설계는 전 세계로 퍼져 나갔다. 날씬하고 우아한 건물에 환자와 직원용 편의 시설이 따로 들어섰다. 숲을 향해 난 선박 모양의 발코니가 끝에 있고 사진으로 잘 알려진 건물이 환자용이다. 환자용 방은 햇빛을 최대한 받을 수 있도록 설계되었다. 단순하게 보이지만 아름다운 세부 구조를 가지고 있다. 콘크리트에 흰 칠을 했다.

설계를 하는 동안 알토는 요양원의 의사들과 많은 이야기를 했다. 그 결과 형태적으로, 기능적으로 아주 성공적인 건물이 탄생하였다. 21세기가 시작되었지만 결핵의 유령이 다시 살아나고 있는 유럽에서 지금도 유용한 건물이다.

아이소컨 아파트 Isokon Flats

웰스 코츠, 1934, 영국 런던 햄스테드 론 로드

아이소컨 아파트(이 건물을 의뢰한 잭 프리처드의 가구 공장 이름을 따서 붙인 이름)가 좀 칙칙하게 보일지는 모르겠다. 하지만 21세기에 내놓아도 역시 성공적일 만큼 아주 새로운 주거 공간 형식의 첫 시도로서 중요한 건물이다. 4층으로 된 이 '엑지스텐츠 미니뭄(existenzminimum, 최소 주거 공간)'은 외부 복도가 특이한데, 기동성이 좋은 지식인과 예술가들을 위해 설계되었다. 런던에 일이 있을 때나 햄스테드를 산책하고 싶을 때 와서 잠깐씩 이용할 수 있는 공간이다.

파리의 스위스 전시관(르 코르뷔지에, 1930)과 모스크바의 나르콤핀 아파트(모이세이 긴스부르크, 1929)를 근거로 한 구상이었다. 바우하우스의 건축가 마르셀 브로이어가 설계한 클럽 룸과 바가 일품이다. 건축가 웰스 코츠(1895~1958)는 일본에서 태어나 밴쿠버에서 자랐고, 건축과 디자인으로 방향을 틀기 전에는 몇 년 동안 『데일리 익스프레스』에서 기자로 근무한, 현란한 경력의 소유자다. 일반인들에게는 건축보다는 당시 아주 성공한 본 무선 라디오 디자인으로 더 유명했다. 그래도 당시 일반적 도시 아파트와 영국 교외 연립주택의 경계를 뛰어넘어 새로운 주거 개념을 확립하려 한 이 건물은 뛰어난 시도가 아닐 수 없다. 오랫동안 방치되다가 20세기 말에야 겨우 수리되었다.

펭귄 수영장 Penguin Pool

베르톨트 루베트킨·텍턴 사, 1934, 영국 런던 리전트 공원 동물원

루베트킨은 1917년 10월혁명 뒤 영국으로 이민 온 러시아인이다. 혈기 왕성하고 재치 있으며 매력적이고, 뛰어난 이야기꾼이었던 그는 영국의 지성 엘리트들의 주목을 금방 받았다.

런던 동물원의 책임자로부터 의뢰를 받아 지은 이 건물이 그의 초기작이다. 펭귄 수영장이라는 이름은 아주 소박하게 들리지만, 루베트킨의 손에서 1930년대 건축 디자인의 표상이 되는 설계가 태어났다. 덴마크의 뛰어난 공학자인 오베 아룹과 작업한 루베트킨은 푸른 수영장 위에 발레를 하듯 나선형으로 도는 콘크리트 경사로를 만들었다. 펭귄이 행복해 보인다. 오늘날까지 방문객과 펭귄을 즐겁게 하면서 원래의 목적대로 이용되는, 합리적이고 낭만적인 구조물이다. 루베트킨과 아반티 건축가들이 1985년에 보수하였다. 루베트킨은 옛 런던 핀즈베리 지구와 하이게이트의 편의시설뿐 아니라 리전트 공원과 휩스네이드 동물원의 동물 전시관도 지었다.

평생을 공산주의자로 산 그가 1950년대 광부들의 신도시인 피터리의 설계 뒤 건축을 그만두고 은퇴하여 돼지를 키우는 농부가 되었다. 1980년대에 지지자들의 성화로 돼지우리에서 나와, 늦기는 했지만 마땅히 받아야 할 로열 건축 금메달을 받았다.

4장 근대주의 | 171

하이포인트 1 Highpoint 1

베르톨트 루베트킨 · 텍턴 사, 1935, 영국 런던 하이게이트

파리에서 장 긴스버그와 잠깐 (1927~1930) 일한 뒤 루베트킨은 런던으로 가서 건축회사인 텍턴을 세운다. 이 회사가 맡은 첫 번째 대규모 사업이 바로 하이게이트 리지에 있는 하이포인트 1이었다. 이중 십자 구조의 8층 높이 흰 건물이며 예순네 세대가 살 수 있다. 도시 공원지대의 전망 좋은 곳에 세워진, 발코니 달린 우아한 고층 아파트로 전문직 종사자들이 거주한다. 교외의 이 높은 둥지에 산 사람들은 르 코르뷔지에가 이상적 현대 도시의 설계에서 꿈꾸던 전망을 누렸다. 하이포인트 1은 르 코르뷔지에의 꿈에 꽤 가까이 다가갔다. 실제로 이 전설적인 프랑스 건축가가 이 건물이 세워진 지 얼마 되지 않았을 때 직접 방문해 높은 평가를 내렸다.

벽돌로 지었지만 원래 설계는 그보다 훨씬 더 견고했다. 콘크리트를 붓기 직전에 루베트킨이 덴마크 출신 공학자 오베 아룹을 만났는데 그로부터 벽이 하중을 견디게 설계되었으니 견고한 콘크리트가 필요 없다는 말을 들었다. 1995년에 죽을 때까지 여기 살았던 조경사 지오프리 젤리코를 비롯한 많은 근대주의 운동의 중요한 인물들이 이 건물에서 살았다. 그는 이 아파트 밖으로 펼쳐진 숲의 경치를 보면서 자신은 따로 정원을 소유할 필요가 없다고 했다.

후버 빌딩 Hoover Building

월리스 길버트 사, 1935, 영국 런던 페리베일

독일 출신 역사가 니콜라우스 펩스너는 이 아르데코풍의 노동 궁전을 '공장들이 있는 이 웨스턴 거리를 따라 들어선 근대주의의 포악 중 아마 가장 불쾌한 존재'라고 했다. 약 40년 전의 일이고 취향은 많이 바뀌었다. 런던 건축의 그 다음 역사에서 에드워드 존스와 크리스토퍼 우드워드는 후버 공장이 '작업장에 위엄을 부여하려는 진지한 시도'였다고 썼다. 실제로도 그렇다.

1970년대와 1980년대에 여러 차례 해체 위기를 맞았다. 지금은 테스코 슈퍼마켓이 되었다. 후버 사는 진공청소기 및 가정 집기를 생산하는 세계적인 회사다. 마치 영화처럼 볼 만한 입구, 로테르담 반 넬레 담배 공장(333쪽)에서 따온 밝고 미풍이 부는 꼭대기 층의 매점, 포츠담에 있는 멘델존의 아인슈타인 타워, 브뤼셀에 있는 호프만의 슈토클레트 저택, 매킨토시의 글래스고 미술학교 등 다양한 곳에서 따온 근대 건축적 세부를 이 공장 노동자들은 즐길 수 있었다. 어쨌든 여러 해 동안 런던의 중요한 건물이었고, 엘비스 코스텔로의 노래에도 등장했다. 런던의 서쪽 길목인 이곳에서 아침저녁으로 자동차가 막힐 때 짜증을 달래 주기도 했다. 아마도 위대한 펩스너 교수의 생각이 틀렸던 것 같다.

델러워관 De La Warr Pavilion

에리히 멘델존 · 세르지 세르마예프, 1935, 영국 이스트 서식스 벡스힐-온-시

이 즐거운 해변 궁전은 나치 독일을 떠난 후 팔레스타인으로 가기 전의 에리히 멘델존과 러시아 출신으로 해로 학교에서 교육받은 무용가이자 창문 디자이너로서 건축가가 된 세르지 세르마예프(1900~1996)가 설계했다. 두 사람은 이 건물 설계 공모에서 당선해 상금 150파운드를 받았다. 그러나 즉시 영국 건축 전문가들의 악의적인 배타주의와 반유대주의를 드러내는 공격에 처했다. 이 때문에 그때까지 영국을 공정한 경기와 신사도의 나라로 생각하던 멘델존이 큰 상처를 받았다.

델러워관은 공정하고 신사적이다. 아주 분명한 설계로 밝고 즐거운 건물이 되었다. 소용돌이처럼 휘감아 오르는 계단, 유리로 된 벽, 눈부시게 흰 콘크리트 건물이 바다를 마주하고 있다. 일광욕을 즐길 수 있는 식당과 도서관, 런던에 있는 로열 페스티벌 홀(1951)의 모델이 된 강당이 있다. 이 건물이 길 쪽으로는 붉은 벽돌과 테라코타로 지어진 빅토리아식 아파트 건물의 바다와 이웃하고 있으니 그 대조적인 모습에 놀라게 된다. 영국 남부 해안의 노쇠한 곳에서 이토록 근대적인 건물을 만난다는 것은 역시 대단한 일이다. 지역 주민들에게 듬뿍 사랑받는 건물로 1990년대 후반에 트라우튼 맥캐슬런의 건축가들이 대대적인 보수를 했다.

파시스트의 집 Casa del Fascio

주세페 테라니, 1936, 이탈리아 코모

숨을 멎게 하는 건물이다. 주세페 테라니가 코모 호숫가 마을에 회합장을 겸한 베니토 무솔리니의 파시스트당 지역본부 건물을 지어 달라고 의뢰받았을 때, 그의 나이 스물여덟이었다. 그는 이미 코모의 다른 곳에 순백의 뛰어난 아파트 건물을 설계한 경험이 있었다(노보코뭄, 1928). 그러나 그때만 해도 러시아 구성주의의 영향이 그에게 남아 있었다. 이 건물의 설계에서는 그가 발견한 고전주의와 입체파 건축을 아울러 놀랍도록 효과적이고 강한 방식을 구현해, 데 키리코의 도시 풍경이 현실화된 것 같다. 태양에 바랜 광장을 가로질러 코모 대성당을 마주하고 있는 이 건물은 석회화로 마감한 콘크리트 상자형 골조로 되어 있다. 1층의 가운데는 바닥에서 천장까지 유리로 되어 있는데 성당 쪽에서 인상적으로 펼쳐진 열여섯 개의 유리문을 통해 안으로 들어갈 수 있다. 똑같이 생긴 건물면이 없다. 복잡한 기하학적 설계에서 콘크리트 골조는 노출되거나 가려졌다. 한쪽 면에서는 안을 전혀 볼 수 없지만 다른 쪽 면에서는 복판까지 환히 보인다. 건축 애호가에게는 결코 싫증 날 것 같지 않은 놀이와도 같은 건물이다. 한편으로는 얼음처럼 조용하고 위엄이 있다. 아주 특별한 존재감으로 20세기 건축 중 열 손가락 안에 꼽힐 건물이다.

1943년 무솔리니의 실권 후 인민의 집이 되어 일반에게 개방되긴 했지만 지역 경찰본부로 사용되고 있다.

낙수장 Falling Water

프랭크 로이드 라이트, 1936, 미국 펜실베이니아 베어 런

불가사의하고, 얽매이지 않고, 오래 살다 간 프랭크 로이드 라이트가 전성기에 만든 작품이다. 펜실베이니아 교외의 울창한 숲을 따라 이곳에 다다른 방문객들을 놀라고 기쁘게 하는 집이다.

출판업자 에드거 카우프만의 낭만적 은신처로 지은 집이다. 오래된 돌 사이로 떨어지는 폭포를 발견한 라이트는 최대한 물 가까이에 집을 앉혔다. 중앙탑(굴뚝)을 중심으로 수평의 쟁반들이 빙 둘러선 모습이다. 라이트는 고대 마야 사원을 참고했다지만 천막천이나 물소가죽이 아닌 콘크리트, 목재, 강철, 유리로 만든 커다란 텐트같이 보인다.

마지막 세부까지 빈틈없이 살핀 건축가의 결단력 있는 손길이 느껴진다. 비싸고 귀한 것과는 거리가 먼 해방감을 준다. 라이트는 어떻게 이런 효과를 냈을까? 아마 어느 방향을 보아도 원시적 풍광뿐 아니라 뜻밖의 조망이 펼쳐지기에 가능했을 것이다.

세계적으로 사진을 가장 많이 찍히고 가장 유명한 집인데, 충분히 그럴 만하다. 이 집을 잘 느끼려면 한적한 시기에 찾는 것이 좋다. 프랭크 로이드 라이트의 혼이 당신 어깨 너머에서 지켜볼 것이다.

피터 존스 상가 Peter Jones Store

윌리엄 크랩트리, 1937, 영국 런던 첼시

멘델존의 쇼켄 백화점(148, 156쪽)을 참고한 게 분명한 크랩트리의 피터 존스 상가는 런던에 있는 근대 건축 중 모서리를 어떻게 처리해야 하는지를 깨달은 몇 안 되는 경우에 속한다. 이 단순하고 우아한 처리는 아무나 할 수 있는 게 아니다. 인기 있는 상가가 된 이유도 그 점에 있다. 크랩트리는 그의 우아하고 지칠 줄 모르는 유리 장막으로 슬론 스퀘어를 두르고 킹즈 로드로 당당하게 이어 갔다. 멘델존이 유리 띠를 대담하게 수평 방향으로 이은 것과 달리 크랩트리는 수직 방향을 강조하였다. 멘델존이 달렸다면 크랩트리는 천천히 걷는 모양새다. 또한 3층 높이의 회랑과 아름다운 나선형 계단이 있는 단순한 구조다. 밝고 가벼우며 평온하다. 꼭대기 층은 멘델존의 양식을 따라 기선처럼 안으로 물러나 있다.

이 건물이 유럽에서 건너온 유선형의 근대적 건물보다 유사 튜더 왕조식의 기둥이나 새 조지왕조식 박공을 더 선호하던 영국 중류층 중에서도 가장 보수적인 상층부를 위한 쇼핑 장소였다는 점에 주목할 만하다. 크랩트리는 근대 건축이 위험한 외국 사조의 침투가 아니라는 것을 영국 중류층에게 확신시켰으며, 이것이야말로 기록에 남을 공적이었다.

뉴욕 현대미술관 Museum of Modern Art

필립 굿윈 · 에드워드 스톤, 1939, 미국 뉴욕

미국에서 근대적 디자인을 찬양하는 선전에 널리 이용된 뉴욕 현대미술관은 동부 해안에 세워진 최초의 국제주의 양식 건물이었다. 그로피우스의 바우하우스(142쪽)만큼 또렷한 윤곽을 한 현대미술관은 멋지고 실용적인 전면에 아주 단순한 모양이다. 지하에 강의실이 있고, 1층은 화랑과 로비, 위 두 층은 전시 공간, 4층은 도서관, 5층은 사무실 그리고 꼭대기의 콘크리트 차양막 아래 테라스가 있는 클럽 룸 등으로 구성된 6층 건물이다.

미국에서 근대주의 운동이 '국제주의 양식'이란 꼬리표를 달고 나타났음을 주목할 필요가 있는데, 이것은 필립 존슨과 역사가 헨리 러셀 히치콕의 희망이 담긴 표현이다. 많은 미국 건축가에게 근대 건축은 고전주의에서 고딕, 또 아르누보에서 아르데코에 이르는 많은 양식에 단순히 하나가 더해진 것뿐이었음을 알 수 있다. 어느 면에서는 사실이다. 유럽에서 근대주의 운동은 문화와 예술의 혁명으로서 일어났다. 좌익의 정치적 책략에 함께 포장되곤 했는데, 이 운동의 후계자들이 활동하는 것을 나치가 금지한 것도 이 때문이었다. 미국에서는 근대주의가 정치적 · 사회적 함의로부터 자유로웠고 진정 문제가 되는 것은 양식뿐이었다. 필립 굿윈과 에드워드 스톤(1902~1978)이 뉴욕 현대미술관에 부여한 것도 그것이다.

록펠러 센터 Rockefeller Center

라인하르트 · 호프마이스터 등, 1940, 미국 뉴욕

아이스 링크, 크리스마스 트리, 동화 속 불빛, 라디오 시티. 록펠러 센터는 사나운 자본주의 기업과 공공의 즐거움이 장엄하고 관대하게 섞인 건물이다. 남북으로는 5번가와 6번가, 동서로는 48번가와 51번가를 경계로 약 49제곱 킬로미터의 땅에 열 동의 큰 건물이 화려하고 멋지게 모인 거대한 복합체다. 길에서부터 점점 높이 솟아난 모습이 인공 산맥 같다. 각 거대 건물이 강철 골조에 화강암이나 대리석 등 값비싼 돌로 마감되어 있는데, 감촉과 외양이 모두 훌륭하다. 각 건물을 통로로 이어 크게 한 덩어리라는 느낌을 준다.

자본을 만들고 이윤을 극대화하는 건물이 이만큼 관대하게 공공의 편익을 배려한 경우는 그리 많지 않다. 1930년에 착공했기 때문에 아르데코 양식 역시 그때 것이다. 건설에 소요된 10년 동안 건축가들은 이 양식을 고수하였다. 만일 양식을 바꿨다면 야심만만한 전체적 조화가 깨졌을 것이다. 결국 20세기 중반의 왜곡된 거울을 통해 본 거대한 마야 사원 같은 것이 탄생하였다. 새로운 건축 기술의 도입은 없었지만 로마의 공회소에 비길 만한 20세기 건물군의 영감 어린 사례다.

팜푸아 요트 클럽 Pampúlha Yacht Club

오스카 니마이어 · 루치오 코스타, 1942, 브라질 팜푸아

오스카 니마이어는 20세기의 위인이라 할 수 있다. 콘크리트로 시를 쓴 그는 스승 르 코르뷔지에와 함께 근대주의 운동의 잊지 못할 형태를 만든 건축가의 반열에 올랐다.

리우데자네이루에서 태어나 산, 해변, 사람 등 그 도시의 관능적인 환경과 분위기를 사랑했던 그의 근대주의는 엄격하고 불안한 유럽 지식인들의 근대주의와 사뭇 달랐다. 그의 건축은 삶과 자연에 대한 찬미였고, 자연의 아름다움과 근대적 디자인 · 기술 · 재료의 조화를 이루려는 시도였다. 그는 당당한 성공을 거두었다.

브라질이 독일, 이탈리아와 전쟁을 하는 동안 지은 그의 첫 주요작이 부자들을 위한 휴양 도시인 팜푸아다. 히틀러가 유럽을 침공하고 일본이 극동에서 입에 담을 수 없는 잔학행위를 연출할 때, 니마이어는 매혹적인 요트 클럽과 카지노로 멋진 새 건축의 형태를 실험하였다. 반대로 기운 쌍둥이 지붕을 한 요트 클럽의 경쾌함과 우아함은 마이애미, 아바나, 로스앤젤레스 같은 휴양 도시에서 1950년대의 많은 건물들에 영향을 미쳤다.

고상한 프로젝트는 아니었으나 젊은 건축가 니마이어는 여기에서 근대주의의 형태를 실험했고, 유럽의 사고방식을 라틴 아메리카 근대 건축의 요람이었던 브라질의 관능적 자연에 적용하는 기회를 가졌다.

교육건강부 Ministry of Education and Health

루치오 코스타 · 오스카 니마이어 · 르 코르뷔지에, 1943, 브라질 리우데자네이루

1936년에 리우를 방문한 르 코르뷔지에가 새 정부청사의 설계를 의뢰받았다. 루치오 코스타(1902~1998)와 오스카 니마이어도 이 조각 같은 건물을 만드는 작업에 합류하였다. 조용하고 아주 특별한 승리였다. 르 코르뷔지에의 콘크리트 건축이 리우의 눈부신 분위기에서 다시 살아났다.

건물의 가장 큰 특징은 햇빛 차단용 미늘살 창이다. 이 창 덕에 내부의 활동은 가려지고, 작업용 기계가 아닌 아름답게 통제된 조각 같아 보인다. 라틴 아메리카에 근대주의를 도입한 것이 바로 이 건물이다. 르 코르뷔지에도 이 건축 경험에서 많은 것을 얻었다. 전후의 성공들, 특히 마르세유 위니테 다비타시옹(190쪽) 건축은 리우의 태양 아래에서 일한 경험이 큰 도움이 되었다.

르 코르뷔지에가 가기 전에는 근대주의 운동의 바깥에 있던 라틴 아메리카가 10년 안에 보여 준 변화는 괄목할 만했다. 슬프게도 니마이어와 르 코르뷔지에의 표준 설계가 그 후에 도전받거나 발전되지는 못하였다. 이 건물의 성공으로 니마이어는 1950년대 중반 브라질리아 센터의 설계를 맡아 브라질 건축계를 주도했는데 1964년 군사 쿠데타로 추방되었다.

카우프만 저택 Kauffman House

리처드 노이트라, 1947, 미국 캘리포니아 팜스프링스

이 유혹적인 카우프만 '사막' 저택은 의심의 여지 없이 근대주의 건축의 걸작이다. 10년 전 프랭크 로이드 라이트에게 낙수장(176쪽)을 의뢰했던 에드거 카우프만의 또 다른 완벽한 주택이다. 집사의 거처까지 딸린 큰 집이지만 극적인 분위기 속에 낮게 자리 잡아서 아주 세련된 오두막처럼 보인다.

가까이 다가갈수록 구석구석에서 노이트라의 천재성과 교묘한 솜씨를 볼 수 있다. 집은 마치 화려하지 않은 커다란 꽃처럼 풍경을 향해 열려 있다. 벽이 뒤로 물러나 있어서 외부 세계가 실내로 바로 들어오고, 안과 밖이 이음새 없이 섞이는 신비로운 순간들을 느낄 수 있다. 여름 은둔처로 제격이다. 더위와 태양을 잘 제어하고 가장 좋은 상태를 만들 수 있다.

카우프만 저택은 세기의 전환기에 빈을 떠난 후 긴 여정 끝에 정점에 도달한 노이트라의 설계를 보여 준다. 그는 이렇게 자연의 일부가 된 집을 '영혼의 항구'라고 했다. 카우프만 저택이 초현대적 모습이지만, 노이트라는 단순히 유행에만 따르는 설계를 저주했다. '영원의 편린'을 만들고 싶어 하던 그가 카우프만 저택에서 그 목표에 20세기의 어느 건축가보다 더 가까이 다가갔다.

이퀴터블 은행 본부 Equitable Savings and Loan Association Headquarters

피에트로 벨루스키, 1948, 미국 오리건 포틀랜드

분명한 윤곽을 보이며 우아하고 팽팽한 긴장감을 주는 이 건물이 서양 도심 한가운데에 1980년대나 1990년대에 건축되었을 것 같지만, 실은 1948년에 만들어졌다. 피에트로 벨루스키(1899~1994)는 매끈한 외피를 가진 것으로는 아마 최초일 사무실 건물을 지었고, 이 형태는 끝없이 퍼져 나갔다. 건물의 외피는 거의 평면이다. 마치 뱀 껍질 같다. 혹은 치즈 자르는 철사로 베어 낸 것 같기도 하다. 차광 유리의 이중창과 에어컨이 특징인 건물로서, 4년 간 군수산업에 집중하고 연구개발에 투자한 미국의 기술적 발전을 분명하게 보여 준다.

벨루스키는 이탈리아 안코나에서 태어났다. 로마에서 공부한 다음 미국의 코넬대학에 가서 공부를 계속했다. 1943년에 포틀랜드에 사무실을 차렸는데, 1950년에 거대기업인 SOM(스키드모어 오윙스 앤드 메릴 사)에 합병되었다. 매사추세츠 공대 건축설계대학의 학장을 지냈다(1951~1965). 1965년에는 다시 포틀랜드에서 일을 시작했다. 그의 후기 관심은 이 은행 건물에서 확립한 주제를 이어나가는 것, 즉 당대의 어떤 기능이든 담을 수 있는 매끈하고 반짝이는 건물을 만들 방법에 집중되었다.

임스 하우스 Eames House

찰스 임스 · 레이 임스, 1949, 미국 캘리포니아 퍼시픽 팰리세이드 8

찰스 임스(1907~1978)와 레이 임스(1916~1988) 부부가 만든 이 멋진 집은, 기성품 자재만 이용해 매력적인 건축 형태를 만든 첫 번째 사례다. 『아트 앤드 아키텍처(Art and Architecture)』의 발행인인 존 앤텐자가 발주한 여러 실험적 주택 가운데 하나다. 앤텐자는 새로운 주택에 목말라하는 전후 대중들에게 전통적 건축업자들보다 현대 건축가들이 같은 돈으로 훨씬 나은 집을 지을 수 있다는 것을 보여 주고 싶었다. 그의 '사례 연구'는 성공적이어서, 1948년에 완공된 여섯 채의 목조 가옥에 37만 명의 구경꾼들이 모였다.

2층 높이의 거실 공간과 스튜디오로 구성되었다. 외관은 전통 일본 가옥이 떠오르는 매력적인 기계의 모습이고, 높은 내부 구조는 하나의 계시라 할 만하다. 밝고 통풍이 잘 되며 개방적이어서 만들어진 지 50년이 지났지만 여전히 현대적인 느낌과 모양을 유지하고 있다. 임스 부부는 당대 유럽 건축의 억압된 진지함이나 시카고 · 뉴욕의 윤리미학 같은 것과도 무관한, 보기에 편하며 안락하고 느긋한 근대 건축 하나를 우리에게 선물로 주었다. 루돌프 쉰들러와 리처드 노이트라에게 그랬던 것처럼 캘리포니아의 기후가 임스 부부에게도 걸작을 만들게 해주었다.

유리집 Glass House

필립 존슨, 1950, 미국 코네티컷 뉴 카난

1906년에 부유한 뉴잉글랜드 가정에서 태어난 필립 코터류 존슨은 유럽의 근대주의 운동 정신을 미국에 구현한 가장 영향력 있는 건축가였다. 20세기의 마지막 사반세기에는 탈근대주의, 해체주의 등 거의 모든 새로운 '주의'의 왕좌를 차지했다. 미국 건축의 왕관 없는 왕으로서, 경력을 만들어 내기도 하고 스스로 파기하기도 했다.

1930년부터 1936년까지 뉴욕 현대미술관의 건축분과 초대 책임자로 일하기 전, 하버드대에서 철학을 전공했던 그는 재치 있고 세련된 성품의 소유자였다. 1932년에 역사가 헨리 러셀 히치콕과 함께 기획한 뉴욕 현대미술관의 〈국제양식전〉은 유럽 거장들, 특히 미스 반 데어 로에의 작업을 미국에 소개해 큰 영향력을 발휘했다. 그런데 존슨의 실수였는지 아니면 몰라서 그냥 지나쳤는지는 모르겠지만, 캘리포니아의 쉰들러 작품이 빠졌다. 1930년부터 독일의 미스를 찾아갔고 나치즘과 사교 관계를 맺기도 했던 존슨은 하버드대의 그로피우스와 브로이어 밑에서 건축가 훈련을 받았다 (1940~1943).

1949년, 미스에게서 영감을 받은 것이 분명한 유리로 된 은둔처를 뉴 카난의 숲에 짓는다. 강철과 유리의 절묘한 조화인 이 집은 근대주의 운동 설계와 선전에 아주 완벽하고 순수한 시도로 남았다.

판즈워스 주택 Farnsworth House

루트비히 미스 반 데어 로에, 1951, 미국 일리노이 플레이노

미스 반 데어 로에는 1937년에 미국으로 갔다. 1930년에 그로피우스의 후임으로 바우하우스의 교장이 되었으나 학교가 나치에 의해 1933년에 폐교된다. 독일에서는 이상적인 근대 건축을 실현하기가 어렵다고 생각한 미스는 일리노이 공과대학 교수로 갔다. 1940년부터는 이 학교의 새 캠퍼스를 짓기 시작했다.

1946년, 에디스 판즈워스 박사가 미스에게 일리노이 교외에 주말 휴식처로 쓸 집을 지어 달라고 했다. 그 결과 근대주의 운동의 꿈을 완벽하게 구현한, 밝고 투명하며 간결하고 가벼운 집이 탄생했다. 처음 보면 등골이 으스스해지는 집이다. 순결하면서 숭고하다. 가로 23미터, 세로 8.5미터의 커다란 거실 공간은 중간에 주방과 욕실 부분을 두어 단순하게 둘로 나뉘는데, 여덟 개의 흰 강철 I빔 위에 얹힌 상태로 폭스 강 범람원 위에 지어졌다. 상자형 유리 구조에는 빔이 닿지도 않은 것처럼 보이는데, 바닥과 지붕을 이루는 수평판이 이 I빔과는 무관하게 뜬 모습이기 때문이다. 전체 조합은 아주 독특하다. 즉, 자유롭게 떠다니지만 팽팽하게 긴장된 뱃머리 같고. 다른 어떤 재료로도 갖출 수 없는 견고함과 강함을 지녔지만 영묘한 느낌을 준다.

미국으로 옮기면서 미스는 모든 세기를 통틀어 가장 정련된 건축을 실현하도록 도와 줄 부자를 만났다. 그러나 그것은 일방통행이 아니었다. 미스는 사무실과 아파트 등을 설계하여 개발업자들에게 큰 이득을 안겨 주었다. "미스는 돈이다(Mies means money)." 미국 사업가들에게 알려진 이 말은 헛말이 아니다.

레이크 쇼어 드라이브 아파트 Lake Shore Drive Apartments

루트비히 미스 반 데어 로에, 1951, 미국 일리노이 시카고

레이크 쇼어 드라이브 아파트는 '적은 것이 많은 것'이라는 미스의 경구를 새로운 극한까지 가져간 쌍둥이 건물이다. 처음 볼 때만 그렇게 느껴지는 것인지는 몰라도, 극도의 단순성은 한없는 생각과 계산의 결과다. 미스의 트레이드마크라 할 I빔 강철 구조가 건물 꼭대기까지 관통하고 있다. 이것이 26층짜리 건물에 힘찬 수직성을 강조하고, 그에 버금가는 강한 추상성을 부여한다. 두 건물이 서로 넓은 면과 좁은 면을 마주 보며 직각으로 서 있어서 추상성이 극대화되었다. 건물 주위를 걸어 보면 발걸음을 옮길 때마다 두 건물이 천천히 왈츠를 추듯 모양새가 변하는 것을 알 수 있다. 순결하고 이상적인 이 건물은 두 채 모두 앞과 뒤가 없다. 완벽한 형상으로 설계되었기 때문에 그 순결성을 흩뜨릴 수 없다. 각 세대에 바닥부터 천장까지 햇빛을 가릴 블라인드가 설치되어 있는데 이것 역시 일품이다. 원래 블라인드도 하나를 정하고 다른 색깔의 블라인드나 화려한 커튼으로 갈아 달지 못하게 했다. 전체적인 순수성을 지키기 위해서였다. 세탁실, 창고, 주차장 등 잡다한 일상사는 모두 지하로 몰았다. 이 건물이 20세기 건축에 끼친 영향은 가늠하기조차 어렵다.

로열 페스티벌 홀 Royal Festival Hall

런던 주의회 건축가분과, 1951, 영국 런던

1951년에 런던 사우스 뱅크에서 열렸던 브리튼 페스티벌의 유산인 로열 페스티벌 홀은 영국 최초의 대규모 근대적 공공건물이라 할 수 있다. 1948년에 런던 주의회의 의뢰에 따라 레슬리 마틴(1908~)과 피터 모로(1911~)가 이끈 건축가 그룹이 설계했다.

스칸디나비아의 근대 건축에서 미적 실마리를 끌어오고, 구조는 공연장의 방음을 우선적으로 고려해서 결정했다. 건물 아래로는 지하철 베이커루 선이 지났고, 위로는 비행기가 날아다녔다. 워털루 역이 가까웠고, 차링 크로스 역을 출발한 기차가 헝거포드 다리 위를 덜컹거리며 지나갔다. 마틴은 현명하게도, '상자 속의 달걀'이라고 이름 붙인 구조로 대응했다. 즉 2,740석의 공연장을 건물의 한가운데에 띄운 것이다. 천재적 해결책이었다. 모든 방문객이 그것에 감탄한다. 로비와 바, 카페와 상점, 전시 공간 위에 고요하고 신비스럽게 공연장이 떠 있다.

빨리 지어졌지만 완성도 높은 콘크리트 건물이다. 원래 있던 강쪽 입구는 임시 입구였다. 마틴이 1956년에 런던 주의회를 떠났지만 그가 원래 생각했던 것과 같은 모습으로 1964년에 입구가 새로 만들어졌다.

브린모어 고무공장 Brynmawr Rubber Factory

건축가 조합, 1952, 영국 사우스 웨일스 에부베일

2차 세계대전 직전, 사우스 웨일스 석탄 지대인 에부베일의 실업률은 82퍼센트에 육박했다. 1945년에 압도적 표차로 집권에 성공한 사회주의 정부가 낙후 지역에 대한 원조를 약속했다. 정부가 발주하고 사회주의 건축가 조합과 이상적이고 창의력 넘치는 공학자 오베 아룹이 설계를 맡아 고무제품 가공공장을 지었다. 비용이 많이 드는 제스처였지만 결과적으로는 어리석은 투자였다. 공장은 오랫동안 폐쇄된 채 방치되어 왔고, 에부베일은 여전히 가난하다. 해체를 막기 위한 시도가 몇 차례 있었으나 성공하지 못했다. 7년을 끈 설계와 시공 당시만 해도 브린모어 고무공장은 동종의 건물군에서 가장 빼어나고 가장 이타적인 것이었다. 당대 예술작품들의 영향으로 노동자와 관리자가 같은 입구와 매점을 썼고, 이 건물 덕분에 노동 조건이 영국 내에서 최상급이었다. 지금도 유럽에서 가장 싸고 가장 쉽게 정리할 수 있는 노동력에 의존하고 있는 영국이라는 나라에는 최상급이란 말이 어울리지 않지만 말이다.

공장은 격자를 이루고 있는 가로 26미터, 세로 19미터 크기의 돔형 콘크리트 천장 아홉 개를 중심으로 설계되었다. 밝고 바람이 잘 통하며 멋지지만, 처음부터 불운한 건물이었다.

위니테 다비타시옹 Unité d'Habitation

르 코르뷔지에, 1952, 프랑스 마르세유

이 거대한 건물은 마르세유의 1,600여 노동자들을 위해 설계되었다. 그러나 지금은 지중해의 큰 항구 도시 마르세유에서 가장 멋진 주거지다. 이곳에 사는 사람들은 거의 모두가 중산층 전문직 종사자들이다. 거기에 살고 싶어한다고 해서 누가 비난할 수 있을 것인가? 이 집합주택은 지역 행정당국이 인색하게 지은 주거 구역들과는 다르다. 르 코르뷔지에가 30년 간 씨름해 온 사회적·건축적 이상이 결집된 건물로, 날씨에 강한 구멍 콘크리트 수천 톤이 들어간 대표작이다. 17층짜리 건물에 있는 337가구가 건물 안의 중앙 통로를 통해 서로 만난다. 아름답게 관리된 공원 위로 솟은 거대한 콘크리트 지지물이 건물을 받치고 있다. 내부는 2층 높이의 키 큰 거실을 자랑하고, 방음이 뛰어난 콘크리트 구조 덕분에 아주 조용하다. 4층에는 호텔(르 코르뷔지에 호텔) 하나와, 애견 휴게실을 포함한 여러 종류의 가게가 있다. 옥상에는 환기통과 탑, 수영장과 놀이 공간들이 초현실주의적인 풍광을 연출하는데 그 조형성과 도전적 모습이 근대 디자인의 한 도상이 되었다.

르 코르뷔지에는 낭트 레즈(1957), 베를린(1958), 모(1959), 브레이 앙 포레(1960), 피르미니 베르(1968) 등 다섯 개의 집합주택을 더 만들었지만 조금씩만 변형했을 뿐 원형은 그대로 유지했다.

세위네트살로 시청 Säynätsalo Town Hall

알바 알토, 1952, 핀란드 세위네트살로

알토는 어떤 근대주의 건축가보다 자연과 건물을 잘 조화시켰다. 이것은 그가 1998년 그의 탄생 100주년 때 그토록 열광적인 축하를 받은 원인이기도 하다. 청정한 호수와 숲, 야생 생물이 있는 땅에서 자란 한 핀란드인에게 자연에 대한 관심은 어쩌면 당연한 일이다. 이 위대한 건축가가 자연을 근대주의 건축과 도시주의의 기계적 속성에 대한 위안물로 보기 시작한 것은, 2차 세계대전에 최전선 병사로 참전했던 때부터인 것 같다.

종전 직후, 알토는 핀란드 농촌 지역에 많은 사랑을 받는 낭만적 시청 청사를 지었다. 신전 같은 토대 위에 벽돌, 목재, 구리 등으로 우아하게 지은 이 건물은 주위에 풀과 꽃을 심은 계단으로 연결된다. 친근감, 모험심, 커다란 공간감 등을 느낄 수 있다. 요컨대 하나의 기쁨인 동시에, 근대주의 건축이 비인간적이라고 말하는 바보 같은 사람들에게 완벽한 깨침을 주는 대답으로 존재한다. 아마 다른 어디엔가 비인간적인 곳이 있을지 모른다. 그러나 여기는 아니다. 이 건물에는 회의장, 공공도서관, 우체국, 은행, 가게 들이 있다. 슬프게도 이 수공예 벽돌 양식이 1970년대에 영국과 유럽의 여러 곳에서 아무런 영감도 없이 베껴졌다. 인기가 떨어진 콘크리트 건물과 고층 건물에 대한 처방이었다. 그러나 원형에 견줄 만한 것은 없다.

레버 빌딩 Lever Building

SOM, 1952, 미국 뉴욕

레버 빌딩은 영향력이 매우 큰 건물이다. 지금 시점에서 보면 여느 사무용 건물들과 비슷해 보이는데, 바로 그것이 핵심이다. 수도 없이 많은 사무용 단지가 이 레버 빌딩을 모방한 것이다.

2층으로 된 슬래브 중앙동, 커튼월 공법으로 지은 21층짜리 타워로 구성된 이 건물은 1932년 이래 미국으로 스며든 국제주의 양식과 미스 반 데어 로에의 영향을 받았다. 이 건물이 광범위하게 복제되었다는 사실은 SOM이 영리한 건축가들의 회사일 뿐 아니라 전후 새롭게 등장한 미국이라는 기업의 날개 밑을 파고들어 그들이 필요로 하는 건물을 만들어 냈다는 것을 말한다.

이 회사는 1936년에 루이스 스키드모어(1897~1962)와 나사니엘 오윙스(1903~1984)가 설립했고 3년 후에는 존 메릴(1896~1975)이 합류했다. 그들은 건축에서 팀워크의 모범을 보여 주었다. 즉, 설계자의 이름을 밝히지 않고 모두 익명으로 처리했으며, 누구 하나를 주역으로 내세우지도 않았다. 이 건물이 지어질 당시 스타를 꼽자면, 이 녹색 레버 빌딩을 설계한 창조적 재능의 소유자 고든 번섀프트(1909~1990)일 것이다.

헌스탠턴 학교 Hunstanton School

앨리슨 스미슨·피터 스미슨, 1954, 영국 노퍽

앨리슨 스미슨(1928~)과 피터 스미슨(1923~)은 아마 영원히 '뉴 브루탈리즘(New Brutalism)'이라는 이름표와 함께 연상될 것이다. 그들은 런던 빈민을 위한 적극적인 주택(로빈후드 가든, 1972)과 미스에게 영감을 받아 노퍽 북쪽 해변 헌스탠턴에 지은 이 학교로 기억될, 멋지고 만만찮은 2인조다.

밝은 햇빛 아래에서 찍은 이 뉴 브루탈리즘 건물 사진에서 시베리아와 북극에서 불어오는 살을 에일 듯한 찬바람은 전혀 느낄 수 없다. 그러나 학교는 실제로 아주 춥고 유리를 끼운 노출 건물은 방한에 도움이 되지 않아서 확장 공사 중에 이 유리문들은 제거되었다. 따라서 이 학교는, 선전과는 달리 근대주의 건축가들이 반드시 기능주의자인 것은 아님을 증명했다. 기능주의는 뉴 브루탈리즘과 마찬가지로 유행 같은 것이고, 거개의 건축가에게는 귀찮은 이름표일 뿐이다.

헌스탠턴 학교가 완공되었을 때 여러 지면을 통해 널리 알려졌다. 형태적으로는 장식을 줄이고 불필요한 모양새 없이 자재를 노출해 지음으로써 단정하고 논리적인 설계를 실현했다. 스미슨 부부는 이 건물에서 저지른 실수를 10년 후 런던 이코노미스트 빌딩(215쪽)을 통해 만회했다.

제너럴 모터스 기술 센터 General Motors Technical Center

에로 사리넨·엘리엘 사리넨, 1955, 미국 미시간 워런

사리넨 부자(엘리엘 1873~1950, 에로 1910~1961)는 1923년에 미국으로 갔다. 에로는 파리에서 조각을 공부했는데(건물에 이것이 드러난다), 예일대에서 건축을 전공한 후 1937년에 미시간 주 앤아버에 있는 아버지의 사무실에 합류했다. 1950년에는 미시간 버밍햄에 자신의 사무실을 차렸다.

에로는 조각적 환상의 영역으로 활공해 들어가기 전, 제너럴 모터스로부터 기술 센터 계획과 설계를 의뢰받았다. 혁명적 양식의 건물 스물다섯 동이 약 1,336제곱킬로미터에 이르는 호숫가의 땅에 들어서는, '비즈니스 캠퍼스'라 이름 붙일 만한 야심 찬 계획이었다. 에로는 미스에게 영감을 얻은 것이 분명한, 강철과 유리로 된 낮은 건물들을 아버지와 함께 멋지게 짓는다. 알루미늄 반사판을 입힌 돔형 강연장, 호수 위로 높이 세 개의 긴 받침대 다리 위에 세워진 알루미늄 타원주로 된 워터 타워 등 바로크 요소를 차용해 완벽하고 멋진 기하학을 구현했다.

이 기술 센터는 대학과 교회의 영역을 넘보고 무겁고 임시막사 같은 공장과 개성 없는 집들이 무릎 꿇게 하는 '주식회사 미국'의 시대가 왔음을 알리는 증표다. '제너럴 모터스에 좋은 것은 세계에 좋은 것'이라는 제너럴 모터스의 비공식 사이비 모토에 걸맞는 모습이다. 비록 사리넨이 당치도 않은 이상적 완전성과 우아함을 이 건물에 부여했다 하더라도, 제너럴 모터스가 이타적인 기업이 아님은 다 아는 사실이다.

아르베수 하우스 Arvesu House

알레한드로 데 라 소타, 1955, 스페인 마드리드

이 특별한 집은 1987년에 헐렸다. 얼마나 큰 손실인가. 알레한드로 데 라 소타(1913~)의 고요한 걸작 중 하나인데, 바쁜 일상사로부터 벗어나는 은신처로 만들어졌다. 원래 건축가는 벽돌벽으로 밖을 완전히 차단해서 사생활이 완벽하게 보장되는, 창문이 없는 집을 구상했다. 모든 빛은 남향의 정원과 하늘에서 들어오도록 만들었다. 결국 건물주가 창문을 요구했고, 이에 대한 사과조로 낸 창은 마치 갑기라도 한 것처럼 벽 틈으로 살짝 들여다보아야 할 정도로 작았다.

햇빛 아래서 이 집을 보면 왜 벽돌을 썼는지 깨닫게 될 것이다. 햇빛이 주름 잡힌 벽 표면에 그림자를 그리며 황홀한 춤을 추는 것을 볼 수 있는데, 그것은 따뜻함과 활기를 줄 뿐만 아니라 여느 근대주의 건축가들이 원하기만 하고 획득하지는 못했던 연륜을 부여한다. 정원 쪽에는 유리를 많이 썼다. 발코니가 양쪽 끝을 잇고, 정원은 수영장을 향해 비스듬히 기울어 있다. 내부 동선은 편안하고 우아하게 배치되었고, 근대의 것 가운데 가장 만족스럽다고 할 만한 층계가 있는데, 단 한 번의 연필 스케치로 만들어진 것이다. 어떻게 적은 것이 많을 수 있는지를 보여 주는 완벽한 본보기다.

카푸친 성당 Capuchinas Chapel

루이스 바라간, 1955, 멕시코 멕시코시티 콜로니아 트랄판

위대한 시인이자 채색가인 루이스 바라간의 시적 작업이자 그의 외향적인 성품이 잘 드러난 건물이다. 바라간은 아주 적은 예산으로 작은 성당을 재설계해 달라는 의뢰를 받았으나, 추가 비용을 자기가 부담하면서까지 야심 차고 큰 작품을 만들었다. '허영의 건축'이라 부를 수 있을지도 모르겠다. 어쨌든 결과는 아주 감동적이다. 정면으로 빛을 받으면(거의 1년 내내 강한 햇빛이 내리쬔다.) 아리도록 아름답다. 격자창과 서쪽 끝에 있는 길고 가느다란 스테인드 글라스 창을 통해 빛이 들도록 설계되었다. 빛은 제단으로 다가갔다가 마티아스 괴리츠가 만든 단순한 금빛 장식벽에 이르면 흩어져 사라진다.

거친 주물, 콘크리트, 널빤지 등 아주 단순한 자재를 사용했지만 색이나 빛이 드리워지는 모습이 아주 숭고하다.

바라간은 정식으로 건축 공부를 하지는 않았지만 서서히 근대주의 건축 운동에 접근해 가면서 자기 나름의 낭만적 근대 미학을 추구했다. 이러한 건물들에 대한 그의 애착(특히 그라나다의 알람브라 궁전이나 그 정원을 사랑했다.)은 빛이 가득하고 생기 넘치는 그의 작품들에서 명백히 드러난다.

크라운 홀 Crown Hall

루트비히 미스 반 데어 로에, 1956, 미국 일리노이 시카고

1937년, 결국 나치와 결별한 미스는 그 이듬해에 아머 공과대학(나중에 일리노이 공과대학이 된다.)에서 학생들을 가르치기 위해 미국으로 갔다. 1940년에 미스는 새 캠퍼스 건축의 지휘를 의뢰받고 미니멀리즘적인 그리스 아크로폴리스를 설계했는데, 그리스의 모델과는 달리 모든 부문, 모든 장식에서 자신의 이상적 도시 개념에 맞도록 했다. '적은 것이 많은 것'이라는 그의 금욕적 철학이 완벽하게 드러난 설계다.

캠퍼스의 심장인 크라운 홀은 가로 67미터, 세로 36.5미터, 높이 6미터 규모의 거대한 단일 공간으로 된 건물이다. 미스의 다른 훌륭한 건물들처럼 이것 역시 땅 위에 떠 있는 느낌을 주고, 두 개의 긴 강철판 사이에 공기가 담긴 용기의 모습을 하고 있다. 가까이 갈수록 이런 환영이 더 뚜렷해지는데, 마치 공중에 떠 있는 듯한 두 단의 층계를 올라가면 그런 느낌이 더욱 커진다. 홀이 보이지는 않지만 단단한 바닥 위에 세워져 있다는 사실을 제외하곤, 학생들이 부여한 생명에 의해 구원된, 참으로 영묘하고 외계에서 온 듯한 분위기의 건물이다. 미국 건축의 산업적 가능성에 고무된 미스는 조립해서 운반해 온 네 개의 거대한 강철 대들보로 홀의 상부구조물을 만들었다. 미스가 미국에서 만든 모든 건물에 적용된 엄격한 소방 법규에는, 노출 구조의 강철 빔이 어떻게 보여야 하는지가 규정되어 있다. 그러나 이것은 일종의 사기 행위다. 그것들은 화재 시 내부 강철 대들보가 무너지지 않도록 설계된 강철과 콘크리트 구조물 위에 씌우는, 간소한 장식 마감재에 불과하기 때문이다.

메종 자울 Maisons Jaoul

르 코르뷔지에, 1956, 프랑스 뇌일리쉬르센

1950년대에 들어 르 코르뷔지에는 초기의 기계 미학에서 벗어난다. 그래서 합리적·혁명적·미래적이라는 극히 추상적인 개념보다는 장소와 경우에 따라 독특한 개성이 드러나고 그에 어울리는 분위기가 있는 건축을 추구한다. 판자로 덮은 콘크리트, 아치형 지붕, 거칠고 우둘투둘한 형태 등이 그의 트레이드마크가 되었다. 지나치게 거친 모습(그 강건함 때문에 아주 거칠고 억센 영국 브루탈리스트 디자인 학파가 생겨났다.)인데도 메종 자울은 즐겁고, 들어가 살고 싶은 자궁 같은 집이다.

서로 직각으로 놓인 한 쌍의 건물이 그늘 속으로 깊이 파고들어 있는데 벽돌과 콘크리트로 지었다. 정원은 지하층 높이에 있고 옥상에도 풀이 자라도록 했다. 내부 구조도 둥근 천장과 함께 하나의 계시처럼 보인다. 그가 근대주의로 처음 진출할 때 보였던 독창적이고 흰 도회적 빌라나 아파트의 모습과는 사뭇 다르다. 대신 알을 품는 듯한 느낌이 든다. 고양이나 개처럼 그 안에 웅크리고 들어가 긴 꿈을 꾸고 싶은 느낌과 같은 것이다.

낭만적이며 겉으로는 성채 같은 느낌을 주지만, 고전적 비례법칙을 스스로 재해석한 '모뒬로르' 개념을 적용한 합리적 설계다. 파리 근교에 자리한 이 한 쌍의 집이 큰 영향을 미쳐서 도쿄 중심부와 영국의 서부 서식스 지방에서도 그 반향이 있었다.

평화 전시관 Peace Pavilion

단게 겐조, 1956, 일본 히로시마

미국이 1945년 4월에 B-29 폭격기로 히로시마와 나가사키에 원폭을 투하함으로써 2차 세계대전이 끝났다. 원폭은 히로히토 천황이 수치스러운 방송에서 이런 말을 하게 했다. "전쟁이 일본에 유리한 방향으로 나아가지 않고 있다."

단게(1913~)는 히로시마 센터가 있던 자리에서 도시 재건의 중심을 형성할 평화 전시관의 설계를 의뢰받았다. 그는 일본 전통 사찰의 모양과 콘크리트를 결합해 강하고 단순한 구조의 문화 센터를 만들었다.

오사카에서 태어나 도쿄에서 공부한 단게는 전쟁 기간 동안 일본 건축의 미래에 대해 생각했다. 그는 고대 일본 예술을 대표하는 상반된 성격의 두 문화, 야요이(그리스의 아폴로, 합리적 세계관에 해당)와 조몬(그리스의 디오니소스, 불합리성에 해당)을 함께 묶는 구상을 했다. 1960년대에 단게는 이 숙제를 풀기 위해 정력적인 활동을 펼쳤다. 이 평화 전시관은 그 첫 작품에 해당한다. 그는 젊은 시절, 도쿄에 있는 마에가와 구니오의 사무실에서 일했다. 마에가와는 르 코르뷔지에와 함께 공부한 사람이다. 단게도 그랬지만, 르 코르뷔지에 건축의 시적 감수성은 마에가와의 상상력을 자극했고, 전후 일본 건축에 지대한 영향을 미쳤다.

쇼단 하우스 Shodhan House

르 코르뷔지에, 1956, 인도 아메다바드

인도에 있는 이 뛰어난 건축은 마치 3차원 수학 퍼즐 같다. 콘크리트로 된 복잡한 전면(아마 전면보다는 스크린 쪽에 가깝겠지만)은 사실 바닥에서 지붕까지 가리는 차양막으로 만들어졌는데, 효과가 뛰어나다. 빌라는 7층 높이의 차양 콘크리트 벽 뒤에 숨어 있는데 30년 전의 사부아 저택(161쪽)처럼 복도는 비탈길로 이어져 있다. 중요한 방은 모두 1층에 있다. 이 큰 건물에 서로 연결되어 있지만 각기 독립된 세 채의 아파트가 있다. 자유롭게 떠다니는 콘크리트 파라솔 아래 공중 정원이 앉은 모습이다. 한낮 기온이 40도까지 올라가는 더운 지역이라 정원이나 수영장을 바라보며 쉴 공간도 많이 갖추고 있다.

아메다바드에서 르 코르뷔지에는 에어컨이나 복잡한 설비 없이도 뜨거운 기후를 이길 수 있는 새로운 길을 제시하였다. 그러나 쇼단 하우스가 지금까지 남을 수 있었던 진짜 이유는 그것의 '원시성'이다. 1950년대 인도의 부자들은 종종 에어컨 같은 사치품을 살 만큼 여유가 있음을 과시하고, 미국 사람들이 하는 것이면 자기도 할 수 있다는 것을 증명하고 싶어했다. 지금 시대에 제정신을 가진 사람이나 탐미가라면, 지하실처럼 침침하고 에어컨 달린 상자와 흥미를 자아내는 이 집 가운데 어느 곳으로 들어갈지를 모를 사람은 없을 것이다.

법원 청사 Courts of Justice

르 코르뷔지에, 1956, 인도 찬디가르

펀자브는 1947년에 수립된 인도 공화국에서 새로 만든 주다. 펀자브는 새 주도가 필요했고 그 결과 호기심을 불러일으키면서 인습파괴적인, 도시의 경이라 할 만한 아주 독특한 도시가 탄생했다. 새 도시 찬디가르는 영국 건축가 제인 드루와 맥스웰 프라이에게 설득되어 인도에서 일하기로 한 르 코르뷔지에의 지휘 아래 인도 건축가와 설계가들이 만들었다. 르 코르뷔지에는 도시 핵심부와 주요 관청 건물(법원 청사, 의회 건물, 주지사 관사, 나중에는 오픈 핸드 코트 등)을 설계했다. 여기에서 소개하는 르 코르뷔지에의 작품은 펀자브 지방의 눈부신 하늘 아래 지어진, 건축으로 기능하는 장려한 조각품이다. 뙤약볕으로부터 피하는 것과 물이 설계의 주관심사였다. 따라서 이 법원 청사는 인공호숫가에 세워졌다. 밤이면 호수가 별빛으로 가득 찬다. 정면은 복잡한 차양막을 형성하고 있는데, 그 덕에 실제로 안에 있는 법정과 대기실은 시원하다. 두껍고 부피 큰 콘크리트 벽도 열을 방출하는 작용을 한다.

그가 만든 다른 건물들처럼 이 법원 청사 역시 오랜 역사를 지닌 인도의 풍광에 조금 낯선 듯, 그러면서도 그것과 하나가 된 듯, 아주 현란한 조각품 같은 모습을 하고 있다. 재미있는 일은 르 코르뷔지에와 유럽 건축가들은 여기까지만 참여하고 찬디가르 도시계획에서 손을 뗐다는 것이다. 이로써 고도로 세련되고 낭만적인 건물과 현대 인도 도시의 여러 유해한 기운이 함께 어우러진 도시 하나가 탄생했다.

21번 사례 연구 주택 Case Study House No 21

피에르 쾨니그, 1958, 미국 캘리포니아 로스앤젤레스

이 사례 연구 주택은 볼 때마다 아주 완벽하다. 선(線)의 순수함 때문이기도 하겠고, 율리우스 슐만의 뛰어난 사진 때문이기도 하다. 그는 20세기 중반 미국 서부 해안지방의 삶이 어떤 것을 의미하는지를 우리에게 완벽히 보여준 렌즈 뒤의 장인(匠人)이다. 어지러운 우리들의 집과 빽빽하게 밀집된 대부분의 도시 공간들을 생각해 볼 때, 피에르 쾨니그(1925~)가 만든 이 집은 아주 매혹적이다. 꿈이 실현된 것처럼, 혹은 리처드 노이트라의 말대로 '영혼의 항구'나 '영원의 편린'처럼 보인다.

쾨니그의 집은 당대 최신의 건축 기술, 내부 디자인, 가구, 집기 등을 갖춘 전시장이었다. 근대적 주거가 얼마나 사람을 느긋하게 하고 편하게 해주는가를 보여 주었다. 모든 것이 편리함과 편한 접근성을 고려해 설계되었다. 그 집에서 당신은 지프차를 강철 프레임의 포르트코쉐르(차양이 있는 주차장)에 올려놓고 온통 유리가 끼워진 부엌을 드나들며 맥주를 한 잔 들고, 늦은 오후에 떨어지는 로스앤젤레스의 해를 바라보며 일광욕실에 앉는다.

최신형 냉장고 디자인을 선(禪)적 영감의 연못과 바위에 접목시켜 미스 반 데어 로에의 간소함을 최신 플라스틱과 강철 소재 가구들의 풍요로움과 아우르고 있는데, 캘리포니아라면 연상할 수 있을 느긋함과 세련됨을 한꺼번에 맛볼 수 있는 집이다.

시그램 빌딩 Seagram Building

루트비히 미스 반 데어 로에, 1958, 미국 뉴욕

미국의 자산개발업자들은 이 근대주의 운동의 거인이 시카고에 강철과 유리로 된 타워를 지어올리고 세계적인 사무용 건물(아마 서툰 손이 만들었다면 대중들의 눈에 근대주의 운동의 파멸로 보였을 것이다.)을 만드는 것을 경이에 찬 눈으로 바라보면서 외쳤다. "미스는 돈이다." 미스가 뉴욕으로 오자 개발업자들의 시선은 시그램 빌딩으로 향했다. 여기에서 미스는 정말로 돈이었다. 캐나다 양조회사의 38층짜리 본부 빌딩은 청동으로 마감을 하느라 거액이 들었다. 자체 광장 안에서 주위의 환경에 기대지 않고, 또 주위의 혼잡한 거리와 혼잡한 건물들 위에 일종의 고요한 경멸처럼 자신을 드러내는 이 건물은 예나 지금이나 근대주의 운동의 빼어난 성취 중의 하나로 자리하고 있다.

시그램 본부는 훨씬 작은 규모로 지어질 뻔했다. 미스의 생각을 돌린 사람은 시그램 회장의 딸 필리스였다. 그 결과 숨이 멎을 듯한 건물이 만들어졌다. 필립 존슨의 설계로 도움을 받아 파크 애비뉴의 뒤로 물러선 광장에서 맨해튼의 스카이라인을 향해 힘들이지 않고 솟아올랐다. 주저하지 않고 단호하게 수직을 강조하였다. 수천의 다른 기업 본부보다 훨씬 앞선 건물이다. 단연코 최상이다.

피렐리 타워 Pirelli Tower

지오 폰티, 1959, 이탈리아 밀라노

피렐리 타워는 이 유서 깊은 기념물들의 도시 밀라노에 기차로 도착하는 사람들을 맞이하는 기념비적 건물 중 맨 앞에 있다. 이 34층짜리 건물은 미스나 SOM이 뉴욕이나 시카고에 세운 강철과 유리 건물들과는 다르게 보인다. 피에르 루이지 네르비를 포함해 지오 폰티(1891~1979)의 지휘 아래 일한 건축가와 공학자들로 이루어진 설계팀은 이 건물에서 섬세한 유선형의 옆모습을 유지하면서 높이 솟아오르는 세련된 콘크리트 골조를 개발했다. 그 결과 전 세계 도시의 하늘 경관을 어지럽힌 강철과 유리로 만든 구두상자 모양 건물의 대안이 될 만한 것이 나왔다. 절충적인 디자이너 폰티의 긴 경력 중 정점을 보여주는 건물이기도 하다. 폰티는 미술 건축 디자인 잡지 『도무스』를 1928년에 창간하고 죽을 때까지 그 편집을 맡았다.

폰티는 밀라노에서 태어나 거기서 배우고, 살다 죽었다. 그는 초창기에 이탈리아 파시스트의 특징이기도 한 훼손된 신고전주의 양식의 건축을 했다. 그러나 내부는 장려했으며 초현실주의적이기도 했다. 1936년에 바티칸 시티에서 열린 가톨릭 신문 전시회의 모던 전시관에서는 폰티가 마음을 바꾸었다는 것이 드러났다. 1957년의 수퍼레게라 의자와 피렐리 타워, 그의 근대주의 걸작 둘은 인상적인 동시에 순결하고 단순하다.

앨턴 웨스트 주택 단지 Alton West Estate

런던 주의회 건축가분과, 1959, 영국 서리 로햄튼

르 코르뷔지에가 따뜻하고 햇빛 가득한 마르세유에 지은 위니테 다비타시옹은 여러 나라에 수출되었는데, 이것은 사회적으로가 아니라 건축적으로 가장 성공한 경우에 해당한다. 리치먼드 공원은 신선한 공기를 마시기 위해, 혹은 일요일 오후 개와 산책을 위해 위해 나선 런던 시민들의 이름난 피난처다. 그곳의 넓은 인공림, 사슴 떼, 절묘한 18세기 건물들을 아우르는 꿈같은 경관을 굽어보는 대규모 공영 주택 단지가 필로티 위에 신중하게 콘크리트로 지어졌다.

그러나 유감스럽게도 런던 중심부와 성 폴 성당이 바라다보이는 자리를 뺏어 버린 이 단지에 대해 개를 데리고 리치먼드 공원을 산보하는 사람들의 감정이 좋을 리 없다. 녹슨 차와 쓰레기와 시골뜨기들 때문에, 앨턴 웨스트에서 영국식 위니테가, 또 로햄튼에서 마르세유가 만들어지기는 쉽지 않다. 그러나 6층에서 12층 높이의 건물들은 멋지게 배열되었고, 사려 깊게 설계되었다. 리치먼드 공원의 부속 건물처럼 보이며, 높은 건물들은 고령자들을 위한 단층 주택들과 불규칙하게 뒤섞여 있다.

영국 어디서나 볼 수 있는 여느 공영 주택 단지보다 수준 높은 설계와 구조로 지어졌지만 이 앨턴 웨스트가 그리 즐거운 곳이 아니라는 것에 주목할 필요가 있다. 영국인들이 아파트에서 사는 것을 마음속 깊이 싫어하거나, 여기 사는 사람들이 너무 가난하여 마르세유의 위니테 다비타시옹에 사는 전문직 종사자들처럼 생활을 즐길 여유가 없거나 둘 중 하나일 것이다. 어쨌든 그들에게는 공원이 있다.

라 투레트 수도원 Monastery of Sainte-Marie de-la-Tourette

르 코르뷔지에, 1960, 프랑스 이보-쉬르-라르브레슬

이해하는 데 오랜 시간이 걸리는 건물이다. 처음 봐서는 혼란스럽고 꼴사납게 보이겠지만, 시간이 흐를수록 어째서 그토록 많은 사람들이 이 수도원을 전 세기에 걸쳐 가장 뛰어난 건물로 꼽는지 깨닫게 될 것이다.

그 안에서 살고 일하는 성직자들의 보금자리다. 거칠게 마감된 건물은 그 원재료가 훤히 드러나지만, 공간을 다루고 벽과 내부에 빛이 일렁이게 하는 르 코르뷔지에의 솜씨가 아주 돋보인다. 회랑이 있는 정원을 중심으로 수도원이 빙 둘러 모여 있다. 1층에 단체실이 있고 그 위 두 층에 작은 방들이 있다. 수도원은 그 자체로 하나의 조각품이다. 피라미드나 타워, 돌출구조 등은 각각 분명한 목적이 있다. 즉 근대 세계에 영감을 주는 한편, 이 건물이 빚진 그 근대 세계로부터 벗어나도록 수도원 곳곳의 영적 공간에 빛을 비추기 위한 것이다.

삼권 광장 Plaza of the Three Powers

오스카 니마이어 · 루치오 코스타, 1960, 브라질 브라질리아

루치오 코스타가 설계한 9.6킬로미터의 긴 도로를 따라가면 브라질 신수도의 중심부에 있는 광장에 닿는다. 무더운 날 이곳을 거니는 것은 피하라. 브라질리아는 예나 지금이나 정치와 도회성에 대한 영웅적인 선언으로 존재한다. 위대한 신도시. 이 말에 담긴 의미의 무게가 느껴진다.

이곳의 문제는 간단하다. 도시 중심부는 주위의 초라한 마을들과 물리적으로나 상징적으로 멀리 떨어져 있으며, 뛰어난 니마이어가 설계한 여러 기념물들은 기후 때문에 쇠락하고 있다. 그러나 마나우스 아마존 위의 오페라 하우스처럼 이 도시의 이상 역시 깊은 인상을 남긴다. 항상 용감하고 자부심 강한 개념이다. 코스타의 도로 끝에 가슴을 뛰게 하는 의회 건물과 부속 행정동이 자리한다. 이 조각 같은 일련의 건물군은 자연스럽게 삼권 광장 위에 솟아 있다. 건축될 당시부터 경이와 극적 구성을 유지해 왔다. 이 건물들과 가까이하기 힘든 이유는 그 비인간성에 있다. 이들은 제도판 위에서나 웅장한 건축 모델로서만 제격이다.

니마이어는 1979년까지 가끔씩 쉬어 가면서 브라질리아의 설계를 계속했다. 그 시기에는 이미 기후가 이 기념비적 건물들을 쇠락시키고 있었다. 브라질리아는 건축가의 상상 속에서만 완결되는 도시다.

어린이 집 Children's Home

알도 반 에이크, 1960, 네덜란드 암스테르담

지금은 베를라헤 연구소(건축 센터)의 본부인 이 건물이 원래는 고아원이었다. 알도 반 에이크 (1918~)가 공공건물을 개혁하려는 야심을 가지고 설계했으며 건축계에 많은 영향을 끼쳤다. 처음에는 정원 형태로 연결된 단층 집들로 이루어진 조그만 도시로 구상되었다. 즐겁게 거닐 수 있고 햇빛을 듬뿍 받을 수 있는 모양이었다. 그러나 결과물은 결코 매력적이지 않았다. 콘크리트 패널과 유리 벽돌은 곧 그 광택을 잃었다. 하지만 이 건물의 기초 개념은 여전히 타당성을 지니고 있다. 전 세계에 널리 퍼져 있는 은밀한 상자 모양의 건물(거기서는 우두머리들만이 목재로 만든 칵테일 바가 딸린 전망 좋은 모서리 방을 쓸 수 있다.)의 대안을 제시했던 것이다.

반 에이크 건축의 난점은 인간적인 것을 중점에 두면서도 편안하지 않은 자재를 사용한다는 것에 있다. 그 결과 유연성 없는 건물이 만들어졌다.

네덜란드 드리베르겐에서 태어난 반 에이크는 스위스 취리히에서 교육을 받았다. 영향력 있고 말이 많은 교사였던 그는 건축 잡지 『포럼』의 편집인이기도 했다. 반 에이크는 근대 건축의 형태와 조직을 추구하던 많은 유럽 건축가들의 작업에 큰 영향을 끼쳤다. 그들은 건축을 인상적이기는 하지만 격리된 기념물이 아니라 사람들이 교류하는 공간이라고 보았다.

구라시키 시청 Kurashiki City Hall

단게 겐조, 1960, 일본 구라시키

단게는 르 코르뷔지에의 형태에서 가장 많은 영향을 받은 건축가일 것이다. 그는 그것을 일본에 적용시켜 새롭고 설득력 있는 것으로 만들어 냈다. 쉬운 일이 아니었다. 르 코르뷔지에의 형태는 아주 강력하고 개성적인 것이어서, 이 대가의 것을 재해석하거나 새로운 장소나 환경에 적응시키는 것은 베끼는 것보다 훨씬 어렵다.

구라시키 시청 설계에서 단게는 르 코르뷔지에 대한 자신의 해석을 견지하려고 했다. 즉, 정신은 오랜 과거에 뿌리박은 채 브루탈리즘적 콘크리트 구조를 통해 일본 전통 건축을 어떤 새로운 것으로 해석하려고 애썼다. 마침 전쟁이 끝난 직후 일본 경제가 놀랄 만한 속도로 회복하고 있던 때여서 단게의 이런 접근법은 설득력이 있었다. 일본은 오도된 제국주의의 정복 야욕으로 악명 높은 야만적 전쟁을 겪으며 문화와 자존심을 심하게 훼손당했지만, 새로운 기계시대에 빠른 속도로 진입할 준비가 되어 있었다.

단게가 구라시키 시청 건물에서 보여 준 것은 근대주의였다. 가늘고 긴 창문, 뛰어나온 처마 장식 등 단게의 후기 작업에서 보이는 강화 구조 방식을 여기서 볼 수 있다. 이는 야마나시 문화회관(350쪽)에서 반복되며 그 정점을 이룬다.

4장 근대주의 | 209

킬링 하우스 Keeling House

데니스 래스던, 1960, 영국 런던 베스널 그린

1914년 런던에서 태어난 데니스 래스던은 런던 AA스쿨에서 공부했고 런던을 주무대로 활동했다. 텍턴의 베르톨트 루베트킨과 함께하기 전, 처음에는 웰스 코츠 밑에서 일했다. 2차 세계대전 때는 공병 소령으로 복무하면서 1944년 여름에는 나치 침공 초기의 유럽에서 연합군 전투비행대를 위한 비행장을 건설했다. 전쟁 후에는 독일 공군과 V1, V2 로켓의 폭격으로 파괴된 런던 주거의 복구에 관심을 기울였다. 당시 런던 동부를 복구하기 위한 여러 계획들이 시행되었다. 래스던은 베스널 그린 지역에 8층과 15층짜리 흔치 않은 '집단' 주거 건물을 지었다. 중앙 서비스 구역에 잇닿아 있는 넓은 공간의 아파트를 주민들에게 제공하자는 개념이 바탕이었다. 각 세대는 빛이 잘 들고 다양한 조망을 즐길 수 있었다. 그러나 킬링 하우스는 주민들로부터 인기가 높았는데도 서서히 슬픈 퇴락을 감수해야 했다. 지방 자치 정부로서는 부담스러운 관리비가 들었기 때문이다. 다행히 다른 곳으로 옮긴다면 이만큼 관대한 공간과 채광이 절대 불가능하리라는 사실을 깨닫기는 했다. 근대주의 운동 자체가 먼 과거의 사건으로 치부되는 이즈음, 킬링 하우스의 운명은 1990년대 보전 그룹들 내에서 '본보기가 되는 중요한 사건'으로 여겨지고 있다.

팬암 빌딩 Pan-Am Building

발터 그로피우스 · 피에트로 벨루스키, 1963, 미국 뉴욕

거인은 어떻게 쓰러지는가? 바우하우스의 창립자요 근대주의 운동의 중요한 선구자인 그로피우스와 그랜드 센트럴 역 위로 떠오르는 이 거대한 마천루를 어떻게 함께 생각할 수 있겠는가? 주저앉아 울고 싶은 사람도 있을 것이다. 당시 지오 폰티와 피에르 루이지 네르비만이 이런 대규모 건물이 기능할 수 있다는 것을 보여 주고 있었다(204쪽). 그로피우스 자신도 규모를 줄이고 싶어한 것 같지만 어쨌든 이 설계는 좀 과장되었다. 기저부의 10층은 그랜드 센트럴 역의 처마에 맞춰졌고 그 위로 49층의 타워가 솟아올랐다. 타워 자체가 세 부분으로 나누어졌지만, 미스 반 데어 로에가 날카로운 안목으로 시그램 빌딩(203쪽)에서 피한 묵직한 느낌이 있다.

이 마름모꼴의 타워는 오랫동안 헬리콥터 착륙장으로 쓰였다. 팬암 헬리콥터를 타고 맨해튼에 도착해 본 사람은 그 짜릿한 경험을 잊지 못할 것이다. 그러나 유감스럽게도 악천후 속에서 비행하던 헬리콥터가 꼭대기에서 미끄러져 내린 사고 이후 착륙장은 폐쇄되었다. 그로피우스는 이후 계속 미국에 살긴 했지만, 남은 생애 동안 베를린에 좀 더 유연한 건물들을 지었다. 팬암 빌딩은 그가 물질적 정점과 문화적 바닥을 동시에 경험하게 했다.

아파트먼트 Apartment Block

알레한드로 데 라 소타, 1963, 스페인 살라망카

스쳐 지나가기 쉬운 이 아파트는 살라망카 중심가 좁은 길 옆에 서 있는 6층짜리 건물이다. 1층에는 먼지 나고 초라한 가게들이 있는데 언제나 한두 개쯤 판자로 둘러쳐져 있거나 임대를 기다리고 있다. 그러나 건물을 제대로 바라보면 어째서 좋은 평판을 얻고 있는지 곧 깨닫게 될 것이다. 건물벽이 초라한 콘크리트나 값싼 초벌칠이 아니라 멋있는 살라망카산(産) 석재로 마감되었다. 이런 단순한 사실 하나 때문에 아파트가 장엄해 보인다. 서민들이 사는 곳이지만 자재는 귀족적이다. 또 이 단순한 아파트 건물을 인간적이고 사랑스러운 곳으로 만드는 세부 구조가 있다. 이 지역 사람들이 전통적인 주택에서 늘 하는 일, 즉 거리를 내려다보거나 위를 볼 수 있도록 튀어나온 창문인 미라도레스가 설계되어 있다. 좁은 길과 마주하고 있기 때문에 창이 길게 나오지는 못했지만, 데 라 소타가 이 창을 고집했다는 것은 아주 고무적인 일이다. 이 근대 건축가는 지방의 전통에 주의를 기울일 줄도, 창을 합리적인 구두 상자형으로 만들 줄도 알았다.

미라도레스 창의 세부 구조는 매우 성공적이다. 따뜻한 벽에 마치 삿갓조개처럼 붙어 있는 강철 프레임이 유리를 지지하고 있다.

카스텔베키오 미술관 Castelvecchio Museum

카를로 스카르파, 1964, 이탈리아 베로나

역사적 건물의 보존이 아니라 재활용이라는 관점에서 이 프로젝트가 중요했다. 2차 세계대전 후 이 이슈는 점점 더 중요해졌다. 전쟁으로 역사적 건물이 파괴되었을 뿐 아니라 1950년대에 빠른 속도로 진행된 신개발(독일과 이탈리아에서 심했다.)로 파괴와 박탈이 더욱 극심했던 것이다. 특히 교회를 비롯한 옛 건물은 원래의 용도를 잃어버렸다. 해체할 수도 없고 보존 책임을 가진 사람에게 부담만 된다면 대체 어떤 용도로 쓰일 수 있을까? 그리고 만일 용도가 전환된다면, 어떻게 건물 본래의 구조와 아름다움을 훼손하지 않을 수 있을 것인가? 베로나의 카스텔베키오에서 카를로 스카르파(1906~1978)가 그 모범을 보여 주었다. 이 베네치아의 건축가는 손대는 일을 최소한으로 줄이고 중세의 성을 박물관과 갤러리로 만들었다.

1956년에 시작된 이 프로젝트는 10년 동안 계속되었다. 스카르파는 천재적인 능력을 발휘하여 최소한의 섬세한 손질과 개입으로 옛 성을 개조했고, 아울러 지적이고 고도로 절제된 현대 감각을 살렸다. 고대와 현대가 즐겁게 만날 수 있었고 미학과 논리를 상호 보강하는 결과를 가져왔다. 최소한의 손질로 경이로움과 즐거움을 준 스카르파의 능력 덕분에 카스텔베키오 미술관은 이런 프로젝트의 귀감이 되었다.

기계공학협회 Faculty of Mechanical Engineering

알프레드 노이만 · 즈비 헤커, 1964, 이스라엘 하이파

이스라엘 건축가들이 자기 목소리를 갖기까지는 세월이 필요했다. 그 세월 후에 얻은 것은 견고하고 분명했다. 사막의 열기와 방어 정신 속에 터득한 것이었다. 이스라엘의 인상적인 건물 중 많은 것들이 현대의 요새처럼 보인다. 침입에 늘 노출된 나라이니 쉽게 납득이 된다. 기후 또한 강력한 적이어서 건축이 막아야 했다.

노이만(1924~)과 헤커(1931~)는 하이파의 기계공학협회를 태양에서 피하는 은신처로 설계하였다. 작열하는 태양과 관련한 문제를 해결하기 위해 르 코르뷔지에가 고안하고 그와 여러 건축가들이 함께 발전시킨 개념을 활용하였다. 건물의 전체 구조를 콘크리트 차양으로 설계한 것이다. 햇빛을 차단하기 위해 비스듬한 각도에서는 보이지 않는 창문들이 가파르게 기울고 창틀 안으로 들어오게 만들어 극적인 정면이 탄생하였다. 냉방과 햇빛 차단에 여러 장치와 많은 전기가 필요하고 불편했던 평면적 전면에서 벗어나, 에너지를 절약하는 중요한 전기가 되었다.

어느 면에서 이 기계공학협회 건물은 현대 이스라엘 건축과 지구라트 같은 형태의 고대 건축을 연결하는 길이기도 했다.

이코노미스트 빌딩 Economist Buildings

앨리슨 스미슨·피터 스미슨, 1964, 영국 런던 세인트 제임스

헌스탠턴(193쪽)으로 혹평을 받았던 스미슨 부부가 출판사, 은행, 클럽이 있는 작고 멋진 세 건물을 만들어 실추되었던 명예를 회복하였다. 그것이 바로 런던에서 가장 훌륭한 18세기식 거리에 작은 계단과 경사로로 연결된 이코노미스트 빌딩이다. 조지왕조식의 옛 건물과 새 건물이 유쾌하고 경이롭게 함께 자리하였다. 새로 조성된 거리에 작은 건물들을 엮어 넣은 것이 이 민감한 지역에 잘 어울린다.

이 건물이 지어질 무렵 런던 중심가는 빨리 돈을 벌려는 개발업자들에 의해 천박하고 바보 같은 사무실 건물들이 마구 들어서고 있었다. 잘못을 지적할 겨를도 없었다. 런던의 유력한 보존 단체가 행동을 개시한 것도 이때였다. 그러나 이 이코노미스트 빌딩은 아무 문제도 없었다는 것이 중요하다. 사려 깊게 잘 건축되었고 제대로 처신했다. 주위의 조지왕조식의 건물에 양식적으로 맞추려 들지도 않았다. 스미슨 부부가 증명해 냈듯이, 그럴 필요가 없었.

훗날 피터 스미슨이 1960년대의 영국 도시 건축의 잘못을 꾸짖었는데, 그것은 귀담아 들을 만한 것이었다. 무엇보다 이코노미스트 빌딩이 그의 뒤를 받치고 있기 때문이다.

매그 재단 Fondation Maeght

호세 루이 세르트, 1964, 프랑스 생 폴 드 뱅스

아주 마술적인 예술 공간 중 하나인 매그 재단은 카탈루냐 건축가 호세 루이 세르트(1902~1983)가 설계하였다. 20세기의 위대한 화랑과 정원을 보여 주는 건축이다. 세르트는 생 폴 드 뱅스의 더 없이 좋은 기후 속에 눈에 띄게 개방적이고 자유로운 벽돌 콘크리트 건물을 만들어 놓았다. 미스 반 데어 로에 작품의 정반대라고 할 수 있는 이 건물은 조각적이고 유쾌하며 개방적이다. 비가 오는 날에도 문을 열어 놓을 수 있다. 세르트의 감각적인 설계의 즐거움에 보태기 위해 따로 귀중한 것을 마련할 필요가 전혀 없다. 미로나 브라크의 조각적 기교를 택한 경우에도 분명한 의도가 있다. 탈근대적 아이러니를 노린 게 아니라 그 장소에 어울린다는 인식이나 가벼운 기지 정도에 의한 것이다. 세르트는 매그 재단에서 시작한 개념을 바르셀로나에서 후안 미로 재단(1975)을 만들 때 더욱 발전시킨다. 세르트는 바르셀로나에서 태어나고 교육받았다. 1931년 바르셀로나에 사무실을 열기 전, 1929년부터 파리에서 르 코르뷔지에, 피에르 잔느레와 함께 일했다. 프랑코가 정권을 잡자 미국으로 가 1953년에 하버드 디자인대학원의 학장이 된다. 그가 만년에 고향으로 돌아와 자기 최후의 건축 작품이 최고의 것이었다고 말할 수 있었던 것은 참으로 다행스러운 일이다.

파크 힐 및 하이드 파크 주택 단지

J. L. 워머슬리 등, 1965, 영국 셰필드

Park Hill and Hyde Park Estates

이 대규모 지방자치단체 주택 단지 건축은 셰필드 노동 계층을 현대적인 슬럼에 다시 거주시키려는 냉소적 계획에 따라 이루어진 것이 아니다. 비록 오늘날에는 그렇게 보일 수 있고, 많은 부분이 해체되고 다시 재건축되었지만 말이다. 르 코르뷔지에가 만든 마르세유의 위니테 다비타시옹의 개념에서 일부 영향을 받았는데, 테라스가 있는 집이 이어진 거리의 현대판을 땅이 아니라 하늘에 세운다는 구상이었다. '주택' 혹은 두 세대용 아파트에는 '접근로'(혹은 공중에 떠 있는 길)에 연결된 개별 현관이 있고, 이것들이 콘크리트 다리로 연결된 브루탈리즘적 콘크리트 건물로 모인다. 이 '접근로'와 연결 다리는 강도가 침입하기 좋은 통로가 되어 하나씩 부수어졌다. 이 의미심장하고 거침없는 주택 단지는 만만치 않은 외관에도 불구하고 좀 더 순수한 시대를 위한 건물이었어야 했다. 이 건축에 참여한 셰필드 시 건축과의 설계가들은 르 코르뷔지에와 스미슨 부부(215쪽)의 영향을 많이 받았다. 그들이 만들어 낸 거칠고 황량한 격자 모양은 1950년대 북부 영국 가난한 노동 계층의 거칠고 황량하며 고단한 삶을 부분적으로 반영하려는 것이었다. 하지만 어떤 희망을 사람들에게 주려고 했는지는 분명치 않다. 바위가 울퉁불퉁하고 사람을 주춤거리게 하는 이 주택 단지의 결점을 메울 햇빛도, 따뜻함도, 신나는 거리도, 활기찬 카페 문화도 없는 셰필드는 마르세유가 아니었다.

센터 포인트 Centre Point

리처드 세이퍼트, 1966, 영국 런던

소송을 즐기던 개발업자 해리 하이엄스가 지었다. 한때 런던에서 가장 인기 없던 34층 건물이 벌집 모양의 콘크리트, 날씬한 측면, 좁은 입지 덕에 한창 인기를 누리며 부의 신 맴먼에 대한 기념물로서 사랑과 존경을 받게 되었다. 1966년에 완공되었지만 여러 해 동안 빈 건물로 있었다. 이유는 미스터리로 남았지만, 이러쿵저러쿵 말하는 것은 삼가야 한다. 하이엄스 씨의 변호사가 노리고 있기 때문이다.

건물에서는 런던 중심가를 훤히 내려다볼 수 있는데, 꼭대기 층에 바나 레스토랑 혹은 화랑 같은 것이 들어설 수 없음은 건물의 최근 인기를 생각할 때 참으로 불행한 일이다.

이 건물은 아파트나 상가의 일부로 함께 개발되었으며 토튼햄 코트 로드 지하철역과 직접 연결된다. 1960년대와 1970년대에 이름이 귀에 익게 되는 건축가 리처드 세이퍼트 대령(1910~2001)이 설계했는데, 크리스토퍼 렌 이래 런던 중심부의 건축에서 어느 건축가에게도 뒤지지 않는 영향력을 행사했다. 어쨌든 세이퍼트가 지은 벌집, 북, 상자 모양의 진기한 건물들은 조롱을 받아 왔다. 파이프 담배를 즐기던 대령(2차 세계대전 당시 그는 영국 공병 장교였다.)이 1960년대의 뻔뻔스러운 상업 건물들을 설계했다는 것에 모두 동의하고 있다.

성 피터대학 St Peter's College

길레스피 키드 앤드 코이어 사, 1966, 스코틀랜드 카드로스

르 코르뷔지에의 건축을 1960년대의 스코틀랜드에 잘 옮겨 놓았다. 남프랑스와 스코틀랜드의 기후 차이가 무척 크지만, 르 코르뷔지에의 거친 콘크리트 양식은 제대로 된 손을 거친다면 소박한 형태와 거친 자재로 된 전통적 스코틀랜드식 탑형 주택을 자연스럽게 계승하거나 보완할 수도 있다. 글래스고의 길레스피 키드 앤드 코이어 사가 그런 손을 가지고 있었다.

성 피터대학은 로마 가톨릭의 신학교인데 잭 코이어(1898~1981)와 그의 동료들이 엄정한 빅토리아식 건물 한 동을 성공적으로 증축하였다. 리듬감 있는 이 4층 건물의 일부는 르 코르뷔지에의 메종 자울(198쪽)의 형태에서, 또 일부는 라 투레트 수도원(206쪽)의 설계에서 따온 것이다. 식당과 집회실은 1층, 강의실은 그 위 3층에 있다. 1층은 롱샹(101쪽)의 유기적 설계를 적용한 인상적이고 명상적인 예배실로 연결된다. 르 코르뷔지에의 영향이 강하고 분명하긴 해도, 성 피터대학은 가톨릭 사제에게 요구되는 삶을 공부하는 이들을 위한 남성적 건축이라는 특성과 정신을 가지고 있었다. 그런데 방치되어 썩어 가고 있다.

해비타트 주택 단지 Habitat Housing

모세 사프디, 1967, 캐나다 몬트리올

엑스포 '67 몬트리올 세계박람회에서 이스라엘 출신 건축가 모세 사프디(1938~)가 설계한, 158채의 아파트가 들어선 벌집 모양의 건물이 사람들을 놀라게 했다. 해비타트로 알려진 이곳은 팝 에이지 주거의 실험으로서 몬트리올에서 가장 멋있는 건물의 소재지가 되었다. 해비타트는 사프디의 첫 번째 주요작이고, 당시 그는 스물아홉 살이었다. 몬트리올의 맥길대학교를 졸업한 후 개인 사무실을 열기 전에 필라델피아의 루이스 칸과 함께 일했다.

해비타트는 조립식 콘크리트 패널 정도를 넘어서 흥미 있고 시적이기도 한 건물을 예상할 수 있었을 전문가 그룹에게도 놀라운 성공으로 받아들여졌던 것 같다. 각각 지붕 테라스와 전망을 가진 열다섯 가지 이상의 제각기 다른 아파트로 설계되었다. 한때 해비타트를 900채의 아파트로 확장시킬 계획도 있었지만 실현되지 못했고, 사프디가 이스라엘에서 이런 생각을 더욱 발전시켰는데도 북미에서는 단 한 번 호기심을 자극하는 정도에 그쳤다.

해비타트 작업 이후에 사프디는 이스라엘 벤구리온대학에서 가르쳤고, 하버드대학으로 자리를 옮겼다. 그 후 다시 이스라엘로 돌아가 칸과 함께했던 경험과 엑스포 '67의 경험을 살려 엄격한 격자와 기하학에 바탕을 둔 새로운 기념비적 건축을 발전시켰다.

그리스도왕 대성당 Cathedral of Christ the King

프레더릭 기버드, 1967, 영국 리버풀

리버풀이 아일랜드 이민자들의 도시여서 '아일랜드인의 둥근 오두막'이라는 애정이 담기고 겸손한 이름으로 불리는 이 로마 가톨릭 성당은 오스카 니마이어가 브라질리아에서 만든 '가시면류관' 성당이나 나사(NASA)의 초기 우주 캡슐을 기초로 하여 설계된 것으로 보인다. 프레더릭 기버드(1908~1984)가 만든 이 성당은 리버풀의 유명한 호프 스트리트 한쪽 끝에 위치한다. 다른 쪽 끝에는 질레스 길버트 스콧의 당당한 고딕식 영국국교회 대성당(114쪽)이 자리 잡고 있다.

기버드의 대성당이 뛰어난 설계이긴 하지만, 전 시대를 통틀어 가장 인상적이고 훌륭한 교회 건물로 계획된 에드윈 루티엔스의 거대한 돔형 가톨릭 교회 테라스의 한 부분에 해당할 뿐이다. 루티엔스의 대성당은 지하층만 만들어지는 것으로 끝났다. 이 자리에 기버드는 간단한 설계에 적은 비용과 짧은 시간을 들여 얇은 콘크리트 버팀벽, 존 파이퍼와 패트릭 라이테엔스가 만든 스테인드글라스로 된 높은 채광창 등으로 골격을 이룬 예배당 건물을 지었다. 바닥에는 버팀벽 사이로 예배실들이 둥글게 둘러싸고 있다. 가지각색의 빛들로 충만한 자리에 회중은 둥글게 앉고, 2차 바티칸 공의회의 가르침에 따라 재단은 중앙에 자리 잡았다. 1990년대에 복원 작업이 진행되었다.

헤이워드 갤러리 Hayward Gallery

런던 주의회 건축가분과, 1967, 영국 런던

런던 사우스뱅크의 브루탈리즘식 콘크리트 문화 벙커인 헤이워드 갤러리는 1980년대와 1990년대에 여러 번의 해체 위기를 견디고 살아남아, 이 기묘하고 방어적인 건축 형태를 위협이 아닌 모험으로 받아들이는 젊은 세대로부터 찬탄을 받기에 이르렀다.

오랜 시간의 산고 끝에 여러 번 지연되었다가 마침내 1960년대에 완공되었다. 허버트 베넷(1909~)의 지휘 아래 노먼 앵글백(1930~)이 이끄는 일단의 급진주의자들이 설계한 건물이다. 르 코르뷔지에와 브루탈리즘의 영향을 받기도 했고, 설계할 당시 갤러리와 가까운 곳에 헬리콥터 착륙장이 지어질 계획이 있었기 때문에 아주 튼튼한 콘크리트 구조가 필요했다. 험악한 군대식이지만 마무리가 잘 되고 건축비가 많이 들어간 건물이다. 헬리콥터 소음을 막기 위해 애초부터 갤러리는 닫힌 공간에 인공 조명을 하는 것으로 설계되었다. 중간에 위원회가 개입하여 조각가 헨리 무어가 '신의 빛인 자연광'이라 말했던 자연광을 요구하고 맨 위층은 지붕 채광을 하도록 고집해서 독특한 지붕 모습이 생겨났다.

1990년대의 많은 전시회(리처드 롱의 〈맴돌기〉가 가장 유명하다.)를 통해 관람객들에게 큰 인기를 얻었다. 마치 쭈글쭈글한 귀를 가진 권투선수처럼 사랑스러우면서도 아주 불가해한 건물로 남아 있다.

마리나 시티 Marina City

버트런드 골드버그, 1967, 미국 일리노이 시카고

시내 중심가의 이 특색 있는 아파트에 밤에 찾아오면, 건물 아래층에 자리 잡은 나선형 주차장을 오르내리는 자동차 불빛으로 장관이 연출된다. 현란하고 어지러우며 감탄스럽다. 거대한 두 개의 옥수수속 같은, 마리나 시티의 쌍둥이 타워는 시카고의 하늘로 높이 솟아 있다. 나선형 주차장 위에 발코니가 있는 40층 아파트가 자리 잡았다. 그 높은 곳에 사람이 살도록 지은 것이 특이하듯, 거리 위를 달리도록 만들어진 자동차를 그 높은 곳에 주차하게 한 것도 통념에서 벗어난 것이다.

마리나 시티는 버트런드 골드버그(1913~1997)의 최고작이며 도시의 얼마나 높은 하늘에 사람이 살 수 있는가를 보여 주는 시범작이기도 하다. 강을 끼고 건물을 배치한 것과 수많은 발코니를 만들어 실외 생활을 허용하면서도 강한 조각적 힘을 손상하지 않고 건축적 형태를 유지한 것에 골드버그의 천재성이 있다. 가까운 곳에 있는 미스 반 데어 로에가 지은 레이크 쇼어 드라이브 아파트(187쪽)의 안티테제로 여겨지며, 여러 평론가들이 키치라고 평하기도 했다. 그러나 그런 평가는 정당하지 않다. 실물을 보면 미래주의자들의 설계도면에서나 가능한 기백이 느껴지고, 도심에 살면서도 무시해 온 자동차 문제에 대한 이상적인 해답을 얻을 수 있다.

포드 재단 Ford Foundation

케빈 로치 · 존 딘컬루, 1967, 미국 뉴욕

포드 재단 건물은 어지럼증이나 광장공포증이 없는 담대한 사람에게 비길 데 없이 강한 인상을 준다.

온실 같은 12층 건물의 양쪽 면에 재단 사무실이 들어가 있다. 식물이 무성하게 심어져 있고 현기증이 나게 하는 기둥이 있고 수많은 얇은 판유리가 끼워진 쪽으로 창이 열리게 되어서, 직원들은 푸른 나무들과 창유리를 통해 도시를 내다볼 수 있다. 이 경관은 완전히 초현실적이다. 더구나 임원용 방이나 식당 등은 안뜰 위에 떠 있는 것처럼 2층짜리 공간에 자리 잡았는데, 거리 쪽 입구와 이어진 게 위험해 보이기도 한다. 20년 뒤 사무실 건물에 이런 안뜰을 두는 설계를 유행시키고 어느 면에서는 상투적으로 만든 데 포드 재단의 역할이 컸다. 그렇다 해도 그 개념은 인상적이며 창의적이다. 또 다른 인상적인 점은 이런 급진적인 건물이 도로와 같은 높이로 직접 이어졌다는 사실이다.

더블린의 마이클 스콧과 작업했고, 런던에서는 맥스웰 프라이, 제인 드루와 함께 일하던 아일랜드 건축가 케빈 로치(1922~)가 설계했는데, 그는 1948년에 미국으로 이민 가서 1954년에 에로 사리넨 사무실의 수석설계사가 된다. 거기서 그는 저명한 건축가 겸 발명가인 존 딘컬루(1918~1981)를 만났다.

르 코르뷔지에 센터 Centre Le Corbusier

르 코르뷔지에, 1967, 스위스 취리히

원래 개인 저택으로 설계된 르 코르뷔지에 센터는 그의 사망 2년 뒤에 완공되었다. 건축을 가장 믿을 만한 매체로 여겨 온 뛰어난 예술가가 긴 여행 끝에 다다른, 또 다른 전환을 보여 주는 작업이다. 여기에 보이는 집은 장기판이나 직선처럼 배열할 수 있게 기하학적인 조립식 패널이 끝없이 이어지도록 고안되었다. 패널의 배열이나 수량은 갖가지 모양의 강철 막대나 기둥으로 지탱하는 우산 모양의 지붕에 따라 결정된다. 마치 박공 아래나 기둥 사이에 현대적 건물을 밀어 넣은 그리스 사원처럼 보인다. 다른 차원에서 보면, 거대한 프레임 아래 놓인 일련의 추상 캔버스 같기도 하다. 많은 결실을 맺은 긴 여행의 끝에서도 창조하고 또다시 창조하는 르 코르뷔지에의 역량이 결코 소진되지 않았음을 확인할 수 있다.

그 자신은 충분히 이루었다고 느꼈다. 하지만 1965년에 그가 죽었을 때 많은 사람들은 그가 놀랍고 풍부한 재능이 고갈될 때까지 기다리지 않고 자신이 숭배했던 태양을 향해 헤엄쳐 가면서 스스로 죽음을 맞아들인 것으로 보았다.

국립현대미술관 Neue Nationalgalerie

루트비히 미스 반 데어 로에, 1968, 독일 베를린

미스가 너무 멀리 가 버려서 그의 절묘하게 정련된 계획이 무산된 듯한 느낌이 들기도 하는 건물이다. 이 크고 텅 빈 듯한 건물에 안정되지 못한 느낌이 있는 건 분명하지만, 터무니없이 극단적으로 치우쳤다고 비난하는 것은 현명치 못한 일이다.

한쪽 유리벽을 통해 빛을 받는 지하 갤러리의 가차없이 드러난 벽에, 또 반대로 꽉 막힌 지하 공간의 방에 작품들이 걸린다. 여덟 개의 십자 강철 기둥으로 지탱되는 커다란 소란 반자 덮개 아래에 바닥부터 지붕까지 유리벽으로 둘러싸 만들어진 1층 갤러리는 일정한 모양이 없다. 베를린에서 흔하게 만나는, 태양이 비스듬히 비치는 겨울날에는 칙칙한 커튼을 유리벽에 드리워 마치 거대하고 음울한 장례식장을 보는 것 같다.

기념물로는 뛰어나지만 미술관으로는 실패작이다. 미스가 만든 주요 건축물 중 마지막 작품이었고, 1929년에 만든 바르셀로나 전시관(152쪽) 이래 그가 추구해 온 가장 순수한 전시관과 세속적인 사원의 긴 여정을 마지막으로 장식하는 작업이었다. 고급 취향에 술을 많이 마시던 이 건축가가 소유한 시카고의 아파트가 부르주아적이고 호화스러우며 약간 고풍스러웠음을 아는 것만으로 조금은 위로가 될지 모르겠다.

학생 기숙사 Student Housing

데니스 래스던, 1968, 영국 노퍽 노리치 이스트앵글리아대학

20세기식 아스텍이나 마야 계단식 사원을 연상시키는 이 대학 기숙사는 유럽과 미국의 학생들이 혁명을 바라면서 거리로 뛰쳐나오던 시기에 문을 열었다. 그들은 장학금이 완전히 바닥나기 전에 혁명이 일어나기를 바랐다. 그들은 직업을 가져야 했고 결혼해 안정되어야 했다. 혁명은 프랑스와 독일에서는 말할 것도 없고, 무익한 베트남전에 반대하는 전반적인 저항의 한 부분을 학생 봉기가 차지하던 미국에서까지도 심각한 발언이자 주장이었다. 그러나 영국의 경우 삶은 안락했다. 반항해야 할 일이 그리 많지 않았다. 장학금과 일거리는 풍부했고, 위대한 음악과 주체하기 힘든 자유가 있었으며, 일류 건축가들이 설계한 건물에 싼값으로 들어갈 수 있음을 뜻하는 대학 확장 계획이 여러 곳에서 시행되고 있었다.

노리치 외곽에 새로 생긴 이스트앵글리아대학에서 레스던은 많은 방과 외부에 앉을 공간이 있는 특징적인 피라미드형 건물을 설계했다. 지은 지 몇 년 만에 내부는 지저분해졌고 피라미드 모양의 건물도 아래에 위치한 호수 쪽으로 조금씩 미끄러져 갔다. 그러나 이 대학의 전문 분야인 미술학과 졸업장만 있으면 멋있고 보수 좋은 직업을 보장받았던 영웅적 시절에 대한 기념물로 여전히 우뚝 서 있다. 레스던의 이 콘크리트 피라미드는 정연한 구도를 이룬 채 훌륭히 서 있다.

4장 근대주의 | 227

레이크 포인트 타워 Lake Point Tower

쉬퍼릿 하인리히 사, 1968, 미국 일리노이 시카고

미시간 호반에 홀로 당당하게 서 있는 196미터 높이의 이 아파트 건물은 미스 반 데어 로에의 제자가 세웠다. 미스가 1921년에 계획했다가 자금난에 구조와 유리 기술의 부족 문제가 겹쳐 포기했던 곡면 유리벽으로 된 사무실 타워를 시카고의 돈과 완력과 기술력으로 실현한 셈이다. 따라서 이 아파트에 사는 900가구 사람들의 보금자리일 뿐만 아니라 20세기의 훌륭한 건축가 중 한 사람이던 미스의 만년 작업에 경의를 표하는 건물이다. 미국 건축 기술의 지표이기도 하다.

클로버 모양으로 설계되었고, 몸에 꼭 맞는 옷처럼 꽤 많은 맞춤 유리로 마감되었다. 스파이더맨일지라도 오르기 힘들어 보인다. 평평하고 풍부한 유리벽면은 하루 종일 햇빛을 잘 받아들이는데, 미시간 호수가 해를 삼키는 석양 무렵에도 레이크 포인트 타워는 본래의 특성을 충분히 발휘한다. 도심에서 위로 높이 떨어져 살아간다는 일종의 격리감은 근대주의 운동의 꿈이 실현되었음을 말한다. 이 건물에 들어 있는 아파트 어디에서 보더라도 마치 영화를 보는 것처럼 아래의 떠들썩한 시내가 내려다보인다. 1920년대의 미스 반 데어 로에나 르 코르뷔지에가 소망했던, 공원이나 호수가 내려다보이는 전문 직업인들이 사는 제대로 된 아파트가 제공했을 전망을 이곳 사람들은 즐기고 있다.

산 크리스토발 말 사육장 San Cristobal Stud Farm

루이스 바라간, 1968, 멕시코 멕시코시티

눈부신 건축가 루이스 바라간(1902~1987)은 색에 대한 뛰어난 감각을 가지고 있었다. 그래서 너무 냉정하고 단색을 좋아하는 미스 반 데어 로에를 못 견뎌하는 사람들에게, 근대주의를 감각적이고 따뜻하며 즐거운 것으로 느끼게 하는 절묘한 자연색 팔레트를 제공해 주었다. 집과 마구간, 연못과 정원으로 이루어진 멕시코시티 외곽에 있는 말 사육장은 자연, 색깔, 동물, 태양 아래 즐거운 삶 등을 조화시키려는 근대 건축의 형식주의에서 바라간이 건축과 자연에 가장 가까이 간 작업이다. 햇빛과 그림자는 푸르게 우거진 향기로운 풀과 나무, 그리고 연못의 물 위로 떨어지고 인생은 끊임없이 흔들리는데, 이 건축가는 추상 구성주의의 기하학을 이용해 건물을 지었다. 말과 안장의 가죽에서 나는 냄새도 이런 분위기가 나는 데 한몫 하고 있다.

20세기의 감각적이고 인습에 구속받지 않은 여러 건축가들처럼, 바라간 역시 독습 건축가라는 사실이 중요하다. 공학을 공부했지만 건축에서 자신을 발견했다. 초기작들은 모로코나 이슬람의 건축에서 영향 받은 것들이었다. 1936년에 멕시코의 과달라하라로 옮겨 간 뒤에야 근대주의 운동에 눈뜨게 된다. 이때부터 개성이 강하고 아름다운 자신만의 양식을 발전시킨다. 근대주의 건축이 냉정하다고 생각하는 사람은 멕시코의 아름다운 풍광 속에 지어진 이 뛰어난 건물을 경험하지 못한 사람이다.

엑스포 '70 Expo '70

단게 겐조 등, 1970, 일본 오사카

아시아에서 처음 열린 국제 박람회이고 건축으로 보면 최고에 속하는 박람회다. 건축물의 배치는 단게가 맡았지만 세계 곳곳에서 모여든 건축가들이 대담하고 창의적이며 개성이 강하고 즐기기까지 한 일련의 건물들을 만들었다. 엑스포 '70은 불운한 아들 이카로스를 크레타에서 그리스로 날려 보내기 위해 날개를 달아 주었던 전설 속 최초의 건축가 다이달로스 이래 모든 건축가들이 씨름하던 중력과의 싸움에서 새로운 기술과 공기로 부풀리는 구조로 대응한 최초의 매혹적인 작업이었다.

엑스포 '70의 일견 어리석게 보이는 구조물들은 그냥 소모되고 만 것이 아니었다. 많은 아이디어와 미학들이 지난 20년 동안 텐트와 부드러운 천을 재료로 한 건축물들에서 성숙한 표현으로 나타났다. 록 콘서트, 아이들 놀이터의 부드럽고 탄력 있는 성채, 예술제나 정치집회에 이런 아이디어 건축들이 이용되었다. 지난 수천 년 동안 세계의 유목민들이 그래 왔던 것처럼, 현대에도 부드러운 임시 건물을 만들고 즐긴다는 생각은 즐거움과 놀라움을 함께 가져온다.

웨인스타인 하우스 Weinstein House

리처드 마이어, 1971, 미국 뉴욕 올드 웨스트베리

리처드 마이어가 전심을 기울여 만든 더없이 하얀 이 건물은 관점에 따라 만족과 실망으로 분명히 갈라진다. 근대주의 건축의 백색 기사 마이어는 코넬대학교를 졸업하고 SOM과 마르셀 브로이어의 사무소에서 일한 뒤, 1960년대 중반부터 백색 건축에 박차를 가한다. 이후 10년 동안 많은 백색 건물의 설계를 의뢰받는다. 모두가 조금씩 변형된 비슷한 건물이었고 긴밀하게 맺어진 한 무리의 건물군이다. 그러나 건물들은 대지와 조화를 이루었고, 푸른 초원에 주위 환경을 전혀 고려하지 않고 들어섰던 근대주의 운동 초기를 대표하는 저택들과는 확실히 달랐다.

마이어는 '뉴욕 파이브'로 알려진 다른 '백색주의자들'과 느슨한 형태로 합작했다. 그들 가운데 피터 아이젠만(1932~)이라는 박학한 이론가가 있었지만, 마이어는 조용히 많은 건물을 지었다. 뉴욕의 웨인스타인 하우스는 육면체의 상자 모양을 자르고 재배치하는 갖가지 방법을 보여 준 기하학적 가능성이 드러난 만족스러운 건축이다. 건물은 각각 부분들로 분해할 수 있는데 서로 견고하게 결합되어 있는 것처럼 보인다. 서로 다른 사생활을 동등하게 보장해 주는 가운데 현명하게 분리되면서도 하나로 통합된 느낌을 준다. 참으로 훌륭하다.

플로리 빌딩 Florey Building

제임스 스털링 · 제임스 고원, 1972, 영국 옥스퍼드

가까이에 공공주차장이 있는데도 늘 플로리 빌딩을 고층 주차장으로 착각하게 된다. 플로리 빌딩의 꼴사나운 뒷면은 강가의 공터와 잇닿아 있다. 이런 사실이 일반인들에게는 알려져 있지 않다. 이 학생 호스텔 건물의 뒷벽에 칠해진 밝은 오렌지색이 모든 것을 감싸 안으면서 눈길을 만(灣) 쪽으로 돌리게 하고 옥스퍼드대학교 학생들의 고귀한 세계가 낡고 값싼 뒷면을 가리기 때문이다. 여러 층으로 된 학생 방들은 콘크리트 지주 위에 세워져 있는데, 안마당을 빙 돌아서 모였으며 한쪽 면은 우울한 차월 강 쪽을 보고 있다. 안이 온통 드러나 보이기 때문에 부끄럼을 타는 사람들은 거의 온종일 커튼을 치고 살아야 한다.

더욱 나쁜 것은 방의 배치다. 콘크리트 버팀벽이 비스듬히 누운 각도로 방을 통과하는 것을 상상하면 된다. 학생회관에서 맥주라도 한잔 기울인 날에는 계단처럼 생긴 침대의 꼭대기 칸을 찾아 몸을 누이는 일이 쉽지 않다.

깔끔하고 규모가 큰 건축을 하던 스털링이 똑똑한 학생들을 데리고 익살을 떤 것일까? 아마도 그렇게 보아야 할 것 같다. 조각품이라 해도 인상적이거나 익살스럽지는 않지만 말이다.

레스브리지대학 Lethbridge University

아서 에릭슨, 1972, 캐나다 앨버타

앨버타 시골의 넓은 땅에 착륙하는 우주선이나 정박한 기선을 보는 것 같다. 20세기 캐나다에서 가장 중요한 건축가인 아서 에릭슨이 설계한 레스브리지대학이다. 학생 기숙사를 포함한 모든 시설물이 한 지붕 아래 들어 있다. 너저분하게 바깥으로 나온 것이 없고 별채도 없다. 강력하고 오만하게도 보이는 거대한 콘크리트 건물이다. 건드려 봐야 미미한 흔적밖에 남지 않을 듯한 광활한 풍경을 더욱 강조하는 것 같아 보인다. 대학 당국이 끝없는 풍경 속에 뭔가 흔적을 남기고 싶었다면, 적절한 건축가를 잘 선택한 셈이다.

에릭슨은 밴쿠버와 몬트리올에서 공부했다. 활동적인 건축가로 1980년대에 세계 여러 곳에 사무실을 두었다. 세계적인 안목을 지닌 사람답게 그가 지은 건물들도 규모가 컸다. 건물들은 대부분 경관이 뛰어난 곳에 위치했고, 최선을 다해 확실한 방법으로 그 존재를 알렸다. 아주 인상적인 초기작으로는 밴쿠버의 버나비 사이먼프레이저대학 건물(1963~), 시가지 한 블록을 완전히 차지한 법원 건물(1980) 등이 있다. 미스 반 데어 로에의 영향을 받아 소규모 목조 건물을 짓기도 했지만, 그의 건축이 보여 주는 과장된 규모는 캐나다의 자연 경관과 기후의 규모와 힘에 대한 자연스러운 반응이다. 정교하게 구획된 유럽에 레스브리지대학이 들어선 모습을 상상하기는 어렵다.

센트럴 비히어 Centraal Beheer

헤르만 헬츠버거, 1972, 네덜란드 아펠도른

크지만 소박한 이 건물은 원래 1,000명이 넘는 보험회사 직원이 일할 사무실로 설계되었다. 일상의 업무를 필요 이상 쥐어짤 목적으로, 사무직 노동자들은 개성 없이 미스의 작품을 흉내 낸 사무실 건물에 차곡차곡 밀어 넣어진다. 헬츠버거(1932~)는 1960년대에 많은 논의가 있었지만 한 번도 실행되지 않은 개념인 내부 조경이 있는 사무실에 관심을 기울였다. 음울하게 내려앉은 회색빛 콘크리트 건물의 내부는 직원들이 마치 자기 집처럼 느낄 수 있도록 여러 작은 공간들로 나누어졌다. 형식을 따지지 않은 배치와 느슨한 관리 상태로 직원들이 바빌론의 공중정원처럼 보이는 사무실에 적응할 수 있게 한 것이다. 건축가는 사람들이 건물을 점유하는 방식을 결정해 주는 역할을 하는 것이 아니라 그들이 마음 내키는 대로 활동할 수 있도록 건물을 설계한다는 헬츠버거의 평소 소신과 잘 맞아떨어진다.

동시대의 여러 네덜란드 건축가와 마찬가지로 헬츠버거는 거의 콘크리트와 블록으로 이루어진 이 건물과 깊은 인간성 사이에 마땅히 있을 법한 모순조차 허락하지 않았다.

비앙키 주택 Bianchi House

마리오 보타, 1972, 스위스 티치노

스위스의 한 교사를 위해 지은 단순하고 기하학적인 집이다. 아름다운 루가노 호수가 보이는 곳에 3층 높이로 세워졌다. 경량 콘크리트 블록으로 지은 이 집에는 세 가지 특징이 있다. 호수와 눈 덮인 산이 보이는 곳에 지어졌다는 점, 엄격한 기하학적 형태를 띠고 있다는 점, 다른 통로 없이 강철 다리가 건물의 상층부를 도로와 연결한다는 점 등이다. 만족스럽고 단순한 건물이다.

마리오 보타(1943)는 열다섯 살 때부터 건축 제도공으로 훈련받았다. 그 후 베네치아에서 르 코르뷔지에의 마지막 작품이자 실현되지 못한 건물인 수상 병원 작업에 참여했다. 루이스 칸하고도 짧은 기간 동안 함께 일했다. 열여덟 살에 첫 건물을 지었다. 그러나 정교하게 다듬어진 고급 건물은 아니었다. 그런 것과는 거리가 멀었기에 항상 건축의 기본 구조인 입방체, 구형, 원기둥 등과 이것들이 놓일 스위스 경관 사이의 미묘한 조화에 관심을 기울였다. 어느 면에서는 플라톤이 말한 원형, 즉 서양건축의 초창기로 되돌아간 것이었다. 그러나 이런 기본 구조들에 대한 관심이 학구적인 것과는 거리가 멀었다. 보타가 늘 생각한 것은 건축의 기예적인 면이었다. 대담하게 추상적인 것을 생각하던 사람들이 대개 건축 과정을 과소평가했던 점을 생각해 볼 때 보타는 예외적인 존재라 할 수 있다. 이 두 과정을 모두 갖추어야 위대하고 바람직한 건물을 만들 수 있다.

트렐릭 타워 Trellick Tower

에르노 골드핑거, 1972, 영국 런던

서부 런던의 한 지표가 되는 트렐릭 타워는 영웅적 브루탈리즘 방식으로 에르노 골드핑거(1902~1987)가 건축한 대규모 지방자치단체 주거 단지다. 물론 물을 필요도 없이 골드핑거는 제임스 본드 스릴러물을 쓴 이안 플레밍의 친구다. 비록 과장된 감이 있지만 이 트렐릭 타워는 1990년대에 우아한 포토벨로 상가 주위에 살던 젊은 멋쟁이들이 몹시 탐내는 건물이 되었다. 이렇게 되기까지 수년 동안은 그 지역의 극빈자나 문제 가정이 사는 하늘의 감옥이었다. 기념비적 건축 구조와 런던 전체가 내려다보이는 조망이 특징이다. 그리고 르 코르뷔지에의 위니테 다비타시옹(190쪽)을 모델로 한 2층 구조의 아파트로서 넓고 밝으며 환기가 잘 되도록 양쪽 벽면에 모두 창문이 나 있다.

이 건물이 가진 힘과 난폭함은 상당히 비합리적인 것이지만 골드핑거의 기념비적인 건물들이 '구조적 합리주의'를 구현했다는 말은 일면 타당하다. 1990년대에 그토록 인기 있는 건물이 되지 않았더라면, 한밤중에 마주치고 싶지 않은 건물이었을 것이다. 트렐릭과 같은 극적인 이야깃거리가 없는 형제 건물이 런던 동쪽 끝에 세워졌는데, 비록 오랫동안은 아니었지만 골드핑거가 거기에서 살았다.

타우 스쿨 Thau School

조셉 마르토렐 · 오리올 보히가스 · 데이비드 매카이, 1972, 스페인 바르셀로나

유치원과 중·고등학교 구역으로 나뉜 이 현대적인 학교는 마치 건축가들의 어깨 너머로 흘낏 넘겨다본 것처럼 고대 그리스의 아고라 광장이나 시장통 같은 도시 풍경을 훌륭하게 재연해 놓았다. 혼성 모방이 아니다. 광장, 테라스, 계단 등으로 여러 부속건물이 연결되어 도심의 축소 모형을 연상시킨다. 상징은 단순하고 성공적이다. 아이들이 한 학년씩 높아지면 그리스 극장의 관람석 난을 본뜬 계단을 따라 위로 올라가는데, 학교의 배경 구실을 하는 언덕의 정상은 다다라야 할 목표를 상징한다.

건물들 자체가 엄밀한 기하학적 구성을 이루고, 엄격한 설계와 합리적이고 멋있는 건축 방식은 광장이나 계단, 주위의 경관 등과 잘 어울린다. 1974년에 독재자 프랑코가 죽은 뒤 바르셀로나의 물질적·문화적 재건을 책임졌던 오리올 보히가스(1925~)는 뛰어난 재능을 지닌 도시계획가다. 조셉 마르토렐(1925~)과 스코틀랜드 출신의 데이비드 매카이(1933~)가 이 작업에 동참했다. 보히가스는 1981년부터 바르셀로나 시의 자문관을 맡고 있다.

킴벨 미술관 Kimbell Art Gallery

루이스 칸, 1972, 미국 텍사스 포트워스

"미술관에서 가장 먼저 하고 싶은 것은 커피 한 잔을 마시는 일이다. 금방 지치기 때문이다." 우리들 대부분과 마찬가지로 루이스 칸(1901~1974)도 진기한 것들이 가득 찬 큰 미술관에서 이런 생각을 했다. 어깨가 아파 오고, 피로가 몰려오며, 반드시 봤어야 할 섬세한 것들을 놓치지 않았나 하는 죄책감이 든다. 그리고 어디에든 앉아서 커피라도 한 잔 하고 싶어진다. 이 미술관의 카페는 세계 최고다. 칸은 이 카페를 미술관과 같은 수준으로 만들었다. 1904년에 미국에 정착한 가난한 유대인 부모에게서 태어난, 아주 지적이고 세련된 건축가의 작품이다. 칸은 미스나 르 코르뷔지에 만큼 천재적이었지만, 그의 건축은 영웅적인 규모일 때조차 따뜻하고 마음을 끄는 구석이 있다. 킴벨 미술관은 작은 규모에 속한다. 통 모양의 돔 지붕이 있는 건물이 정원과 안마당으로 연결되며, 섬세하고 부드러운 자연광으로 밝혀진다. 자재는 최고급품을 썼다. 미국의 부유한 후원자(이 미술관의 후원자는 케이와 벨마 킴벨)들이 유럽의 건축가들은 꿈만 꿀 수 있을 정도의 수준을 건축가에게 허용했기 때문에 가능한 일이었다. 칸이 자기가 지은 건물 가운데 가장 좋아하던 건물이다. 그가 자부심을 가질 만하다.

윌리스 파버 앤드 뒤마 Willis Faber and Dumas

포스터 연합, 1975, 영국 서퍽 입스위치

이 맵시 있는 사무실 건물이 고요한 영국 남부의 시골 도시 입스위치 한복판에 자리 잡은 것이 여전히 놀라움으로 다가온다. 낮에는 칠흑 같은 검은 유리 때문에 안이 전혀 들여다보이지 않는 건물이 스핑크스처럼 조용하다. 해가 지면 내부 구조가 서서히 나타나고, 이음새 없는 큰 창에 반사되던 외부의 모습들은 자취를 감추기 시작한다. 매일 벌어지는 이런 볼거리 덕에 윌리스 파버 빌딩(뒤마는 최근 이 보험회사에서 떨어져 나갔다.)은 처음 문을 연 때부터 이 도시에서 흥미로운 곳이 되었다. 그래서 지은 지 30년은 되어야 한다는 규정에 못 미쳤는데도 역사적·건축적으로 중요한 건물로 기록되었다. 노먼 포스터의 명성이 이렇게 높다.

디자이너 알라이아의 옷 같은 외장이 건물에서 가장 매혹적인 부분이다. 3층 높이의 로비, 승강기 대신 설치되어 천천히 움직이는 에스컬레이터 등은 직원들을 위해 열린 회의용 사무 공간 같은 느낌을 준다. 바로 앞의 포장도로와 입을 맞추듯 닿아 있는 깨끗한 유리막 바깥의 모습을 즐길 수 없도록 사무실은 안쪽을 향해 배치되었다. 그러나 직원들은 이른 아침에 지하 수영장에서 즐길 수 있고, 완벽하게 관리되고 있는 옥상 잔디밭을 이용할 수도 있다.

국립극장 National Theatre

데니스 래스던, 1975, 영국 런던

래스던은 늘 이 건물을 테라스 시리즈나 건축적 단층이라고 불렀는데, 수긍이 가는 말이다. 바깥에서 보면 산처럼 생긴 콘크리트 건물이 공공위락시설보다는 모습을 일부만 드러낸 고고학적 유적처럼 보인다. 도심 속에서 등산이라도 하듯 높이 솟은 테라스에서 보면 성 폴 대성당이나 런던 로이드 빌딩(363쪽) 같은 다른 첨탑들이 있는 광경이 특히 볼 만하다. 국립극장을 바라보는 이런 흥미로운 시각들 덕분에 오랜 산고 끝에 1975년 완성된 이래 대중의 사랑을 받아 왔다. 내부 구조도 아주 인기가 좋다. 끔찍한 카펫만 제외한다면 세 개의 극장은 최고이며 로비도 즐길 만하다. 영국 사람들이 공공건물에 강박적으로 카펫을 까는 이유는 수수께끼로 남아 있다.

국립극장은 워털루 다리와 나란히 놓여 아름다운 템스 강변을 더욱 돋보이게 한다. 건물 대부분을 전천후 콘크리트로 만들었고, 거칠게 보이지 않도록 고급 자재를 사용했으며, 햇빛이나 야간 조명의 효과를 극대화하기 위해 수평판과 수직판들을 흥미롭게 활용했다. 건물 뒤쪽 면은 강물이 보여 주는 극적 요소에 어떻게 대처해야 할지를 래스던이 잊었는지, 지극히 기능적이고 밋밋하게 처리되었다.

학생 숙소 Student Housing

뤼시앵 크롤, 1975, 벨기에 루뱅가톨릭대학교

펑크가 기승을 부리던 때에 지어졌다. 당시의 주류 건축들처럼 이해에 그가 완성한 루뱅대학 캠퍼스가 펑키적인 것은 사실이지만, 뤼시앵 크롤(1927~)이 섹스 피스톨(영국의 펑크 그룹―옮긴이)의 팬이었다는 사실은 아주 뜻밖이다.

브뤼셀에서 태어나 거기서 교육받은 크롤은 당시에 많이 얘기되긴 했지만 실제로는 별로 실행되지 않았던, 건축의 공공 참여를 열렬히 신봉하였다. 그는 건물을 실제로 사용하는 사람들이 건축가와 함께 건물을 만들어야 한다고 믿었다. 이 건물의 경우, 입주자인 의과대학 교수진과 학생들이 함께해 기대 이상의 놀라운 성공을 이루었다.

단정치 못한 펑크풍의 건물이지만, 같은 시기에 영국에서 건축가가 장난감 도시나 만화책에 나오는 형태나 세부 구조로 자신이 원하는 바를 사용자에게 은근히 강요하여 만들어 낸 가짜 '공동체' 건축과는 전혀 달랐다.

크롤은 학생과 교수들에게 필요한 것과 원하는 것을 말하게 하여 여러 갈래의 실들로 느슨한 형태의 건축적 옷감을 짰다. 좀 이상한 정원, 계단, 불쑥 튀어나온 옥상과 지붕 테라스들이 이곳저곳에 흩어져 있다. 이 모두가 사용자들의 희망을 표현한 것이며 건축가들의 단정한 요구와는 배치되는 점이 많았다.

칼만 주택 Kalman House

루이지 스노치, 1976, 스위스 티치노

티치노 건축가 그룹에 속해 있는 루이지 스노치(1932~)는 입체파나 르 코르뷔지에뿐만 아니라 건물이 세워질 장소나 경관의 영향을 받아 합리적이고 낭만적인 건축을 추구한 건축가였다. 호수와 산으로 둘러싸인 아름다운 지역의 특성 때문에 그곳에 집을 지을 때 노동력의 부족이 문제가 될 수 있었지만, 티치노의 건축가들은 그런 것을 자연스러운 도전으로 받아들였다.

단순한 콘크리트 상자 모양의 칼만 하우스는 경사진 언덕에 극적으로 솟았다. 엄정한 기하학을 시도했고 최소한의 자재와 색깔을 사용했는데, 여기에 핵심이 있다. 주위의 경관이 집과 그 안에 사는 사람들이 필요로 하는 모든 색깔과 장식을 제공하는 것이다. 주변 경관과 집 사이의 특별한 관계는 집 주위에 있는 작은 별관 건물과 연결되는 다리에 의해 강조된다. 칼만 가족들은 이곳에 앉아 먼 산을 건너다보거나 호수나 계곡으로 떨어지는 해를 바라보기도 한다. 그 밖에 비교적 극적인 느낌이 덜한 곳은 아주 냉정하고 논리적이며 지적이고 철저히 계산되었다. 건축가는 건물의 수학적 구조와 로코코적인 자연을 대조시키면서 빈틈 없는 게임을 하는 것이다.

바이커 월 Byker Wall

랠프 어스킨, 1979, 영국 뉴캐슬어폰타인

바이커 월은 거짓에 기초를 두고 있다. 하지만 이 집을 지은 유명한 영국계 스웨덴 건축가 랠프 어스킨(1914~)의 탓은 아니다. 원래 뉴캐슬의 노동자 지역인 바이커를 자동차도로가 횡단하기로 되어 있었고, 이 낙후된 지역의 사기를 드높이기 위해 자동차 소음을 차단하는 시설과 함께 새 주거 단지 건설이 계획되었다. 그러나 유명한 뉴캐슬 의회 부정 사건으로 의원들이 밀려나고 구속되는 사태가 발생하여, 어스킨은 처음에 계획했던 대로 '벽'을 설계할 필요가 없어졌다. 그럼에도 불구하고 이 지방자치단체의 주거 단지는 금방 인기가 높아져서 유명해졌다.

격식이 없는 아파트와 주택의 외벽은 단정치 못한 형태로나마 더 작은 건물들과 개인 주택들을 다정하게 감싸안는다. 길이가 1킬로미터에 이르고 가장 높은 곳은 8층 높이까지 솟아 있다. 아늑하고 잘 보호된 도심 마을이 만들어졌다. 어스킨은 설계와 배치에 관한 주민들의 주문에 귀를 기울였고, 여러 잡동사니를 한데 모으거나 기발한 것과는 거리가 먼, 대중을 위한 건물을 만들었다. 새프런 월든에서 태어나 퀘이커교도로 교육받은 그는 1939년에 스웨덴으로 갔다. 1998년에는 런던 그리니치 반도에 세워질 생태학적 신도시 밀레니엄 빌리지의 건축가로 선정되었다.

아테나움 방문객 센터 Atheneum Visitor Center

리처드 마이어, 1979, 미국 인디애나 하모니

마이어는 1970년대에 돈 많은 뉴잉글랜드 사람들을 위해 고상하고 아름다운 흰색 빌라들을 많이 지었다. 1980년대에는 세계여행에 나섰는데, 이 시기에 인상적인 미술관 두 개를 지었다. 회고 산뜻하며 완벽한 그의 양식은 국제적인 명성을 얻기에 충분했다. 빌라와 미술관 사이에 인디애나 하모니 공동체를 위해 지은 빛나는 방문객 센터가 자리 잡았다.

마이어가 지은 첫 공공건물인데 의심할 바 없이 조화롭다. 청결한 잔디 위에 세워져 완벽한 사회 질서를 암시한다. 마이어의 건물들은 사진에서 보이는 것처럼 사람을 당황케 한다. 잔디는 늘 파랗고 건물은 드라이클리닝을 막 끝낸 것처럼 깨끗하다. 강의동을 중심에 두고 세 개 층의 객실이 매우 유기적인 경사 복도, 외부 계단, 다리 등으로 연결되어 있다. 마이어는 고전적인 흰 상자형을 채용하고 그것들을 구획하면서 원래 내부에 들어가야 할 것들, 이를테면 계단 같은 것을 밖에 설치하는 방식을 썼다. 벽을 상자에서 떨어지게 배치해 잔디 쪽으로 내밀린 막처럼 보이게 만들어서 접근하기가 더 쉬워졌다. 여기저기 힘을 가하면 건물 전체를 곧게 펼 수 있을 것처럼 보인다. 민주주의와 질서를 동시에 나타내는 훌륭한 착상이다.

바비컨 센터 Barbican Centre

체임벌린·파웰·본, 1979, 영국 런던

이 대단한 주택 단지 개발은 25년에 걸쳐 이루어졌다. 높은 조각 탑으로 꼭대기를 장식했고, 단단한 콘크리트로 된 거대한 성채와 같은 무시무시한 외관이다. 그러나 이곳은 임대료가 싼 공공 주거 단지가 아니라 런던 시의 전문 직업인들이 모여 사는 고급 주택지다. 실제로 런던 시내 상주인구 거의 전부가 여기에 산다.

바비컨은 아주 높은 기준에 맞춰 건설되었고 입주자들의 불만은 거의 없다. 안내인이나 나침반 없이는 들어갈 엄두를 내지 말아야 한다. 일단 안으로 발을 들여 놓으면 익숙지 않은 방문자는 미로 같은 보도와 마주치고 어디로 가야 할지 몰라 헤매게 된다. 실제로 이 길들은 광장, 안마당, 정원 들과 복합적으로 연결되어 있다. 가만히 들여다보면 감각적이고 매력적인 곳이다. 여러 곳의 수상 정원과 폭포, 중세의 교구 교회, 한때 옛 런던을 구획지었던 로마 시대의 성벽, 우수한 여학교와 아트센터 등이 넓은 경계 안에 들어 있어서 부드러운 느낌을 선사한다.

이 건물을 의뢰받기 직전에 이들 건축가들은 바비컨과 나란히 놓인 밝고 기운찬 골든레인 주택 단지를 건설했다. 골든레인 쪽이 개방적이고 대화를 원하는 모습인데 바비컨은 초연히 침묵하는 모습이라 대조적이다.

알렉산드라 로드 주택 단지 Alexandra Road Housing

캠던 건축가분과, 1979, 영국 런던

마지막 도전적 시도인 알렉산드라 로드는 1950년대 이래 영국 건축의 쟁점이 되어 온 거대 콘크리트 건물로 이루어진 런던 자치단체 주택 프로젝트의 종말을 고하는 작업이었다. 자동차가 없는 두 개의 거리로 이루어져 있는데, 그 중에 하나는 런던과 스코틀랜드를 바쁘게 오가는 전철과 평행으로 달린다. 강력하고 놀라운 경험을 선사한다. 이 프로젝트를 뒷받침하는 개념은 합리적이지만 비인간적이다. 이 거리에 살면 주택단지의 구체적이고 통제 가능한 콘크리트 건물을 벗어난 세계에 대해서는 상관하지 않게 되는 경험을 한다. 이곳의 인구밀도(10제곱킬로미터당 약 500명)는 미국이나 영국의 평균보다 높지만 유럽과는 비슷하다. 이론적으로는 괜찮지만 실제로는 기차 소음을 막기 위해 안쪽으로 은둔하는 형식으로 지어졌기 때문에 더 비좁다. 거리 아래쪽 으스스한 미로 안에 주차장이 있다.

캠던 건축가분과는 이런 설계의 마지막 보루였다. 이 건축가들은 장대한 근대주의를 위해 이 마지막 참호를 방어하려 했지만 마침내 종말을 고했고 사람들은 안도의 한숨을 내쉬었다.

훔베르투스 하우스 Humbertus House

알도 반 에이크, 1980, 네덜란드 암스테르담

이 다채로운 색깔의 도회 건물은 한부모와 그 아이들을 위한 보금자리다. 공식적인 언급으로 들린다면, 이것이 20세기 후반에 네덜란드의 강력한 사회복지 정책을 표상하는 내용이기 때문일 것이다. 이 건물이 지어질 즈음에 유럽은 핵가족(부모와 평균 2.4명의 아이들)이 깨어지고 한부모가족 사회로 들어서고 있었다. 이런 경향이 현실화할 조짐이 보이자, 지방정부나 시 당국은 서구 사회 속에서 오랫동안 조금씩 드러난 자연스러운 변화로 여기기보다는 하나의 문제로 인식했다.

6층으로 지은 훔베르투스 하우스는 다양한 자재로 만들어진 밝은 색깔의 건물이다. 서로 엇갈리게 맞추어진 블록, 안마당과 옥상 정원, 역사적인 모델에서 따온 환기가 잘 되는 큰 창, 정자와 통로 등을 복합적으로 갖추고 있다. 건물의 이런 비정형성은 지극한 근대주의 건축가의 열정적인 설계에 따른 것이다. 이 복합 건물은, 내부에 조그만 도로와 광장이 있는 공공건물의 개념을 품은 반 에이크의 열정에 뿌리를 둔다.

제록스 센터 Xerox Center

헬무트 얀, 1980, 미국 일리노이 시카고

매끄러운 외관의 제록스 센터는 미스 반 데어 로에의 1921년 유리 타워 프로젝트 개념과 아주 가깝다. 시카고 시가지 위로 이음새 없이 솟은 45층 건물로 침묵 속에 번쩍거리며 서 있다. 알루미늄과 유리로 된 건물 표면이 두 개의 도로가 교차하는 지점을 빈틈이 없을 정도로 빽빽하게 감싸안고 있다. 이런 건물에 대한 개념이 생긴 이후 60년 만에, 그 개념이 고갈되거나 진부해지지 않고도 최대한 멀리까지 간 건물이다. 멋진 얀(1940~)은 거기에다 할 말을 충분히 남겨 놓았다.

미스와 마찬가지로 얀도 독일에서 태어나 거기서 교육받았는데, 미스가 캠퍼스를 설계하고 가르치고 있던 일리노이 공과대학에서 공부하려고 1965년에서 그 이듬해 사이에 시카고로 왔다. 1967년에 시카고의 C. F. 머피 사에 들어갔고 1983년에는 수석설계사로서 이 회사를 인수했다.

얀은 현재 하버드대학교에서 가르치고 있다. 그의 건물들은 거대한 규모에 단순한 기하학적 형태를 보이는 게 특징이다. 시카고의 일리노이 주 센터처럼 거대한 직육면체 상자 구조에 경사진 유리 원통이 가로지른 형태 같은 것이다. 능란하게 통제된 방식 아래 대단히 인상적인 모습을 보여 주지만, 이런 접근 방식은 오래지 않아 끝날 것임을 쉽게 알 수 있다.

코시노 주택 Koshino House

안도 다다오, 1981, 일본 효고 아시야

서양인의 눈에는 이 코시노 주택이 수도원처럼 보인다. 안마당으로 나누어지고 지하 복도로 연결된 부속건물 두 채가 있다. 한쪽 건물에는 수도승 방 같은 아이들 침실 여섯 개가 나란히 들어 있다. 다른쪽 건물에는 부부 침실, 거실, 주방이 있다. 둘 다 꾸밈없는 콘크리트 건물인데 마감 솜씨와 마술적인 조명이 일품이다.

안도 다다오는 20세기 후반의 아주 훌륭한 건축가 가운데 한 사람이다. 그의 주택들은 극히 단순하며 대개의 경우 콘크리트 블록과 슬래브로 만들어졌다. 오로지 콘크리트만으로 이루어져 있지만 안도의 손을 거치면 아름다운 재료가 된다. 르 코르뷔지에가 그랬던 것처럼, 안도는 흔히 잘못 알고 있는 이 깊이 있는 재료에 어떻게 하면 가장 효과적으로 햇빛을 비출 수 있는가를 알고 있다. 코시노 주택의 벽을 비스듬히 비추는 햇빛을 보면, 그림이든 벽지든 어떤 종류의 장식도 필요치 않음을 알게 된다.

안도의 특별한 미적 감각은 타고난 것임에 틀림없다. '불가촉천민' 출신의 노동자 계층에서 태어나, 건축을 배우기 전에는 권투선수 생활을 했다. 정식으로 건축 교육을 받은 적이 없었기에 일본 건축계는 오랫동안 그의 재능을 무시해 왔다. 그러나 현재 그는 일본 최고의 건축가다.

메디치 주택 Medici House

마리오 보타, 1982, 스위스 티치노

보타의 이 둥근 집은 접근하는 방향에 따라서 중세 기사의 커다란 투구처럼 보이기도 하고 약병처럼 보이기도 한다. 모든 둥근 건물들이 그렇듯이 신비한 느낌을 주지만, 건축의 기본 요소를 열정적으로 표현하는 훌륭한 가정집이다. 보타는 여기서 원통형을 선택하여 좁게 틈을 내고 입구를 만들었다. 내부가 많이 드러나지 않으면서도 단순한 형태와 건축의 기본 요소들을 생기 있게 하는 깊은 그림자를 충분히 연출한 특징적인 구조다. 집에 들어가지 않고도 원통 속으로 걸어 들어갈 수 있고 건물을 가로지르는 아케이드 지붕을 통해 햇빛이 건물 중심부까지 닿는다.

이 시기에 이르기까지 보타는 주로 시골과 작은 도시의 변두리에 집들을 지었다. 그가 지은 첫 도시 건물인 스위스 프리부르크의 슈타츠방크 증축 건물이 메디치 주택과 같은 해에 완공되었다. 그 건물은 그의 후기 도시 건물들과 마찬가지로 지나치게 긴장된 감이 있다. 그가 고향 티치노에 세운 벽돌집들은 많은 세월이 흘렀어도 여전히 훌륭한 작품이다.

예술가의 집과 작업실 Artist's House and Studio

글렌 머커트, 1983, 오스트레일리아 시드니

글렌 머커트는 유쾌하고 지극히 세련되고 주름 잡힌 강철 주택으로 오스트레일리아의 오지를 시드니에 옮겨 놓았다. 어떤 쪽으로 보더라도 훌륭하다. 땅과 떨어져 강철 기둥 위에 서 있는 모습이 미스 반 데어 로에의 판즈워스 하우스(186쪽)와 비슷한 느낌을 주지만, 이는 해충과 목숨을 위협하는 전갈, 갑자기 나타나는 뱀, 초원의 화재 등으로부터 생명을 보호하기 위한 조처다. 땅 위에 떠 있기 때문에 에어컨이라는 깡통이 없어도 시원하게 지낼 수 있다. 주름진 강철의 반사 효과와 함께 나무 가리개를 폭넓게 사용하여 항구 도시의 찌는 듯한 더위를 막았다.

한쪽 끝에 발코니가 잘 자리 잡고 방들이 차례로 배치된 단순한 설계에 따랐다. 머커트가 이 집을 지었을 만해도 시드니 변두리에 있는 이 집은 그야말로 오지에 가까웠으나, 이후 사람들이 점차 도심에서 멀리 떨어진 곳에 별장을 짓기 시작해 이제는 별로 고립되어 있지 않다. 그러나 오스트레일리아 정착민의 과거를 떠올리는 양철 오두막 구조와 근대주의의 결합은 흥미로운 건축으로 남았다. 의미 있는 성취다. 머커트는 인기 있는 건축가가 되어서 이 집에 적용된 주제를 이후 여러 집에서 발전시켰다.

하이 뮤지엄 High Museum

리처드 마이어, 1983, 미국 조지아 애틀랜타

1980년대는 세계의 여러 도시들이 박물관에 거액을 투자하기 시작한 시기였다. 그것이 삶의 질을 높이는 투자이고, 그 질의 척도 중 하나가 문화적 삶의 수준이라는 믿음이 널리 퍼져 있었다. 이런 의미에서 기업이 박물관 건축을 후원하거나 전시회를 개최함으로써 도시에 부드럽게 영향을 미칠 수 있기 때문에 박물관의 인기가 높았다. 예술과 상업 사이에, 미래를 향해 나아가는 기업과 과거를 양육하는 박물관 사이에 암묵적인 호혜관계가 있었던 것이다.

리처드 마이어는 박물관 건설의 새 운동에 혜성과 같은 존재로 세계 여러 곳에 박물관을 지었다. 그 가운데 하이 뮤지엄이 가장 뛰어나다. 경박한 사람들은 박물관이 전시된 예술품들을 과거, 즉 그것들이 일상의 용도로 쓰일 때보다 깨끗하고 빛나게 만들어 훨씬 더 각광받게 하는 커다란 세탁기와 같다고 말할지도 모르겠다. 확실히 미국의 박물관들은 전시품이 얼마나 오래된 것인가에 관계없이 새 물건처럼 보이게 하는 버릇이 있긴 하다. 입방체 세 개와 원통 하나로 구성된 이 건물은, 밝고 온후하며 고상한 동선과 아주 인상적이고 멋진 기품을 자랑한다.

외무부 Ministry of Foreign Affairs

헤닝 라슨, 1984, 사우디아라비아 리야드

유명한 건축 사진가 리처드 브라이언트가 한때 이 번쩍거리는 큰 건물의 경비원들에게 억류된 적이 있다. 그의 조수가 카메라 삼각대로 대리석 바닥을 약간 긁었다는 게 죄목이었다. 이 일은 작은 외교문제로 비화되었고, 런던의 『아키텍추럴 리뷰』 편집진은 이 상황을 널리 전했다. 이 인상적인 건물을 보호하도록 고용된 사람들이 이 건물을 얼마나 존중하는지 알게 하는 대목이다. 이 건물은 서양 건축가가 이슬람과 아랍의 가치를 반영한 근대적 설계의 첫 작품이라는 점에 의의가 있다. 사우디아라비아와 중동에 세워진 많은 건물들은 시시한 만큼이나 냉소적이었다. 헤닝 라슨(1925~)은 정반대로 접근했다. 요새 모양을 한 건물이 전통적인 시장거리를 본떠 만든 내부의 거리를 통해 유쾌하게 건물 중심부로 연결된다. 중심부에는 삼각형의 중앙 홀이 있고 그 주위로 외무부 사무실들이 아홉 개의 작은 안마당을 둘러싸고 배치되어 있다. 으스스한 벽 너머에 꽃 모양으로 벌어진 청사가 있는 셈이다. 자기 나라에서는 거절당한 것들을 부정하게 팔아 치우지 않고, 중동에서 진심으로 설계하는 서양 건축가의 모습을 여기서 볼 수 있다.

사치 컬렉션 Saatchi Collection

막스 고든, 1985, 영국 런던 세인트 존스 우드

찰스 사치는 카드 게임과 자동차 경주를 즐기고, 광고 세계에서 영감을 얻은 현대 미술품과 앞으로 광고로 전환될 수 있을 미술품들을 수집한 광고인이다. 그가 좋아해서 구입하고 옹호한 미술품들은 1988년 런던 남부의 골드스미스대학이 배출한, 다미엔 허스트가 선봉에 선 일단의 젊은 화가들의 새로운 물결에 의해 성황을 이루기 시작한다. 허스트는 소금에 절인 물, 피, 정액 등 위험하고 도발적인 물질을 써서 예술의 이름으로 해낼 수 있는 일들을 보여 주었다.

사치는 냉혹하고 혐오스럽기도 한 자신의 전리품들(거절할 수 없는 조건을 걸어 젊은 신인의 작품을 단 한 번에 몽땅 사들이곤 했다.)을 깨끗하고 순수하며 밝고 흰 갤러리에 전시하는 천재성을 발휘했다. 그는 우선 런던 교외의 가장 부자 동네에서 치장 벽토를 바른 차고를 하나 사서, 스코틀랜드 출신으로 뉴욕에서 자리 잡은 막스 고든(1931~1990)에게 개조를 의뢰했다. 막스는 여기에다 벽에 흰 페인트를 칠한 것 외에는 손을 대지 않은 것처럼 보이게 하는 천재성을 발휘했다. 이런 점에서 그는 포순과 클라우디오 실베스트린(264쪽)이 포함된 건축가 그룹과 부분적인 공감대를 이룬다. 그들은 1980년대 중반 이후 맵시 있는 화랑 설계에서 시작된 금욕적이고 미니멀리즘적인 건축으로 명성을 얻었다.

홍콩상하이은행(HSBC) Hong Kong and Shanghai Bank

포스터 연합, 1986, 홍콩 중앙지구

영국 하이테크 기술의 최고봉이자 신격화된 인물인 노먼 포스터가 영국의 직할 식민지였던 곳에 만든 이 거대한 은행 본부 건물은 엄청난 건설비용으로 가장 기억에 남는 곳이다. 사람들의 기억으로는 말 그대로 역사상 가장 비싼 건물이다. 아마 그럴 것이다. 그때 이후로 만들어진 건물들에 이 미심쩍은 기록이 전해졌고 포스터의 중기 걸작들은 비용과는 관계없이 편하게 바라볼 수 있게 되었다.

더 많은 이익을 내는 새 건물을 짓기 위해 아주 웅장한 건물도 철거하는 왕성한 기질을 가진 도시에서, 또 은행이 완공된 지 겨우 11년 뒤에 공산국가인 중국으로 반환된 도시에서 자신감과 영속성을 상징하는 중요한 건물이다. 강철로 만들어진 이 돈 버는 기계는 각 층을 떠받치는 버팀대와 사다리 모양의 기둥 여덟 개로 지탱되고 있다. 바닥 층은 아주 단순하고 거칠 것이 없다. 승강기, 계단, 화장실은 한쪽 모퉁이로 몰아 놓았다. 자연광이 멋지게 들어오는 인상적인 로비는, 기묘하고 기계 같은 건물 외관에서는 생각할 수 없는 극적이고 생동감 있는 차원을 보여 주면서 건물의 중심부로 곧장 이어진다. 거의 모든 자재들이 주문 생산되었다. 아주 멋지고 아주 인상적이다.

드 메닐 컬렉션 De Menil Collection

렌조 피아노·빌딩 워크숍, 1986, 미국 텍사스 휴스턴

1980년대 새로 지은 박물관과 갤러리 중에서 걸작에 속하는 드 메닐 컬렉션은 가장 겉치레가 없는 건물이라 할 수 있다. 건물의 전체를 구성하고 차양막 구실을 하는 정교한 콘크리트 '잎'을 기본 부품으로 하여 형태와 구조가 만들어졌다. 휴스턴의 무더위 속에서는 이 구조를 통해 하루 종일 위에서 자연스러운 햇빛이 비친다. 이 콘크리트 잎들은 직사광선이 들어오지 못하도록 각도가 설계된 단순한 강철 프레임에 매달려 있다. 피아노의 후원자인 도미니크 드 메닐은 그녀가 수집한 민속 예술품들을 자연광으로 비출 것을 고집했다. 더 많은 빛이 필요할 경우, 이 잎에 집중광선을 쏘아서 해결했다.

나머지 구조는 간단했다. 전천후 벽재를 외부 구조 프레임에 끼워 미술관을 빙 둘러 차양막 구실을 하게 했다. 내부는 나무가 무성하게 심어진 안마당 외에는 모든 것이 단순하게 설계되었다. 에어컨도 없다. 이 사치품은 지붕 위에 있는 '보물창고'(수집품 보관소)에만 설치되었다. 건축적인 과장이 법칙처럼 되어 있는 이 도시에서 드 메닐 컬렉션은 유쾌함을 주는 곳이다. 피아노가 만든 '부드러운 기계들' 가운데 가장 부드러운 것이다.

오르세 미술관 Musée d'Orsay

가에 아울렌티, 1987, 프랑스 파리

센 강둑을 우아하게 만드는 오르세 역은 이용객이 많지 않지만 언제 보아도 예뻤다. 1900년부터 빅토르 랄루가 만든 것이다. 꼭 75년 뒤 조르주 퐁피두 대통령이 이 역을 미술관으로 개조하기로 결정했고 그대로 만들었다. 재개발 설계공모에서 1등을 한 ACT 그룹이 전체 기본 구조를 맡았고, 2등이었던 밀라노 건축가 가에 아울렌티가 눈길을 사로잡는 내부 구조를 만들었다.

다행히도 외장은 랄루가 만든 형태와 장식을 그대로 유지하고 있다. 아울렌티가 만든 내부 구조는 단순하고 아주 인상적이다. 공작부인과 같은 옛 건물을 가능한 한 덜 건드렸다는 느낌을 관람객들에게 주려고, 아울렌티는 기본적이고 우아한 전시 공간 외에 다른 것은 설치하지 않았다. 이는 아주 훌륭한 결과를 낳았다. 옛 역이 가졌던 뛰어난 내장에서 어느 한 군데 손상된 곳이 없다. 관람객들은 한때 선로였던 곳을 이리저리 걸으며 단순한 사원 모양의 전시관들로 이동하면서 여러 시대의 그림과 미술 오브제들을 바라본다. 현대적인 벽에 걸려 오점 없는 프랑스 역사를 과장되게 전하는 큰 화폭들을 지나 랄루의 놀라운 돔 배경 앞에 서면 이 내부 장식의 진수를 맛볼 수 있다.

하이솔라 연구소 Hysolar Research Institute

베니쉬와 동료들, 1987, 독일 슈투트가르트

귄터 베니쉬(1922~)는 1972년 뮌헨 올림픽에서 공학자 프라이 오토와 함께 놀라운 천막들을 만들었다. 15년 뒤, 작고 많이 알려지지는 않았지만 대담하기는 마찬가지인 이 구조물을 만들었다. 슈투트가르트대학에 속한 하이솔라 연구소는 태양 에너지로부터 수소를 만드는 연구를 위해 지어졌다. 복잡하고 수수께끼 같은 연구 과정이 베니쉬가 만든 이 기분 좋은 건물에 반영되었다. 실험 같은 건축이다. 재미있는 각도, 희한하게 끼운 유리, 이상한 각도로 만나는 건물 구조 등이 장난처럼 보이기도 하지만 견실하게 기능한다. 일급비밀의 실험을 수행하느라 강철 프레임의 유리창 안쪽에서 흰 가운을 입고 부지런히 일에 열중한 교수들의 모습이 선하게 떠오르는 건물이다.

필립 존슨이 뉴욕 현대미술관에서 〈해체주의 건축전〉을 열기 1년 전에 완성된 건물이다. 베니쉬가 동의하든 안 하든 간에, 변덕스런 탈근대주의에 지치고 뺀질거리는 전면을 가진 밀봉 구조에 지루해진 많은 건축가들의 폭발력(혹은 수소)을 한데 모아, 모든 것을 산산조각 내 버리고 다시 시작하려는 운동에서 일익을 담당했음에 틀림없다.

마운드 스탠드 Mound Stand

마이클 홉킨스, 1987, 영국 런던 로드 크리켓 경기장

메릴본 크리켓 클럽(MCC)은 영국 남성 우월주의의 마지막 보루처럼 존재해 왔다. 크리켓 채가 가죽 공을 후려치고 마이클 홉킨스가 관객과 조는 사람들을 위해 인상적인 스탠드를 만들고 있는 동안에도, 저 유명한 로드관에서는 적포도주나 샴페인에 반쯤 취해 불쾌해진 얼굴의 바보들이 여름 오후를 코를 골며 보내고 있었다. 이 MCC가 당대에 가장 좋은 그리고 인기 높은 건물을 발주했다는 사실은 참 희한한 일이다. 뉘우침이라곤 모르는 이 고루한 클럽이 두 번이나 홉킨스에게 부탁을 했고, 근대를 향해 한 걸음 더 나아가 니콜라스 그림쇼(376쪽)와 퓨처 시스템을 끼어 들였다는 사실은 놀라운 일이다. 어쨌든 그날 이후, 반쯤 취해 불쾌해진 얼굴의 바보들은 경기 시간 내내 홉킨스가 만든 마운드 스탠드의 흰 천막 아래에서 코를 골 수 있었다.

건물은 기존에 있던 벽돌 아케이드 위에 만들었는데, 경기장 측면에 여섯 개의 기둥으로 고정시켰다. 기둥이 경기 관람에는 전혀 지장을 주지 않도록 배치되어 마음껏 경기를 즐길 수 있다. 스탠드에는 멋진 통유리로 된 응접실이 따로 마련되어 있어서 파나마 모자나 운동복 상의가 아닌 정장을 입은 남자들이 경기는 아랑곳하지 않고 맥주에 흠뻑 취할 수 있다.

아랍 연구소 L'Institut du Monde Arabe

장 누벨, 1987, 프랑스 파리

근대주의 건축에 회의적인 사람들은 회유하고, 근대주의 디자인의 교육을 받아 거기에 그다지 반감을 느끼지 않은 사람들은 열광케 한 건물이다. 많은 건축계 인사들이 1980년대 후반에 대중들의 감각에 무언가 변화가 생겼음을 느끼고는 있었지만, 이런 주장은 사실 대담한 것이다. 근대주의 건축이 더는 맞붙어 싸워야 할 마귀가 아니고, 박사학위 소지자만이 이해할 수 있는 어려운 것이 아니었다. 즐기고 대화하고 읽을 수도 있는 친근한 것이 되었다.

장 누벨(1941~)은 인기 있고 틀을 깨는 건축의 대가다. 아랍 연구소는 미테랑 대통령이 파리에서 시작한 대규모 프로젝트 가운데 하나다. 센 강둑의 한쪽 편에 두 개의 건물이 교차해 있다. 하나는 강물을 바라보면서 휘어진 구조이고, 다른 하나는 남쪽을 향한 직사각형의 구조다. 두 건물 사이에는 안뜰이 있다. 안에서는 다양한 문화 행사가 이루어지며 식당이 하나 있다. 사람들의 발길을 멈추게 하는 것은 남쪽 외관인 유리벽이다. 유리판들 사이에 있는 이슬람 문양의 절묘한 금속 칸막이가 연구소로 들어오는 사람들의 눈을 밝기에 맞춰 조절하는 것처럼 조리개 역할을 한다. 예술과 건축, 새로운 건축 기술이 힘을 모아 서로를 강화한 좋은 예로서 걸작이다.

물의 교회 Church on the Water

안도 다다오, 1988, 일본 홋카이도 토마무

안도는 최소의 재료로 최대의 건축을 만들어 낸다. 물의 교회는 동쪽 끝에 서 있는 큰 유리벽 너머로 계절의 변화가 드러나게 하여 효과와 분위기를 극대화했다. 이 고장은 계절 변화가 뚜렷하다. 겨울에는 눈이 많이 내리고 창을 통해 보이는 연못은 완전히 얼어붙는다. 여름이면 하늘은 맑고 공기는 무덥다. 이 계절에는 유리벽이 아래로 내려가고 기운차고 생생한 자연을 배경으로 예배를 드린다. 그리스도의 십자가는 사계절 내내 거기 서 있다.

회중의 주의를 집중시키는 이런 방식은 참으로 효과적이다. 실제로 콘크리트 상자형의 이 단순한 건물에서 다른 것들은 아주 평범하다. 안도의 건축은 구조상으로나 장식적으로 꼭 필요한 것만 제공한다. 어떤 특별하고 감각적인 것을 갈망하는 눈으로 건축을 즐기기보다는 자연스럽게 느끼도록 함께 어울리는 모든 감각들, 빛과 그림자의 운동, 질감 등을 통해 효과와 힘을 얻는다.

모든 시대를 통틀어 이렇게 해낼 수 있는 건축가는 거의 없었다. 속임수를 쓴 일이 없다. 안도는 본능적으로 알고 있었겠지만, 공간, 평온함 그리고 기온과 정서와 주위환경에서 미묘한 변화를 감지하는 인간의 감수성에 대한 자연스런 느낌만이 필요했다. 훌륭한 천재성이 있는 건축이며, 시간을 초월하는 건축이다.

그랑드 아르슈 La Grande Arche

요한 오토 폰 슈프레켈젠, 1990, 프랑스 파리 라 데팡스

폰 슈프레켈젠이 만든 현대판 개선문으로 크고 추상적이며 익명인 이 건물은, 콩코르드 광장에서 시작하여 샹젤리제를 따라 에투알을 통과하고 사무실과 기업 본부들이 산을 이룬 라 데팡스에 이르는 파리의 서쪽 끝까지 통하는 웅장한 축의 한 끝을 이룬다. 고요하게 보이는 이 건물의 계단에서 바라보면 개선문과 일직선을 이루고 있음을 알 수 있다. 건물 안쪽으로 난 커다란 구멍을 관통하는 승강기를 타고 꼭대기에 오르면, 파리가 한눈에 들어온다.

바스티유와 프랑스 혁명 200주년을 기리는 기념물로서 의미가 있는 이 아치형 건물은 더 평범한 목적을 가지고 있다. 즉 거대한 흰색 카라라 대리석으로 마감된 벽 안쪽에 35층의 정부 사무실이 들어 있는 것이다. 아치 모양으로 설계된 사무실은 남과 북으로 안쪽의 큰 구멍 쪽을 향하게 되어 있는데(일하는 위치에 따라 다르겠지만), 파리의 유혹적인 경관이 관료들의 컨디션을 방해하지 못하게 하려는 의도인 듯 동쪽을 볼 수 없게 되었다.

이 아치형 건물은 한 변이 100미터인 안쪽에 구멍이 뚫린 입방체를 기본으로 하고 있다. 1982년에 실시한 공모의 응모작 400점 가운데서 선택된 설계이다. 덴마크 사람인 폰 슈프레켈젠은 그때까지 전혀 알려지지 않은 사람이었다. 그랑드 아르슈를 만드는 데 다른 유럽 국가나 미국의 건축가를 기꺼이 참여시킨 것은 미테랑 정권의 자랑이라 할 수 있다.

이매지네이션 빌딩 Imagination Building

론 헤런, 1990, 영국 런던

아주 조금이긴 하지만 아키그램 (393, 394쪽)의 꿈이 런던 중심부에 있던 에드워드 양식의 5층 높이 붉은 벽돌 건물의 채광용 통로에서 실현되었다. 헤런은 디자인 그룹인 이매지네이션을 위해 전체 건물을 개조했는데, 건물 중심부에 이처럼 멋지고 예기치 않은 방을 만들었다. 방 양쪽의 흰 페인트로 칠한 벽에 창과 문을 새로 만들었고, 작은 구멍들이 난 강철 다리로 위층과 연결하였다. 이런 장치들은 아키그램이 그림에서 늘 약속하던 축제 분위기를 나타낸다. 지붕은 이 지역의 스카이라인에 즐거움을 더하는데, 시속 260킬로미터의 바람에 견딜 수 있도록 설계되었다. 지붕 아래에는 큰 화분과 나무들을 자랑하는 안뜰과 현대적 바로크 분위기의 직원 식당이 있다. 이곳에는 건축가들이 센트럴 비히어(234쪽)나 힐링던 시민 센터(291쪽)에 만들고 싶다고 오랫동안 말했지만 못 만들었던 순수하게 격식 없는 분위기가 조성되어 있다.

이매지네이션 빌딩의 경우 건축주가 건축의 기조를 결정했는데, 전혀 고통스럽지 않고 즐거운 과정이었다. 건축주와 건축가의 사이가 아주 좋아서 헤런은 함께 일하는 두 아들과 함께 여기에 그의 사무실을 냈다.

노이엔도르프 하우스 Neuendorf House

존 포슨 · 클라우디오 실베스트린, 1990, 스페인 마요르카

어느 독일 화상의 예술작품 같은 별장인 노이엔도르프 하우스의 벽에서 대가의 손길을 느낄 수 있다. 햇볕에 그은 높은 치장 벽토의 담으로 둘러싸서 바깥에선 지붕이 보이지 않는다. 돌로 된 계단을 통해 뜰을 가로질러 집에 닿는 구조인데, 계단은 높이 9미터의 벽에 난 좁은 틈새로 이어져 있고 여기서는 마치 원형 경기장 같은 안마당을 볼 수 있다. 돌로 만든 벤치만이 안마당을 양쪽에서 지키고 있다.

건물 중심부에 소박한 식당이 자리한다. 건물의 일부로 설계된 돌로 만든 탁자, 유명한 덴마크 가구 제작자인 한스 베그너가 만든 목조 조각 가구를 제외하고는 아무것도 없다. 다른 방들도 석조 바닥, 나무 벤치, 나무 목욕통, 석조 세면기, 매끄러운 콘크리트 벽 등 비슷한 계통의 재료로 만든 것들이 채우고 있다. 햇빛은 벽에 난 틈새를 통해 비치는데 늘 차분한 상태를 유지한다.

전체 느낌은 현대 조각과 현대적 수도원의 분위기다. 존 포슨이 미니멀리즘 미술 화랑들을 설계하여 명성을 얻은 점과 클라우디오 실베스트린(1954~)이 건축으로 방향을 돌리기 전에 사제나 수사가 되려고 했다는 것을 생각하면, 그리 놀라운 일은 아니다.

물의 사원 Temple on the Water

안도 다다오, 1992, 일본 효고 아와지 섬

마술적 분위기를 지닌 안도의 또 다른 면을 여기서 본다. 오사카 만이 굽어보이는 언덕배기를 파서 만든 이 신곤(眞言) 불교 사원은 아름다운 연꽃이 떠 있는 둥근 고리 모양의 호수 가운데로 난 긴 콘크리트 계단을 통해 다다르게 된다. 조금 떨어져서 보면 승려들이 수련 사이를 걸어 물의 품으로 안기는 것처럼 보인다. 아름다운 기발함이며 아무리 봐도 싫증 나지 않는다. 자재와 설계 모두 단순함을 모토로 삼았다. 외부로 드러난 것은 출입구말고는 달리 해놓은 게 없는 듯이 보인다. 아래로 내려가면 따뜻하고 붉은 통로가 있는 자궁 같은 세상으로 들어가 법당의 타오르는 듯한 색깔과 만나게 된다. 안도가 색 사용에 얼마나 인색한지를 아는 사람은 여기서 매우 놀란다. 붉은색과 오렌지색은 불교에서 성스러운 색으로 통하므로 이유 없이 사용한 것은 아니다.

안도는 이 사원에서 근대주의에 여전히 뿌리를 두면서도 최대한 단순하고 자연과 하나가 될 수 있는 건축을 보여 주었다. 브루스 고프(96쪽)나 허브 그린(105쪽), 임레 마코베츠(112쪽)의 경우처럼 자연을 닮고 자연을 표현하는 건물들이 있다. 그러나 근대적인 건물을 조용히 그리고 존경스런 마음으로 자연의 배경 안에 놓아 자연과 건물이 서로를 강화하도록 하는 것은 또 다른 일이다. 후자의 경우야말로 역사 깊고 가치 있는 일이다. 그리스 사람들은 아테네에서 그렇게 했고, 안도는 2,500년 후 오사카와 가까운 이곳에서 해냈다.

카루소-세인트 존 하우스 Caruso-St John House

애덤 카루소 · 피터 세인트 존, 1994, 영국 런던 하이버리 코너

검약의 예술 카루소 하우스는 헬레네 비네가 찍은 흑백 사진을 통해 많은 팬들을 확보하고 있다. 도살장으로 사용되었던 이 마구간은 아주 적은 돈을 들여 주택으로 개조되었다. 건축가 애덤 카루소(1962~)와 피터 세인트 존(1959~)은 안쪽을 벗겨 낸 후 좁고 높은 이 공간에 약간의 요소를 가미했다. 벗겨 낸 벽을 그대로 두어서 그 자체로 거친 아름다움을 드러내도록 했는데, 햇빛이 분위기를 강조한다. 집 전체에 값싸고 신기하며 즐거운 자재를 썼다. 장식은 가능한 한 배제했다.

가공되지 않은 특성을 지니면서도 시시하거나 초라하지 않다. 이 시기에 탈근대주의 건축가와 디자이너들은 여전히 MDF 보드를 써서 좋지 않은 페인팅 효과를 지닌 대리석을 만들어 내려고 애쓰고 있었다. 카루소와 세인트 존은 이처럼 넝마를 두른 장식주의자들의 접근법에 쐐기를 박았다. 여기서 그들이 증명해 보인 것은 진지한 근대주의 건축이 젊은 사람들의 손아귀에 놓여 있다는 점과 그 건축이 청동 효과를 지닌 전등 스위치나 바닥을 온통 뒤덮은 카펫이 아니라 빛과 공간에 기초를 두고 지어질 경우 오래도록 건실하다는 점이었다. 영리한 개구쟁이 같은 건물이다.

카르티에 재단 Fondation Cartier

장 누벨, 1994, 프랑스 파리

카르티에 재단은 여러 면에서 마치 고급 프랑스 향수처럼 깊고 신비스러운 미술관이다. 거리에서 약간 뒤로 물러나 있으며 거의 투명한 건물인데, 이를 보호하는 스크린 덕에, 건물이 어디서 시작하여 어디서 끝나는지, 어떤 것이 실질적인 건물이고 어떤 것이 빛과 형체 없는 건물의 속임수인지를 분간할 수 없는 즐거움이 있다. 건물 내부에 널리 퍼져 있는 정원과 건물 자체를 분리할 수 없다는 사실에서 이런 꿈같은 효과는 더욱 배가된다. 나무들이 무성하게 자라도록 내버려 두어, 누벨이 설치한 스크린 사이로 잎이 뻗어 나간다. 그 결과 세련된 만큼 인기 있는, 섬세하고 절묘한 건물이 되었다. 이는 위성 텔레비전과 컴퓨터 게임의 시대에 대중을 위한 문화가 반드시 침묵할 필요는 없음을 증명한다. 누벨은 대규모의 근대 건물이 어떻게 하면 밝고 조용하게 대지와 접촉하고, 도시와 만날지에 대해 큰 관심을 가지고 있었다. 당시에 파리 도심의 회색 하늘로 사무용 건물을 형체 없이 솟아오르게 하는 '투르 상 펭(Tour Sans Fins) 1989' 계획이 많이 회자되었지만 실현되지는 못했다.

건축은 아주 무겁고 단조로울 수 있다. 도시에는 그런 것들이 가득하다. 세기의 끝에 서서 발레리나의 몸처럼 가뿐하고 우아한 건물을 만들 수는 없을까? 카르티에 재단이 그 대답이다.

스타인 하우스 Stein House

세스 스타인, 1995, 영국 런던 나이츠브리지

과장되고 허울 좋은 미국 탈근대주의 디자인 양식에 대한 지적이고 심미적인 강한 반발이 20세기의 마지막 10년 동안 영국 건축의 면모를 바꾸었다. 젊은 세대 건축가들은 발터 그로피우스나 바우하우스의 청교도적인 면모에서 벗어나 풍부하고 다채로운 색깔을 띤 덜 소박한 근대 건축을 원했다. 전에 런던의 준공업지대였던 멋진 거리에 눈에 띄지 않게 지은 이 집에서 세스 스타인(1959~)은 정체성을 잃지 않고 20세기의 광범위한 건축 원료들을 조심스럽고 분별 있게 채용해, 내부 정원 개념을 가진 근대적 건물을 만들어 냈다. 르 코르뷔지에와 안도 다다오의 영향을 이곳저곳에서 볼 수 있는데, 루이스 바라간의 영향뿐 아니라 고대 로마나 그 이전의 건축 방식도 엿볼 수 있다. 대담한 색채와 대조적인 자재를 자신감 있게 사용하여, 청교도적인 분위기와는 거리가 멀고 근대주의 운동의 거장들이 추구했던 힘과 평온함을 보여 준다.

리처드 애튼버러 센터 Richard Attenborough Centre

이언 테일러, 1997, 영국 레스터

고 다이애나 황태자비가 문을 연 리처드 애튼버러 장애인 미술 센터는 영국 후원사(後援史)에 획을 그은 건물이다. 황태자비가 장애인을 위한 자선사업을 멋있는 운동으로 만든 것이다. 다이애나가 제공할 수 있는 도움이 필요했던, 사려깊고 우아하며 절제된 이 건물로서는 다행스러운 일이었다. 심한 신체 장애를 가진 사람들을 완전한 예술가로 길러내는 것이 이 센터의 목표였다. 시각장애인에게 조각을 가르치고, 팔이 없는 사람에게 그림을 가르치려면 건물에 특별한 장치들이 필요했다. 이언 테일러는, 비록 의도적으로 그런 것은 아니겠지만 장애인을 위한 다른 건물들처럼 생색만 내는 설계는 하지 않았다. 학생들이 이동할 때 도움을 주기 위해 표면, 음향, 냄새(복도를 레바논 삼나무로 마감하여 좋은 향기가 난다.)가 미묘하게 바뀌도록 했다. 짐짓 자랑하는 분위기는 어디에도 없고(장애인들이 하루 종일 그런 야한 분위기를 바라보고 있어야 하는가), 지붕을 통해 들어오는 햇빛과 그림자의 섬세한 변화로 내부가 가득 찬다. 활용할 수 있는 공간이 다양하고, 부러울 정도의 판단력을 보이는 건물이다. 단순한 마감재로 처리되었고 그 건물의 부분의 합보다 훨씬 기품 있는 근대주의 건축을 구현하였다. 이 건물에서는 영리함보다 섬세함이 우선이다.

로윙 미술관 Museum of Rowing

데이비드 치퍼필드, 1997, 영국 헨리온템스

데이비드 치퍼필드(1954~)는 1980년대에 노먼 포스터를 떠나 자기 사무실을 열면서 초기 근대주의 운동에 확실하게 '경의'를 표하기로 마음먹는다. 많은 근대주의 선구자들이 그랬던 것처럼 전통 일본 건축에서 영향을 받은 치퍼필드는 엄격한 것으로 쉽게 인식되는, 타협 없는 미학을 발전시켰다. 그 미학은 런던이나 도쿄에 그가 만든 가게나 카페에서는 효과적이지만, 대도시를 벗어나면 때로 냉담하게 보인다.

로윙 미술관은 건축가의 감각이 도시계획법의 제한 때문에 위협받은 곳 가운데 하나였지만 결과는 오히려 만족스러웠다. 그때까지 치퍼필드가 의도적으로 피했던 경사 지붕을 채용하지 않으면 안 되었는데, 경사 지붕이 도리어 이 미술관의 매력 포인트가 되었다. 투명한 벽, 내부 구조, 나무 지붕 등의 균형이 꼭 들어맞고 건물이 마치 보트와 보트 창고의 구조를 드러내는 것처럼 보인다. 설계에 대한 규제가 점점 엄격해져서 건축가가 컴퍼스 하나 제대로 땅에 갖다 대지 못하게 되었다. 하지만 오히려 건축가가 멈춰 서고, 보고, 들어서 능란하고 창조적인 작업이 가능해졌다.

영국 도서관 British Library

콜린 세인트 존 윌슨, 1997, 영국 런던

콜린 세인트 존 윌슨(1922~)은 조지 길버트 스콧의 화려한 신고딕식 미들랜드 그랜드호텔과 나란히 붙어 있는 이 붉은 벽돌 건물을 곧잘 알바 알토의 작업과 견주었다. 그는 특히 알토의 뛰어난 세위네트살로 시청 건물(191쪽)을 인용했다. 그러나 적절한 비교가 아니다. 알토의 치밀한 작업은 섬세하며 부드럽고 자연스러워서 보는 이로 하여금 그 섬의 풍광을 느끼게 하는 반면, 이 건물의 외형은 크고 냉정하며 강요하는 분위기로, 단단한 벽돌은 마치 치즈 자르는 철사로 베어 낸 것처럼 보인다. 내부 구조에서는 이를 만회하였는데, 알토의 특성을 따왔으면서도 1910년대와 1920년대 스웨덴이나 핀란드의 시청, 도서관, 철도역들의 아름다움에 더 가까이 다가가 있다. 짓는 데 오래 걸리긴 했지만 건물의 수명이 수백 년은 갈 것 같다. 참나무로 만든 책상과 의자(론 카터 제작)가 아주 단단하고, 벽은 대리석으로 마감되었으며, 무거운 청동으로 만든 문손잡이와 난간에는 가죽이 씌워 있다. 천창이 있는 열람실은 과학 분야와 예술 분야로 나뉘어 공부하도록 만들어졌고 건물 곳곳에 사람들이 모일 장소가 마련되었다. 겉은 어색하지만 속은 아주 아름다운 이 흥미로운 건물의 규모와 용도를 보면, 런던 유스턴 거리로 다시 찾아온 중세의 대수도원이 떠오른다.

거라지 하우스 Garage House

세스 스타인, 1997, 영국 런던 나이츠브리지

1990년대에 되살아난 백색 근대주의 건축가 가운데 최고의 젊은 건축가로 손꼽힐 세스 스타인은 도시 거주자의 새로운 관심사인 자동차 주차 공간을 고려한 상상력이 풍부한 건물들을 지었다. 런던 해러즈 백화점 근처 나이츠브리지의 좁은 부지에 밝고 환기가 잘 되는 이 작은 건물을 억지로 만들어 넣을 당시 주차 공간은 엄청나게 비싼 값으로 거래되고 있었다. 건축주들이 주차장을 원하는 것만큼이나 그는 자동차를 예술작품으로 바라보고 싶어했다.

동의하든 안 하든 간에, 단테 자코사가 1957년에 디자인한 피아트 500은 훌륭한 조각 같은 자동차다. 이 작품이 놓인 자리가 이 집의 자랑거리다. 멋진 리프트 위에 있던 차가 한바탕 질주하기 위해 밖으로 나갔을 때는 거실로 변한다.

고급 롤스로이스 주위에 거실을 만든 스리랑카의 제프리 바와(299쪽)처럼 과거 여러 건축가들이 차고를 겸한 거실을 시도했지만 이렇게 천재적인 방식은 처음이었다. 집의 다른 공간도 작고 현대적인 차처럼 단정하게 꾸며졌다.

1990년대의 새로운 근대주의는 초기 근대주의가 가지고 있던 도덕적 부담감이나 기능성에서 벗어났다. 스타인의 이 작은 집은 엑지스텐츠미니뭄(최소 주거 공간)의 새로운 형태였다. 하지만 노동 계층의 이상적인 주거에 대한 요구와는 아무런 연관이 없다.

집회실 Meeting Room

클라우디오 실베스트린, 1997, 독일 프랑크푸르트 홈브리치 미술 재단

1989년에 베를린 장벽이 무너지기 전까지 옛 서독의 나토 미사일 기지였던 곳에 세워진 홈브리치 미술 재단은 1980년대와 1990년대 여느 부동산 개발업자들과 마찬가지로 현대 미술을 열성적으로 후원하고 작품을 수집하던 어느 개발업자의 고안품이다. 하지만 이 미술 재단에는 좀 더 특별한 것이 있다. 현대 미술을 위한 화랑뿐 아니라 스튜디오와 워크숍 공간이 있고, 머물 수 있는 방들이 있으며, 제빵 시설과 양조 시설, 유기농 농장이 갖추어졌다. 여기에는 전쟁에 내몰린 세계, 손쉽게 돈을 벌 수 있는 건물로 가득 찬 도시, 화학농법에 자리를 내준 농장 들을 바로잡으려는 의도가 있다.

재단 건물의 중심부에 이 집회실(혹은 명상실)이 자리한다. 따뜻한 흰 벽과 석조 바닥과 벤치 위로 떨어지는 아름다운 햇빛말고는 별다른 것이 없는 단순한 구조다. 번영을 누리던 1980년대에 '뱅크푸르트(Bankfurt)'라 불리던 프랑크푸르트의 모든 건물과 정반대에 서 있는 건물이다. 사람들의 말을 멈추게 하고 영혼을 평온하게 만드는 공간 가운데 하나다.

스타인 하우스 Stein House

릭 매더, 1997, 영국 런던 하이게이트

릭 매더는 미국 오리건 주 포틀랜드에서 런던으로 가 주택, 식당, 미술관, 화랑 등 백색 근대주의 건물들을 조용히 지어 온 미국 건축가다. 그의 접근법은 소란스러움, 극적인 요소, 실수 등이 없이 한 건물 한 건물 지으면서 발전되어 왔다. 매더의 이름은 1980년대에 세련된 외식 스타일을 즐기던 사람들 사이에서 런던과 홍콩에 있는 세련된 중국 음식점 '젠(Zen)'을 통해 유명해졌다. 존 손이 만들었던 역사적인 덜리치 화랑이나 런던 중심부의 월리스 컬렉션 등의 증축 공사처럼 섬세하고 어려운 작업을 통해 좋은 건축의 선례를 남겼다. 런던 북부에 있는 이 하얀 유리집 또한 그렇다.

매더의 품질 증명이라 할 수 있는 우아하고 절제된 실수 없는 스타일이 이 건물에서 정밀성, 명료성, 섬세함으로 구현되었다. 조금 더 나아가 거의 신비로운 건물로 승화되었다. 집이나 기계와 닮지 않았기 때문에 '살기 위한 기계'라는 말은 적당치 않다. 이런 의미에서 래더는 수십 년 동안 정련된 초기 근대주의의 언어가 르 코르뷔지에나 바우하우스의 요란한 원음과는 아주 다르게 변한 말로 다시 태어나고 있음을 보여 준다. 무엇보다 아주 적요하다.

러스킨 도서관 Ruskin Library

매코맥-재미슨-프리처드, 1998, 영국 랭커셔 랭커스터

존 러스킨(1819~1900)은 빅토리아 시대의 빛나는 평론가이자 선각자였고, 위대한 영국 화가 J. M.W. 터너의 후원자였으며, 『근대 화가들』과 『건축의 일곱 등불』이란 책으로 유명한 사람이다. 그는 마치 대천사처럼 글을 썼고 구약성서의 예언자 같은 모습을 하고 있었다. 좋지 못한 예술과 건축을 혹평했으며, 영국 노동계층에게 제대로 된 삶과 교육을 제공하지 못하는 빈약한 사회 구조를 비난했다. 이 멋진 백색 도서관은 레이크디스트릭트에 있는 러스킨의 낭만적인 집 브랜트우드에서 그다지 멀지 않은 모어캠 만의 모래밭이 내려다보이는 지점에, 랭커스터대학의 관문처럼 지어졌다. 눈 모양으로 지어졌고(러스킨은 눈과 싸움하듯 늘 세밀히 관찰할 것을 주문했다.) 토스카나에 있는 파르마나 시에나 성당 세례용 물통의 현대판같이 설계되었다. 타원형 건물의 양옆으로 건물 높이만큼 키가 큰 창이 있는데, 한쪽은 입구로 쓰인다. 다른 여러 수집품에서 모은, 러스킨의 글이 담긴 귀중한 책들이 다채롭다. 서가와 내부 구조는 따뜻하고 풍부한 색감의 소재로 마감되어서, 흰색의 수정 같은 벽과 강한 대조를 보인다. 폭풍이 부는 어두운 밤에도 즐겁게 일할 수 있는 곳이다.

월솔 미술관 Walsall Art Gallery

애덤 카루소 · 피터 세인트 존, 1999, 영국 월솔

1980년대와 1990년대 영국의 지방 도시에 세워진 많은 미술관이 문화적인 빈민굴이나 붉은 벽돌의 빅토리아 시대 창고 건물에 자리 잡았다. 회색 테라코타로 마감된 높은 벽이 비가 오나 맑으나 번득거리면서 빛난다. 젊은 건축가들이 그들 나름대로 창의력을 발휘해 만들어 낸 새 작품이란 점에서도 빛나는 건물이다.

월솔 미술관은 새로운 쇼핑 개발지에 자리하고 있어서 미술관 주위에 으레 있을 법한 고급 상점들은 없고, '울워스 체인 스토어'나 '영국 홈 스토어'의 점포들이 있다. 이곳에서는 미술이 문예활동의 중심지로부터 시장으로 내려왔고, 사람들은 토요일 아침 쇼핑이 끝난 후 이 건물 옥상에 있는 식당에서 커피를 즐긴다.

엄밀하게 설계된 이 건물에서 값나가는 것은 거의 없고, 수집품의 성격과 크기에 맞춰 만들어진 창도 불규칙하다. 전시하고 있는 섬세한 물품과 걸맞지 않는 강인함을 보이며 내구성 위주로 설계되었다. 단 하나 즐거운 장식이라면 미술관의 한쪽 면에 인공수로를 만든 것인데, 베르사유 정원보다 더 운치 있는 세부 구조라 할 만하다.

테이트 현대미술관 Tate Modern

자크 헤르조그 · 피에르 드 뫼롱, 2000, 영국 런던 뱅크사이드

새로운 미술관을 짓느냐, 아니면 기존의 건물을 개조하느냐. 이는 테이트 미술관이 늘어나는 수집품 때문에 또 다른 건물을 지으려고 했을 때 맞닥뜨린 질문이다. 새로 지으려면 런던 중심부에서 적당한 장소를 찾기도 어려울 뿐더러, 빈틈없는 관장 니콜라스 세로타도 익히 알듯이 설계에서 완공까지 오랜 시간이 걸리고 많은 노력이 필요했다. 뱅크사이드의 쉬고 있는 발전소 건물이 마땅한 장소로 선택되었다. 이 당당한 동력의 사원은 템스 강변의 성 폴 대성당 맞은편에 서 있었다. 렌의 대사원까지 닿는 인도교 설치가 공사에 포함되었다. 그 다리는 노먼 포스터와 조각가 앤소니 카로, 오베 아룹과 일하는 공학자 크리스 와이즈가 설계하였다. 지하철 역은 미술관과 웨스트엔드를 연결한다.

발전소를 개조한다는 안은 스위스의 헤르조그 드 뫼롱 사가 만든 소박한 미술관을 기대하던 사람들과 자원보호주의자들을 모두 만족시켰다. 자크 헤르조그(1951~)와 피에르 드 뫼롱(1951~)은 관습적인 장식이 필요없는 입체감이 풍부한 자재를 사용하여 효과를 거둔, 엄격하고 낭만적인 신근대주의 건축으로 널리 알려진 사람들이다.

국회의사당 Reichstag

노먼 포스터, 1999, 독일 베를린

제2제국의 의회를 위해 만들어진 국회의사당(1894)은 파울 벨로트가 신르네상스 양식으로 서툴게 지은 건물이었다. 1933년에 히틀러가 집권한 지 한 달도 채 못 되어 원인을 알 수 없는 화재로 타버렸다. 히틀러는 공산주의자들을 방화범으로 지목하고는 이 사건을 나치에 반대하는 모든 정당을 금지하는 구실로 삼았다. 알베르트 슈피어가 그의 거대한 돔(53쪽)을 여기에 만들었다면 아마도 해체되었을 이 건물이 나치와 2차 세계대전을 견뎌 내긴 했지만, 폭격으로 많이 손상되었다. 1958년에서 1972년 사이에 보수공사를 하고 박물관으로 사용되었다. 1996년에는 화가 크리스토가 은막을 입혔다.

베를린이 독일의 명실 상부한 수도로 복귀하면서 이 국회의사당은 1945년부터 1990년까지 자본주의 서독과 공산주의 동독으로 분리되었던 독일의 통일 정부 청사로 문을 열었다(1999). 노먼 포스터의 지휘 아래 거액을 들여 보수되었다.

유리로 된 돔이 만들어져서 방문객들이 그 위로 올라가 도시를 내려다보고 민주주의 독일 정부가 일하는 모습도 지켜볼 수 있게 되었다.

방주 The Ark

퓨처 시스템, 2001, 영국 요크셔 동커스터

나비처럼 절묘하게 보이는 이 건물은 사우스요크셔의 광재 더미 위에 세워진 생태 공원인 지구 센터의 중심부에 있다. 동커스터는 수십 년 동안 석탄 광산과 기관차 산업으로 유명하던 곳이다. 1980년대 중반에 영국이 금융서비스와 소매 산업에 치중하여 거의 모든 제조업에서 손을 떼자 동커스터가 쓸모없는 곳이 되었다. 지구 센터는 한때 석탄 광산이었던 곳을 되살리고 도시에 새로운 구심점을 마련하는 현명한 방법이었다. 환경문제에 대한 정보를 가능한 한 널리 알리고 연구를 진행하는 것이 센터의 기본 목적이고, 이것은 서로 연결된 여러 방에서 이루어진다. 퓨처 시스템이 설계한 전시장이 가장 볼 만하다. 광재로 다져진 언덕을 파내어 만든 낮고 부드러운 형상의 거대한 건물이 마치 나비처럼 가뿐하게 앉은 듯이 설계되었다. 3층으로 된 내부는 식물을 떠올리게 하는 곡선형이다. 감각적인 외관만큼 모든 부분이 '유기적'으로 만들어져 있다. 환기가 잘 되고 편안한 분위기로 설계되었고, 전반적인 인상은 초현대주의를 대중화할 만한 건물이다.

동커스터의 이 방주는 런던의 밀레니엄 돔(377쪽)에 대한 민감한 대응이라 할 수 있으며, 아주 애타게 기다리던 21세기 새 유럽의 건축물 가운데 하나다.

탈근대주의

"적은 것은 지겹다." –로버트 벤투리

이 책에서 가장 현란한 장이 시작됐다. 로버트 벤투리(283쪽)는 널리 읽히고, 너무나 잘 소화되는 책『건축의 복합성과 대립성』에서 '적은 것은 지겹다'고 했다. 벤투리는 50년 간의 근대주의 운동이 지겨웠던 것 같다. 그러나 그가 근대주의자들의 단단한 올가미에서 벗어나기 위해 제시한 대응책, 즉 복합적이고 대립적인 건축이 훨씬 더 지겨운 것임이 드러났다. 솜씨가 좋은 건축가들은 이국풍의 재미있는 건물들을 만들어 냈지만 그런 이들은 극히 적었다.

그러나 어떤 형태로든 탈근대주의는 불가피했다. 근대적 경험은 어떤 의미에서 지겹고 낙후된 것이었다. 휴식이 절대적으로 필요했다.

한편으로 건축가들은 1960년대의 여느 사람들과 마찬가지로 콜라주와 반어법이 주종을 이루던 대중문화, 광고, 텔레비전과 새로운 미술 운동 등의 새 이미지 형태로부터 폭격을 당한 상태였다. 전 세대의 여러 양식들을 콜라주하여 어떤 설계에서 따왔는지를 알 수 있는 건물들이 등장하는 데에는 오랜 시간이 걸리지 않았다.

필립 존슨은 맨해튼의 한 사무용 건물을 치펀데일식 가구 모양으로 치장했다(297쪽). 어떻게 웃지 않을 수 있을까. 그냥 모른 채 넘어가는 이들은 삶이 그저 지겨운 사람들이다.

탈근대주의에는 더욱 가치 있고 흥미로운 또 다른 측면이 있다. 이는 역사와 전래의 것들을 근대주의 디자인과 조화시키기 위해 분투한 건축가들의 연구로 얻은 것이다. 밀라노에서 BBPR이 만든 벨라스카 타워(282쪽)가 그보다 한참 뒤에 특별한 장소를 기념하기 위해 만든 다니엘 리베스킨트의 베를린 유대 박물관(323쪽)이 그런 것처럼 뇌리에 떠오른다.

이런 건물들이 탈근대주의이기는 하지만, 허울 좋고 과장 심한 미국 탈근대주의와는 전혀 관련이 없다. 유럽의 근대주의가 열성적이고, 청교도적이며, 강렬한 것인 데 반해, 국제주의 양식으로 나타난 미국의 근대주의가 세련되고 도덕과 무관하며 느슨한 양상을 보인 것과 같은 관계다. 그래도 비록 이국풍이기는 하나 복잡한 게임을 잘 꾸려 유치하지도 않고 키치에 빠지지도 않은 놀라운 기백과 특성을 가진 건물로 점수를 딴 건축가들이 있다. 슈투트가르트 국립현대미술관(305쪽)을 만든 제임스 스털링과 마이클 윌포드, 빌바오 구겐하임 미술관(321쪽)을 만든 프랭크 게리 등이 그 예다.

20세기의 끝에 이르러 게리나 리베스킨트의 건물들이 나타나기 시작했다. 이들은 자의식 강한 탈근대주의자들의 관심사로부터 벗어나 근대적 유기주의 건축을 향해 움직여 갔다. 그러나 여기서도 유파의 이름표는 자멸의 원인임이 밝혀진다. 그들은 어느 유파에도 소속시킬 수 없는 자유로운 정신의 건축가였다. 어떻든 간에 게리와 리베스킨트는 20세기 후기의 건축이 고도로 표현적일 수 있으며 우습고 조야한 파괴술을 동원하지 않아도 정서적인 심리 게임을 치를 수 있음을 보여 주었다. 어쨌든, 멋있는 옷을 걸치고 있으면서도 아주 형편없는 대기업 본부 건물들도 생겨났다.

그러나 이 괴상한 의상의 유행은 곧 끝나고 만다. 스스로 반동을 만들어 냈다. 1990년 초 전 세계의 젊은 건축가들이 명료한 신근대주의로 회귀한다.

1920년대의 백색 건축이 가졌던 힘과 전파력이 이들에게 없어 보인다면, 그것은 아마 지난 20년 간 마분지를 잘라 만들던 우스운 건축들을 쓸어내고 다시 시작하려는 시도 때문일 것이다.

벨라스카 타워 Torre Velasca

BBPR, 1958, 이탈리아 밀라노

여기서 글자 그대로의 '건축의 고등 게임'과 탈근대주의의 시작을 볼 수 있다. 밀라노 중심부에 위치한 26층 높이의 사무용 빌딩 벨라스카 타워는 건축적 재치, 롬바르디아의 하늘 높이에서 이루어지는 게임, 20세기 중반 부동산 개발업의 요구와 전통적 설계를 조화시키려는 대담한 시도 등으로 볼 수 있다. 이 색다른 건물이야말로 중세 이탈리아 타워의 현대판 표현이기 때문이다. 건물 몸체로부터 바깥으로 튀어나온 상층부 8층과 이것을 위한 버팀 구조 등을 볼 때, 벨라스카 타워는 밀라노의 중세 명물 가운데 하나인 스포르체스코 성의 형태를 반영한다. 벨라스카 타워를 설계한 팀인 BBPR이, 이 건물이 완성되기 2년 전에 스포르체스코 성벽 안에 박물관을 하나 만들었다. BBPR은 지안 루이지 반피(1910~1945), 루도비코 벨지오조소(1909~), 엔리코 페레수티(1908~1973), 1932년 이 그룹을 만든 리처드 로저스의 삼촌인 에르네스토 나탄 로저스(1909~1969) 등으로 구성되었다. 초기부터 그들의 관심은 근대주의의 독선에 대한 도전에 있었다. 그들은 건축이 어떤 특정한 장소에 뿌리를 박고 그 지역의 전통과 조응해야 한다고 생각했다. 그 후 30년에 걸쳐 퍼져 나간 이런 생각의 정점에 있는 건물이 바로 벨라스카 타워다.

어머니 집 Mother's House

로버트 벤투리, 1964, 미국 필라델피아 체스트넛 힐

건축가에겐 조그만 집에 불과하지만 건축계에는 커다란 도약이 된 건물이다. 어머니 집은 로버트 벤투리(1925~)가 탈근대주의의 물결이 이는 바다를 향해 의도적으로 내디딘 첫걸음으로 받아들여진다. 벤투리야말로 탈근대주의 건축 이론을 세상에 처음으로 내놓은 사람이기 때문이다. 『건축의 복합성과 대립성』(1966)의 집필과 이 집의 건축은 거의 동시에 이루어졌다. 실제로 그의 어머니를 위한 집이다. 돈 많고 사랑스러운 어머니를 둔 젊고 뛰어난 건축가들 대부분이 이런 식으로 일을 시작한다.

벤투리의 기본 전제는 미스의 유명한 금언 "적은 것이 많은 것이다."의 재치 있는 대응구인 "적은 것은 지겹다."였다. 그래서 그는 건물이 들어선 곳을 당황하게 하고, 기묘하고 변덕스러우며 풍부한 것들을 고려하고 표현하려 했다. 따라서 적든 많든 어떤 것이든 가능했다. 건축가는 언제 어디서든 '인용물'을 첨가할 수 있으며 이것들은 기민하고 즐겁게 보일 수 있었다. 근대주의 건축가가 새 건물에 고전주의 쇠장식물을 달지 못할 이유가 어디 있을 것이며, 역사책의 삽화를 인용하지 못할 이유가 어디 있는가. 미스의 청교도적 제한과 세계적으로 퍼져 가던 진부함에 대한 한 반응이었던 벤투리의 생각은 자리를 확보했고 『건축의 복합성과 대립성』은 널리 영향을 미쳤다. 그러나 결과된 건축은 재미있지도, 영감을 불러일으키지도 못했다.

이 집은 스스로 말하고 있다. 르 코르뷔지에의 사부아 저택(161쪽)과 비교해 보라.

링컨 센터 Lincoln Center

필립 존슨 등, 1966, 미국 뉴욕

이탈리아 파시스트처럼 보여 무솔리니의 로마세계박람회(59쪽)와 잘 어울린다. 맨해튼에 옮겨진 이 힘찬 르네상스식 광장, 링컨 센터는 도시 건축과 설계에 대한 '역사주의'적 혹은 초기 탈근대주의적 접근법을 대표한다. 이 약간 기묘한 문화 광장은 록펠러 센터(179쪽)와 맨해튼 동안(東岸)의 국제연합 건물(1947~1950)을 설계했던 위대한 예술 건축가이자 설계가인 월리스 해리슨(1895~1981)이 초안을 잡았다. 해리슨은 유령이 나올 듯한 아케이드로 된 메트로폴리탄 오페라 하우스(1966)를 설계했고, 필립 존슨은 뉴욕 주립극장(1964)을, 해리슨의 동업자 맥스 아브라모비츠(1908~1976)는 필하모닉 홀(1962)을 설계했다.

링컨 센터는 미국 건축에서 새로운 형식주의를 연 건물로, 새로 발견된 유럽 도시계획과 역사에 대한 집착의 시작이었다. 어딘가 냉정하고 초연한 모습으로 지금도 자리를 지키고 있는데, 복잡한 상업 마천루가 가득한 맨해튼에는 어울리지 않는다. 이 건물은 맥스 비앨리스톡(제로 모스틀 분)과 레오 블룸(진 와일더 분)이 브로드웨이의 가장 나쁜 대본 '히틀러의 청춘기'로 일확천금을 노린다는 멜 브룩스의 영화 〈제작자들(The Producers)〉의 배경으로 나왔을 때 가장 돋보였다. 브룩스는 더 좋은 장소를 찾을 수 없었을 것이다.

그리모 항 Port Grimaud

프랑수아 스포리, 1969, 프랑스

그리모 항은 요트와 시간을 손에 쥔 돈 있는 사람들의 놀이터로 환상적인 낚시 항구다. 프랑수아 스포리(1912~)가 만든 곳인데, 겉치레가 심한 그의 건축은 대부분 콘크리트로 만들어졌지만 이 휴양지에 오는 사람들은 거의 눈치 채지 못한다. 대용품이긴 하지만 그런대로 역할을 한다. 스포리는 조용하고 평온한 지중해 어항의 느낌과 특성을 포착하여 부드러운 느낌으로 재해석해 놓았다. 거기에는 현대 세계로부터 탈출하려는 사람들을 위한 최신 설비가 모두 비밀스레 갖추어졌다. 그러나 이 그리모 항만 그런 것이 아니다. 긴 세월 동안 건축가와 그 후원자 들은 역사적이고 낭만적인 오아시스를 만들기 위해 노력해 왔고 더러는 성공했다. 불쌍한 '광인' 바바리아의 루트비히 2세와 그의 환영 같은 궁전, 특히 노이슈반슈타인이 떠오른다. 노이슈반슈타인을 잠자는 숲속의 미녀를 위한 궁전으로 차용한 월터 디즈니도 물론 빼놓을 수 없다. 그리모 항 그리고 클로우 윌리엄스-엘리스가 북웨일스에 만든 그것의 영국판 포트메리온의 모델을 들라면, 이탈리아의 아름다운 바닷가 마을 포르토피노를 꼽을 수 있다. 포르토피노는 건축과 푸른 바다를 사랑하는 사람들에게 완벽한 휴일 탈출의 상징이다. 그리모 항은 인기가 높다. 그리고 세부 사항까지는 아니지만 그 정신은 여러 곳에서 모방되었다.

하얏트 리전시 호텔 Hyatt Regency Hotel

존 포트먼, 1974, 미국 캘리포니아 샌프란시스코

존 포트먼이 설계한 세계의 여러 중요한 호텔에는 그의 타고난 상업 감각이 뚜렷이 드러난다. 포트먼은 건물의 외관과 건물에서 행하는 내용을 함께 형상화하고 싶어했으며, 눈부신 양식으로 연출해 냈다. 거대한 호텔 로비가 그의 트레이드마크였는데, 건물의 위쪽 높은 곳까지 차지한 크고 번쩍이는 공간은 '벽을 타고 오르는' 유리 승강기, 빛나는 매장, 카페에 의해 생동감이 난다. 그는 이런 방식으로 거대한 미국 철도역의 극적인 분위기와 할리우드의 떠들썩한 분위기를 연출했다. 처음 생긴 1970년대 당시 아주 흥미로운 장소들이었으나 포트먼의 동료 건축가들은 지나친 과장이라고 비하하기도 했다. 호텔이든 쇼핑몰이든 포트먼의 선구자적인 족적은 추종자들을 만들어 냈다.

포트먼은 사우스캐롤라이나 왈할라에서 태어났다. 조지아 공과대학에서 공부했고, 1953년에 자신의 사무실을 냈다. 기존 틀을 깨는 호텔 건축으로 성공했고, 1970년대 내내 많은 호텔을 지었다. 샌프란시스코의 하얏트 리전시는 그가 작업한 호텔 가운데 가장 극적인 건물이다.

이탈리아 광장 Piazza d'Italia

찰스 무어, 1978, 미국 루이지애나 뉴올리언스

뉴올리언스의 이탈리아인, 특히 시실리 사람들을 위한 탈근대주의적 합성품이라 할 수 있는 이탈리아 광장은 극장 같은 분위기를 한껏 즐기는 한편 고전주의 건축의 교만함을 놀리는 도시 유흥지다. 둥그런 광장 중앙부에는 이탈리아 지도의 발뒤꿈치 모양을 본뜬 연못이 있다. 그 위에 있는 '반어적' 아치형 벽면에 붙은 건축가 얼굴을 한 두 개의 두상이 물을 뿜는다. 원래 계획은 더 야심찬 것이어서 커다란 개선 아치까지 포함했다.

무어(1925~1993)는 오랫동안 건축의 규범을 뒤엎는 작업을 해 왔다. 미시간에서 태어나 미시간과 프린스턴에서 교육받은 그는, 1970년 코네티컷에 자신의 사무실을 열고 규모가 큰 다른 사무실의 일에 합류했다. 캘리포니아 오린다에 만든 자신의 집(1962)을 시작으로 하여 건축의 외부와 내부에 존재하는 벽을 허물어 내는 데 끊임없이 관심을 기울였다. 그의 후기작들이 매력적인지 아닌지는 보는 사람의 유머 감각에 달렸겠지만, 많은 건축가들이 일단 완결하고 나면 스스로 부정해 버리는 것들을 이 사람은 끝까지 고수한다. 이탈리아 광장은 즐거운 건축이다. 그러나 디즈니식 증기선이 생뚱한 프러시아식 군사적 고전주의와 섞인 베를린 주택 계획(1980)은 그리 즐거운 것이 아니다.

5장 탈근대주의 | 287

월든 7번가 Walden 7

탈레 데 아키텍투라 사, 1975, 스페인 바르셀로나 산 후스트 데스베른

멀리서 보면 동화에 나오는 성처럼 보이는 이 큰 아파트는 가까이서 보면 재미가 없다. 벽에 붙인 타일이 바닥으로 떨어지는 바람에 오랫동안 그물이 둘러쳐져 있었다. 재미있지만 약간 불안하기도 했다. 월든 7번가는 리카르도 보필(1939~)과 탈레 데 아키텍투라가 프랑스에 만든, 색다른 조립식 신고전주의 주택(62, 63쪽)으로 가는 징검다리 역할을 한 점에서 흥미로운 건물이다.

부유한 카탈루냐 건축업자의 아들로 태어난 보필은 바르셀로나와 제네바에서 공부했고, 월든 7번가 가까이에 있는 오래된 시멘트 공장을 사서 저장고이던 곳을 동료 건축가, 화가, 시인, 음악가, 애완동물, 앵무새 들로 채웠다. 펠리니 감독의 영화 세트 같기도 했고, 부누엘 감독의 영화에 나오는 초현실적 풍경 같기도 했다. 이런 인습파괴적인 작업은, 보필이 초기의 브루탈리즘적 실험을 끝내고 월든 7번가와 같은 지역적 전통과 산업적 신고전주의로 다시 옮겨가면서 더욱 활발해졌다. 탈레 데 아키텍투라는 확실히 매혹적이고 사람을 적잖이 흥분시킨다. 하지만 정작 의문은 어째서 그토록 많은 프랑스 도시들이 이 얼빠진 건물을 기꺼이 답습하는가 하는 점이다.

베스트 슈퍼마켓 Best Supermarket

SITE, 1975, 미국 텍사스 휴스턴

제임스 와인스(1932~)는 1970년대 그가 만든 디자인팀인 SITE (Sculpture in the Environment)의 여러 구성원과 함께 '탈건축'이라 이름한 프로그램을 선구적으로 수행했다. 만화같이 아주 재미있는 생각이었다. 그러나 이 그룹이 만든 베스트 슈퍼마켓을 세 개 정도 보고, 예술적으로 기울어지고 부서진 그 전면의 모습에 쓴 웃음을 짓고 나면, 재미는 아주 쉽게 달아나 버린다. 원래 건축은 그리 재미있는 것이 아닌데(의도하지 않은 경우는 제외하고), 와인스는 너무 열심히 재미를 추구했다. 이 슈퍼마켓들은 아무리 좋게 보더라도 정말 지겹지만, 적어도 처음 보는 순간에는 웃음이 떠오른다. 그러나 곧 다른 가게 건물들과 다름없이 여기게 된다. 따라서 베스트 슈퍼마켓이 미국 소매점의 신성함을 전복한 것처럼 보인다 하더라도 실제로는 목적을 달성하지 못했다.

5장 탈근대주의

이턴 센터 Eaton Centre

자이들러 로버츠, 1977, 캐나다 토론토

모든 현대적 쇼핑몰의 대모격인 이턴 센터는 매우 잘 만들어졌으며, 이런 건물을 좋아하는 사람에겐 가장 설득력 있는 건물이다. 아마도 껍데기 이상의 것을 구현했기 때문일 것이다. 20세기의 마지막 20년 간, 전 세계 여러 나라의 얼굴을 황폐하게 만든 쇼핑몰이라는 괴물에게 붙여 주기 어려운 말인 고결함이 이 건물에는 있다. 쇼핑몰 문화는 사람들을 은신처 같고, 안전하고, 모든 것이 다 있으며, 다른 무엇보다 인간을 쇼핑을 하기 위한 수동적 기계인 명청이로 만드는 통제된 세계로 몰아넣는다. 모든 사람이 이런 견해에 동의하지는 않을 것이다. 특히 겨울이 아주 추워서 살아남기 위해서는 실내에 머물러야 하는 토론토에 사는 사람들은 다르게 생각할 것이다.

그러나 기후가 온화한 많은 나라에서 이턴 센터의 삼류 복제품들이 유행하는 이유는 그야말로 신비에 가깝다. 아마도 미래의 고고학자들은 이 에어컨 달린 거대한 짐승의 잔해와 함께 그 신비에 대해 씨름해야 할 것이다. 하지만 이턴 센터는 내부 구조가 아주 아름답다. 조셉 팩스턴이 1851년에 만든 그 유명한 수정궁을 기초로 한 것이 분명하다.

힐링던 시민 센터 Hillingdon Civic Centre

RMJM, 1979, 영국 런던

아주 괴상하다. 벽돌과 타일로 된 이 사슬은 런던 최서단 교외에 있는 지방 정부 건물인데, 친절함을 강조하려 한 것 같다. 그러나 결과적으로는 도무지 친절하고 싶은지 어떤지를 알 수 없는 혼란스럽고 거대한 건물덩이가 되고 말았다. 방어적인 벽, 심지어 해자(垓字)처럼 보이는 구조물 등으로 이루어진 힐링던 시민 센터(통상 시청이라 불린다.)는 시민들을 궁지에 빠뜨리려는 것 같다. 아니면 성을 지으려고 한 것이었는지도 모를 일이다. 건축가들이 교외의 단독주택들을 모아 주민들 모두가 일체감을 가질 크고 유쾌한 집을 한 채 만들려고 했는지도 모르겠다. 해답은 영국 '신지역주의' 디자인이라 불리는 민속적인 세계에서 찾을 수 있다. 사실 이 특이한 건물에는 '신(新)'에만 해당하는 것이 여럿 있다. 파도 모양의 오렌지색 벽돌과 민속적인 경사지붕 뒤에는 헤르만 헬츠버거가 아펠도른에 만든 센트럴 비히어 보험회사 건물(234쪽)에 기초한 개방적 내부 시설이 숨어 있다.
RMJM(로버트 매튜 존슨-마샬과 그 동업자들)은 모든 양식에 능한 건축 사무소로 많은 작품을 남겼다.

성 마크 거리 주택 단지 St Mark's Road Housing

제레미 딕슨·페넬라 딕슨, 1979, 영국 런던 메이다 베일

1973년의 석유 위기 시기부터 그리고 에드워드 히스가 이끈 보수당 정권의 '불만의 겨울'(1973~1974) 동안에 있었던 영국 경제 몰락의 시기부터, 고층 주택과 대규모 콘크리트 주택 단지의 설계와 건설이 거의 종말을 맞았다. 사실 영국에서는 이후 25년 간 다행스럽게도 다양한 규모와 품질의 야망이 있는 공공건물들이 지어졌다. 작은 규모의 건축들은 '고층의 공포'에 대한 반작용으로, 경제적 요구로, 주택 단지만을 보는 것에서 말 그대로 거리까지 고려하는 것으로 방향을 돌린 건축가들 자신의 선회에 따라, 조용한 회귀를 하고 있었다.

런던 서부에 세워져 기쁨을 주는 이 소박한 집들에는 진정한 개성과 존재감이 있다. 이들은 기품을 가장하지 않는 작고 아늑한 보금자리가 어떻게 만들어질 수 있는지를 보여 주었다. 건축가 제레미 딕슨과 페넬라 딕슨은 섬세하게 균형 잡는 방법을 알았다. 비록 유행을 좇은 '절충주의적' 전면이 탈근대주의가 임박했음을 전하고 있기는 하지만, 네덜란드식과 순수 런던식을 섞은 세부 구조를 통해, 떠들거나 과장하지 않고 이 거리에 건축적인 조화를 더해 준다. 제레미 딕슨은 모방에 의존하지 않고 상상력을 통해 역사적 전례를 수용한 주택 개념을 같은 지역에서 좀 더 발전시킨다.

중앙은행 Zentralsparkasse

권터 도메니히, 1980, 오스트리아 빈

은행이 이처럼 재미있었던 적이 전에도 있었나? 아마 당신도 웃었을 것이다. 튀어나온 턱(입구를 보라.)은 당신 계좌가 부도나면, 은행원이 당신 머리를 박살낼 것이라는 상상을 하게 만든다. 아마도 권터 도메니히(1934~)는 빈 중심부의 단정하고 조금 맥 빠진 상가 거리인 파보리텐에서 시위를 하고 싶었는지 모른다. 어쨌든 벌써 그런 것이 지천으로 널린 이 도시에서 아이들의 사랑을 받으며 관광객을 끌어 모으는, 또 하나의 상식 밖의 건물이다. 빈은 표면적으로만 고상한 도시다. 어떤 용기 있는 건축가도 이런 사실을 들춰내려 하지 않았다.

1980년 이 경박한 건물이 문을 열었을 때, 무덤 속의 아돌프 로스는 아마도 돌아누웠을 것이다. 이런 미치광이 짓은 짓눌린 듯한 금속 전면에서 그치지 않았다. 6층으로 된 건물의 내부와 옥상으로 가는 계단에 이르기까지 파이프와 도관들이 테리 길리엄의 영화 〈브라질〉을 위한 오디션을 치르는 양 구부러지고 꼬인 벽들을 타고 벌레처럼 구불구불 움직이고 있다. 로만 폴란스키 감독의 작품인 듯한 소름끼치는 콘크리트 구조물이 한쪽 벽에 매달려 있다. 이런 아둔함에도 불구하고 내부 구조는 전통적인 빈 양식의 섬세함으로 이루어져서 장식물의 과장을 벌충한다.

테아트로 델 몬도 Teatro del Mondo

알도 로시, 1980, 이탈리아 베네치아

아름답고 영감이 넘치는 이 타워는 1980년 베네치아 비엔날레를 위해 세워졌지만 슬프게도 오래전에 헐렸다. 철로 된 프레임에 널빤지를 댄 목재 타워인데 배에 싣고 수로를 따라 이 도시의 장려하고 흔들리는 기념물들을 지나다닐 수 있었다. 도르소두로의 세관 옆에 일 살루트의 그림자를 받으며 서 있는데, 대운하 건너편에는 산 마르코 광장이 있다.

이 타워는 언제나 합리주의자로 불리던 한 건축가가 세계에서 가장 낭만적인 도시에 만든 낭만적 건물이다. 알도 로시(1931~1997)를 '배신자'라 부를 수도 있겠지만, 그의 합리주의는 동시대 독일이나 미국 건축가들의 과학적 합리주의가 아니라 데 키리코의 인상적인 거리 풍경화에 가까운 낭만적이고 미학적인 합리주의였다. 밀라노에서 태어나고 교육받은 로시는 중요한 이론가였다. 그는 설계를 하기 전에 잡지 『카사벨라』와 『일 콘템포레아노』에서 일했고, 1966년에는 『도시의 건축』을 발간한다.

그의 도시와 건축은 대부분 슬픔에 잠긴 것, 침묵의 기념물, 장례와 공허를 나타내는 것들이었다. 밀라노의 산 카탈도 묘지(304쪽)에서 이런 것이 제대로 기능하지만, 밀라노 갈라라테스 교외 2번가에 있는 끝없고 냉담한 아케이드형 공동주택은 정말로 유령이 나올 것 같은 분위기다. 테아트로 델 몬도의 경우는 확실히 예외에 속한다.

가든 그로브 커뮤니티 교회 Garden Grove Community Church

필립 존슨 · 존 버지, 1980, 미국 캘리포니아 로스앤젤레스

미국에서만 이런 건물을 볼 수 있다. 한 부유한 설교자가 의뢰한 이 '크리스털 대교회'는 광적인 기독교 소수 신앙집단의 힘을 진부하게 표현한, 기술적으로 복잡하고 커다란 건물이다. 존슨과 버지가 만든 이 교회는 가로 125미터, 세로 60미터에 높이 49미터로 대단한 규모이며, 네 개의 가지로 뻗은 별 모양 바닥 위에 만들어졌다. 이 위로 흰색 강철 구조가 설교자 연단 위의 정점을 향해 가파른 각도로 올라갔다. 그리고 이를 반사 유리가 온통 덮었다. 하나님처럼 신비에 싸인 내부는 들어가 보기 전에는 알 수 없다. 화려하고 흰 대리석 자리에 3,000명이 앉을 수 있다. 장소가 로스앤젤레스이고 보니 주차장이 교회만큼 크다.

많은 경력을 쌓은 필립 존슨에게 이 시기는 거의 모든 양식을 실험해 본 뒤였다. 크리스털 대교회는 할리우드식 하이테크로 들어가는 길목이었는데 20세기 최고의 절충주의자에게는 변신의 끝이 없었다. 존슨은 몇 년 후, 피츠버그 판유리 회사 본부를 베리와 퍼긴의 웨스트민스터처럼 호화스럽게 설계했는데, 아주 넓은 유리로 성마른 자기 과시를 했다. 건축가 자신이 말하는 대로 "당신은 아직 아무것도 보지 못했다."

아틀란티스 The Atlantis

아퀴텍토니카, 1982, 미국 플로리다 마이애미

작은 햇빛이 만드는 재미를 보라. 18층짜리 아파트를 아래위로 비추는 빛을 보라. 밝은 원색과 우스꽝스런 세부 장식들을 거기 더하고 플로리다의 햇빛 속에 먹 감는 모습을 상상해 보라. 잘 알려져 있고 많은 사랑을 받는 아틀란티스가 이곳이 아닌 다른 곳에 있었다면, 또 몇 가지 중요한 마술적 특징만 없었다면, 아무 매력 없이 크고 민숭민숭한 아파트 건물에 지나지 않았을 것이다.

아퀴텍토니카의 베르나르도 포트-브레시아(1950~)와 로린다 스피어(1951~)가 설계했는데, 이 지역의 분위기에 큰 영향을 끼치면서 신중하게 만들어진 건물이다. 아파트 북쪽 면은 반사 거울로 되어 있다. 남쪽 면은 청색 사각형의 격자로 나뉘는데 각각 위아래 세 층의 발코니가 설치되었다. 이 격자 가운데 하나는 가운데가 뚫려서 거기에 야외 수영장을 만들고 야자수 한 그루를 심었다. 발코니에서 이곳이 내다보이고 선홍색 나선형 층계가 각 층을 연결한다. 삭막한 건물에 성공적으로 생명을 불어넣은 사례로 많은 사람들이 좋아해서 끝없이 사진 찍히는 곳이다. 아틀란티스의 복사판이 중국에서까지 발견될 정도로 인기가 높다.

AT&T 빌딩 AT&T Building

필립 존슨 · 존 버지, 1982, 미국 뉴욕

이 볼썽사나운 건물이 처음 만들어졌을 때의 야단법석이라니. 정말 그렇게 중요한 것이었을까? 그렇기도 하고 아니기도 하다. 최초이자 최고의 무자비한 상업용 탈근대주의 사무 건물로서 최신 건축 유행을 불러일으키며 많은 돈을 벌어들인 곳이라는 점에서는 그렇고, 지겹다는 점에서 보면 그렇지 않다. 단순히 보면 하늘로 솟아오른 또 하나의 사무용 빌딩이라 할 수도 있다. 그러나 이 건물은 분홍색 화강암으로 마감되었고, 가운데가 터진 거대한 박공을 이고 있으며, 커다란 베네치아 창처럼 생긴 것과 '전기의 천재'라는 이름이 붙은 금빛의 젊은 나체상으로 장식된 승강기 로비를 통해 들어간다. 이 압도적인 치펀데일식 방의 밑그림을 완성하던 날, 필립 존슨의 천재성이 어디에 있었는지는 하늘만이 알고 있을 것이다. 재미있게 만들려고 한 것 같은데, 건축적 농담이란 것이 원래 그리 재미있는 것이 못 되며, 한 세기나 그 이상을 버텨야 하는 건물의 본질을 생각해 보면 1882년경의 뮤직홀 농담만큼 재미없는 것이다. 존슨은 아마 재미있는 사람일지 모른다. 그러나 전문 코미디언의 고충은 점점 더 과격한 농담을 만들어야 한다는 점이다. 1980년대 말에 이르러 만나게 된, 문화적으로 막다른 골목에서 그는 틀림없이 지겨움을 느꼈을 것이다.

주립박물관 State Museum

한스 홀라인, 1982, 독일 묀헨글라트바흐

런던 사보이 호텔 '리버 룸'의 공식 만찬에서 튀긴 비둘기의 살과 뼈를 차례대로 씹어 삼키는 건축가라면 재미있을 수밖에 없다. 한스 홀라인(1934~)은 아주 재미있는 사람이다. 빈에서 태어나 빈은 물론이고, 시카고의 일리노이 공과대학과 버클리에서도 공부한 그는 예술가, 건축가, 디자이너의 집념을 제대로 결합한 드문 경우에 속하며 그에 걸맞는 평판을 즐기고 있다. 아방가르드 예술가들과 가깝게 지내는데, 그 중 한 사람인 조셉 보이스와 함께 이 복합적이고 아주 재미있는 독일 주립박물관을 만들었다.

예전에 수도원이 있던 경사진 정원 위에 전시관, 계단, 광장을 갖춘, 밀도 높고 절묘한 도회적 경관의 현대적 아크로폴리스가 탄생했다. 이와 함께 많은 벽면으로 나뉜 박물관 건물을 지었다. 각기 다른 세 방향에서 접근할 수 있는 입구가 모두 흰 대리석으로 안을 마감하고 눈길을 끄는 크롬 벽기둥으로 장식한 전시관으로 연결된다.

거기서부터 홀라인은 관람객들로 하여금 다음 모퉁이를 돌면 무엇이 나올까 하는 호기심을 계속 갖게 만드는 작업을 매우 안정감 있게 수행하였다. 이 건물의 다양한 공간은 경이롭다. 마감, 자재, 색조의 다양성도 풍부한 매력을 발산한다. 전시된 작품들 또한 그리 나쁘지 않다.

의회 빌딩 Parliament Building

제프리 바와, 1983, 스리랑카 콜롬보

스리랑카의 전통적 궁전들처럼 호숫가에 지어진 의회 빌딩은 뛰어난 풍광을 자랑한다. 멀리서 보면 멋진 지붕이 진정한 전통 건물을 시도한 것 같았기 때문에, 건축 당시 세계적인(특히 개발도상국들의) 관심을 불러일으켰다. 그러나 가까이 가 보면 그리 흥미롭지도, 낭만적이지도 않다. 그러나 이는 근대적 설계를 전통적 외관, 자재, 기술과 결합하는 능력으로 명성을 얻은 스리랑카 건축가 제프리 바와(1919~)의 잘못이 아니다. 일본인 건설업자가 바와는 원하지 않았던 콘크리트와 인조석을 많이 사용하면서 건축이 급히 진행되었다. 지나치게 서둘렀기 때문에 평소 바와가 즐겨하던 현란한 장식도 제한을 받았다. 방문객들이 기대하던, 공들여 조각한 벽이나 세공이 모두 생략되었다.

의사당 자체의 규모는 인상적이다. 높고 넓어서 아래의 더운 공기가 위로 퍼져 올라갈 수 있다. 또 장식적 공학의 독창성이 돋보이는 텐트 모양의 경량 철골 천장도 일품이다. 건물 중앙에 의사당이 있고, 똑같은 모양의 별관 네 채가 그 둘레를 감싸고 있다.

기능은 제쳐 두고라도, 지역적 가치와 근대적 시공을 함께 반영하는 언어를 발견하려 했다는 점에서 중요한 건물이다. 실행하기도 어렵고 성공하기도 어려운 일이다.

오리건 청사 Public Services Building

마이클 그레이브스, 1983, 미국 오리건 포틀랜드

겨우 10년을 버틴 건물이다. 세계적으로 널리 회자된 건물치고는 수명이 아주 짧았다. 이 건물 덕에 포틀랜드가 유명해졌다. 크고 당당하며 풍부한 색조는 가히 탈근대주의의 극치였다. 도심 한 구역을 완전히 차지한 정사각형의 15층 건물이었는데, 서투른 농담을 곁들인 허풍 '벽지'로 네 벽을 둘러 천박한 건물이 되어 버린 게 문제다. 원래의 설계는 대리석으로 마감한 벽을 현란한 조상, 꽃장식, 리본 등으로 둘러 훨씬 더 재미있는 것이었다. 그러나 예산 삭감으로 장식들은 날아가 버렸고, 대리석은 페인트칠로 망가졌다. 옥상에 지을 예정이던 만화책에 나올 듯한 고전주의 별관도 날아가 버려, 오토 바그너나 빈 분리파에서 배운 익살은 건물 전면에만 희미하게 남았을 뿐이었다. 여러 비평가들은 비스킷 깡통 같다고 말했지만 여기서 일하는 사람들은 비스킷말고도 부수어야 할 것들이 많았다. 그들은 전면을 우스꽝스럽게 만든 작은 창을 통해 포틀랜드 시내를 내다보아야 했는데, 전혀 행복하지 않았다. 약간의 웃음을 위해 인간적이고 합리적인 가치를 희생하는 것, 이것이 탈근대주의가 추구하는 바였다. 한때 백색 근대주의자였던 마이클 그레이브스(1934~)는 탈근대주의의 어릿광대가 되었고 디즈니를 위해 많은 일을 했다.

TV-am 빌딩 TV-am Building

테리 패럴, 1983, 영국 런던 캠던

테리 패럴(1940~)은 영국의 탈근대주의를 연 사람이다. 영국의 탈근대주의는 비록 홀딱 벗은 (full monty) 미국 것에 비긴다면 다소 창백하긴 하지만, 신중함이 그것을 벌충한다. TV-am 빌딩은 탈근대주의에 대한 영국 최초의 실험이다.

패럴은 한 방송국의 의뢰로 캠던 수문 근처의 운하 옆에 있던 차고 하나를 개조하여 스튜디오와 사무실로 만들었다. 생동감 있는 전면에는 밝은 색의 네온 띠를 덧붙였고, 현관 디자인은 세계를 가로지르는 여행을 상징한다. 겉은 눈길을 끄는 페인트칠을 했고, 아침식사 때 보는 방송이라는 TV-am의 표어에 따라 강화유리로 된 에그컵을 지붕선에 배치함으로써 생기를 주었다.

패럴은 1980년대의 런던 하늘에 탈근대주의의 기운을 제공했고, 1990년대에는 홍콩을 비롯한 동양에 이를 수출하기도 했다. 그는 지적이고 섬세한 도시계획가로 존경받고 있다.

산 후안 카피스트라노 공공도서관

마이클 그레이브스, 1983, 미국 캘리포니아   San Juan Capistrano Public Library

이 푸에블로 인디언식 공공도서관을 설계할 당시 마이클 그레이브스는 디즈니의 중견 건축가가 되기 위한 길을 가고 있었다. 탈근대주의의 무지개 너머 어딘가에서 디즈니랜드와 유로디즈니의 환상적 세계가 손짓하고 있었다. 리처드 마이어(320쪽)와 함께 뉴욕 5인조였던 그는 백색 근대주의를 저버렸다. 그레이브스가 만화 양식의 건축에서 근대 건축과 대중적 감각이 하나로 될 수 있다고 파악한 것은 그리 놀라운 일이 아니었다. 디즈니를 위한 후기의 작업은 무지개 너머뿐 아니라 그 정상에도 있었다. 그러나 그에게는 놀이로서의 건축과 가치 있는 건축 사이에서 어렵게 균형을 취해야 했던 순간이 있었다.

스페인풍을 띤 멕시코의 영향이 느껴지는 이 색조 풍부한 도서관은 바야흐로 그 균형감이 경계에 와 있음을 보여 준다. 태양이 내리쬐는 남캘리포니아에서 유행하던 양식과 궤를 같이 하고 있으며, 그의 큰 작업에서는 볼 수 없었던 감정 표현을 억누른 매력이 엿보인다. 그렇기는 하나 내부는 실망스럽다. 장식은 천박하고 서고에서는 통상 공공도서관에서 기대하는 과거로부터의 교훈이나 영속성이 결여된, 마치 전시장 세트 같은 느낌을 받는다.

탈근대주의는 건축가에게 근대주의 운동의 청교도적 엄격함에서 벗어날 기회를 허락했지만, 자유라고 생각했던 것을 얻고 난 뒤 건축가들은 그것으로 무엇을 해야 할지 알지 못했다.

빌라 자푸 Villa Zapu

줄리안 파웰 턱 · 데이비드 코너 · 군나르 오어펠트, 1984, 미국 캘리포니아 나파 밸리

현대적 동화를 위한 집이다. 팀 버튼 감독이 만든 허구 인물인 '가위손'이 자신의 고딕적 뿌리를 포기하고 현대로 돌아선다면, 이 곳이 그의 이상적인 집이 될 것이다. 포도 재배자인 스웨덴의 토마스 룬트슈트롬이 의뢰한 건물인데 주택 겸 손님을 위한 주말 별장으로, 또 자사 상표인 '빌라 자푸' 이미지 제고를 위해 지어졌다.

건축가를 잘 택했다. 데이비드 코너(1950~)와 줄리안 파웰 턱(1952~)은 왕립미술대학을 졸업한 디자이너 출신의 건축가들이다. 말콤 맥래런과 비비엔 웨스트우드를 위해 유명한 펑크 가게를 설계했고, 매력적이고 현란한 펑크 그룹 '애덤 앤드 앤츠'의 두 멤버를 위해 야성적인 아파트를 설계하기도 했다. 스웨덴 건축가 군나르 오어펠트(1953~)는 모험적인 의뢰자 토마스 룬트슈트롬에게 더 엄밀한 접근법을 제공하면서 일에 참여했다.

전체가 목재로 지어졌다. 얇은 활 같은 본관과 탑형의 손님 숙소로 구성되는데 그 사이에 기다란 수영장이 있다. 약간 화려하게 치장된 면이 있긴 하지만 구도가 확실하고, 패션, 펑크, 그래픽, 건축 운동적 표현이 차례로 연결되었다. 이런 점에서 1980년대 중엽부터 런던을 젊은 창의성의 온상으로 만든 동종의 건물들 중 최고에 속한다.

산 카탈도 묘지 San Cataldo Cemetery

알도 로시·지아니 브라기에리, 1984, 이탈리아 모데나

1970년대 초부터 시작된 건설에 오랜 기간이 소요되었다. 중요한 사실은 이 무렵 로시가 자동차 사고로 거의 죽을 뻔했다는 것이다. 죽음에 대한 그의 생각이 건물에 세련되게 나타났다. 현대에 지어진 묘지 가운데 가장 기념될 만한 것으로, 이 죽음의 도시는 방문객들로 하여금 침묵하게 한다. 1997년, 두 번째 교통사고로 로시는 죽었다.

묘지는 하나의 온전한 도시를 표현한다. 그러나 그것은 침묵의 도시다. 죽음의 절대성을 표현하고 인간 삶을 규정하는 건축의 영원성도 표현한다. 만든 건물 가운데 슬프지 않은 것이 없던 로시에게 이 시기는 지고의 순간이었다. 그의 건축을 뒤덮은 인간 삶의 불합리성을 확신하면서, 상상 속의 영혼만이 살아갈 수 있는 건물과 거리로 이루어진, 기억과 꿈의 도시 하나를 만들었다. 산 사람들이 원하는 대로 만들 수 있는 도시였다. 깊은 그림자가 드리워진 일련의 최면적 기념물들이 반듯한 각도로 서 있는데, 묘지는 로시의 공상적 '집'에 기초하여 만들어졌다.

"집을 디자인하면서 도시의 건축이 오랜 과정을 거쳐 형성해 온 삶(죽음)의 기본형들을 참고한다. 이런 유추에 기초하면, 모든 복도는 거리가 되며, 모든 방은 도시의 광장이 되고, 하나의 건물은 도시의 여러 장소들을 재현한다." 로시의 글이다. 산 카탈도에서 죽음은 사려 깊고 합리적인 통제권을 쥐고 있다.

국립현대미술관 Neue Staatsgalerie

제임스 스털링 · 마이클 윌포드, 1984, 독일 슈투트가르트

슈투트가르트 국립현대미술관은 탈근대주의를 표방하고 건설된 몇 안 되는 중요 건물 중의 하나다. 신고전주의와 근대주의 운동이 인상적으로 결합한 건물이다. 하이테크의 마법, 만화적 세부 구조, 기이한 색상, 슈투트가르트의 여러 장소와 연결되어 이 건물을 이 도시에 뿌리 내리게 하는 보도들이 함께 얽혀 있다.

제임스 스털링(1926~1992)은 마치 게임을 하듯이 20세기의 건축 어휘로 그림을 그렸던 창의적이고 위대한 건축가다. 이런 의미에서, 뛰어난 건축가였던 에드윈 루티엔스 경의 후계자라 할 만하다. 루티엔스의 경우처럼 스털링의 양식 역시 진보해 갔다. 1980년대에는 창의적이고 대담하게 신고전주의로 옮겨갔다. 많은 건축가들이 놀랄 만한 디자인을 도시에 강요하려 한 데 반해, 이 미술관에서 볼 수 있듯이 스털링은 이미 있는 도시 구조물에 다채로운 기념물들을 결합하려 했다.

국립상업은행 National Commercial Bank

SOM, 1984, 사우디아라비아 지다

고든 번새프트(1909~1990)는 오랫동안 SOM의 수석 건축가였다. 여기 지다에서 그는 어떻게 하면 중동 지역에 세우는 현대적 기업의 본사가 기능과 상징 두 측면 모두에서 제대로 만들어질 수 있는지를 보여 주었다.

사무실들은, 어느 정도 거리를 두고 보더라도 강력한 상징성을 지니면서, 한편으론 강한 태양열을 조절하고 빛 가리개 역할을 하는 깎아지른 벽 안에 비스듬히 위치한다. 삼각형으로 쌓인 사무실 층들은 벽을 잘라낸 거대한 직사각형 구멍을 통해 보인다. 구멍은 환기 역할을 하는 동시에 냉방에도 도움을 준다. SOM이 만든 뉴욕의 레버 빌딩처럼 일자로 곧게 만들었다면 이런 기후에서는 전혀 기능하지 못했을 것이다. 가용 부지의 부족함을 생각할 때도 이 건물은 기념비적이다. 건축주가 건물의 존재를 강력히 부각시키려 할 때, 건축가가 할 수 있는 일은 무엇일까. 번새프트는 기존에 있던 진부한 건물들과는 구별되는 불멸성을 부여하면서, 이 지역 건물들이 흔히 그러하듯 범상한 것으로 추락할 수 있는 위험을 가진 이 건물에 특성과 질서를 주었다. 그러나 이처럼 놀라운 상업적 기념물을 가진 도시는 그 사려 깊음과 세련됨에도 불구하고 여전히 소외된 장소이다.

캘리포니아 우주박물관 California Aerospace Museum

프랭크 게리, 1984, 미국 로스앤젤레스

까불이, 장난꾸러기를 보는 것 같다. 프랭크 게리는 건축이라는 늙은 리어왕에게 장난을 걸어 쉽게 옳고 그름을 판단할 수 없게 한다. 게리(1929~)는 오랫동안 전통 건축을 분해한 후에 이상한 평면과 각도로 다시 결합하면서 시간을 보냈다. 그 가운데 정말 괴짜인 것이 캘리포니아 우주박물관의 지그재그형 벽에 올려놓은 F-104 제트전투기다. 1984년 로스앤젤레스 올림픽에 맞추어 급조된 이 건물은 오래되고 전통적인 한 건물 앞에 위치한 전시장들 중 하나다. 이 간단하고 놀라운 소재가 이 건물에 진정한 힘을 주고 잊히지 못하게 만들었다.

게리는 그 전에 가우디가 그랬던 것처럼 건축의 법칙을 무시하고 자신의 상상력으로 그것을 대신하려는 소명을 가지고 있었던 것 같다. 산타모니카에 다시 지은 그의 집(1978)에서 차꼬 풀린 그의 상태가 처음으로 드러났다. 단순하고 음산하기까지 했던 그의 집이 철사, 주름진 담, 튀어나온 목재 등으로 면모가 일신되어 마치 어른들을 위한 정글짐 같은 분위기를 연출했다. 그러나 그것은 시작에 불과했다. 게리는 새로운 프로젝트를 수행할 때마다 건축주나 관객들을 조금씩 멀리 데려나갔다. 아무리 기묘해도 프랭크 게리는 분명 일류다.

세인스버리관 Sainsbury Wing

로버트 벤투리 · 스콧 브라운, 1987, 영국 런던 내셔널갤러리

이 고전주의적 탈근대주의 소품은 영국 문화정치학의 우울한 노래 중 슬픈 마지막 소절이다. 내셔널갤러리는 초기 이탈리아 미술 수집품들을 수장하고 기존에 있던 리전시 건물의 공간을 늘리기 위해 확장 공사를 계획했다. 한 개발업자가 임대 사무실 건물을 짓고 그 위에 좋은 미술관을 들이겠다는 안을 내놓았다. 공모 발표가 있기 전부터 줄곧 이 일을 추진했던 그는 마가렛 대처 시대의 돈에 미친 영국인이었다. 아렌즈 버턴 코랄렉이 당선되었으나, 이 설계를 두고 영국 왕세자가 옛 친구의 얼굴에 난 종기 같다고 평해 결국 설계안이 기각되었다. 슈퍼마켓으로 억만장자가 된 세인스버리 그룹이 뛰어들었고, 로버트 벤투리와 그의 유약한 건물은 독창적 모습을 보이고자 노력했지만 참담하게 실패했으며, 전시관은 미술품들 덕에 겨우 그 이름을 유지할 정도가 되었다.

세인스버리관은 본관과는 다른 입구로 들어가게 되어 있다. 전시관에 이르는 진입로는 사무실 양식으로 되어 있는데 번쩍거리고 중심축도 맞지 않아 우둔하기 짝이 없다. 전면은 볼썽사납고, 후면 역시 재미있게 지으려고 한 것 같지만 런던 영화나 연극의 끝을 닮았다. 다시 말해 꼴불견이다. 한때 인습파괴자였던 로버트 벤투리가 런던 기득권층에 의해 길든 것인가, 아니면 그저 나쁜 왕위 계승자의 시대였기 때문인가.

비트라 미술관 Vitra Museum

프랭크 게리, 1988, 독일 바일암라인

비트라는 랄프 펠바움의 활발한 지휘에 힘입어 가장 모험적인 현대 가구 제조사로 발돋움했다. 펠바움 가(家)는 오랫동안 많은 의자를 수집했는데, 고전적인 것을 포함하여 아주 작은 것에서부터 앉을 수 없는 것까지 다양했다. 펠바움은 프랭크 게리에게 비트라 공장 마당에 미술관 하나를 만들어 달라고 의뢰했고, 게리는 언제까지나 순수하고 깨끗하며 밝고 기묘하게 다루어질 설계를 하나 내놓았다. 만화 스타일의 벽과 채광탑이 모든 방향으로 내달리고 있다. 그러나 아름답게 지어졌고, 이런 도발적인 외관 뒤로는 질서 정연한 설계가 있다. 내부로 들어가면 덮쳐 오는 지붕으로부터 극적인 효과를 느낄 수 있다. 의자 대부분이 단순한 흰색 받침대 위에 올려져 있는데, 가능한 한 햇빛을 조명으로 받는다. 건물 자체가 하나의 기쁨이다. 그뿐만 아니라 우스꽝스럽게 보이는 외관이 실상은 합리적이며, 사람들을 매우 조각적인 건축의 세계로 끌어당긴다.

게리는 이후 10년 간 계속 이런 일을 의뢰받는데 도발적인 빌바오 구겐하임 미술관(321쪽)에서 그 정점을 보여 준다. 게리는 건물 전면에 눈길을 끄는 장치들을 즐겨 쓴다. 약간 과장이 있긴 하다. 그러나 사람들은 결국 그것이 질서 정연한 것임을 깨닫는다.

브로드게이트 센터 Broadgate Centre

SOM · 아룹 연합 등, 1988, 영국 런던

런던으로서는 이상하면서도 성공적인 대규모 도시 계획의 하나다. 넓은 어깨에 잘 빠진 근육질의 권투선수가 빛나는 더블 양복을 입은 것 같은 모습이다. 브로드게이트에는 인기 있고 세련된 새 공공건물 광장들이 있고, 그 주위로 넓고 번쩍거리는 고급 사무실 건물들이 모여 있다. 훌륭한 광장들이 건물들을 부끄러워하지만, 이 건물들의 문제점인 거대한 부피가 그들이 존재하는 이유이기도 하다.

1980년대 중반, 런던 증시의 규제 해제로 일시에 많은 거래소가 필요해졌다. 그러나 기존 사무실들은 너무 낡고 좁아서 고급 사무실들이 들어갈 수 없었다. 브로드게이트는 대리석과 화강암 같은 석재를 썼고, 청동과 황동 및 고급 조각들로 장식을 했다. 그러나 아무리 예술가나 건축가들이 건물의 크기를 감추어 보려 해도 볼썽사납기는 마찬가지였다. 그나마 중간에 있는 공간들은 아주 좋다. 광장과 계단, 겨울의 아이스 링크, 카페, 바 등이 풍요롭게 갖추어졌다. 리버풀스트리트 역과 바로 연결되는 등 여러 요소 덕에 런던의 가장 중요한 교차지점이 되었다. 브로드게이트가 완공되기 전에 증시는 붕괴했고, 런던 중심가에 이와 같은 건물들을 지으려고 하는 용감한 또는 어리석은 개발업자가 다시는 나타나지 않았다.

노 빌딩 Noe Building

브랜슨 코츠 건축사, 1988, 일본 도쿄

나이절 코츠(1949~)는 일본에서 식당, 바, 카페, 나이트클럽 등의 건축 의뢰가 쇄도하기 전에 런던 AA스쿨에서 10년 간 가르쳤다. 실제 건축을 하리라곤 생각지도 못했던 한 건축가가 도쿄에서 하룻밤 새 스타가 된 놀라운 순간이었다. 노 빌딩, 즉 노아의 방주, 그러나 먹고 마시고 모임을 즐기는 사람들로 가득 찬 이 곳은 코츠 최초의 독립 구조 건물이다. 재미있고도 도전적이다.

코츠는 건물과 건물 사이의 공간들이 서로 대화하고 도시 삶의 이야기들을 기념하는 '이야기식 건축'에 오랫동안 관심을 가지고 있었다. 이것은 사건과 세부 구조로 가득 찬 복잡한 건축을 의미했고, 재미있고 간간하며 멋지고 때로는 선정적이기까지 한 건축이어야 했다. 코츠는 이런 세부 구조들을 노 빌딩을 포함한 도쿄의 여러 건물에 채워 넣었지만, 영국에서 큰 건물로 신뢰를 얻기까지는 10년이 더 필요했다. 셰필드의 팝음악 박물관을 만들 즈음엔 토니 블레어의 노동당 정권에서 후원하는 중요 인사로 떠올랐다. 왕립 미술대학의 건축 및 디자인 교수이기도 한 코츠는 건축을 다른 미술 분야뿐 아니라 현대 음악이나 패션과 연결하려는 움직임에서 중심 인물이기도 하다.

펌프장 Pumping Station

존 아우트램, 1988, 영국 런던 도크랜드

한때 영국 공군의 조종사였던 존 아우트램(1934~)은 20세기의 마지막 20년 간 영국에서 가장 색다른 재능을 지닌 건축가로서 각광을 받았다. 탈근대주의자라고 해야 할 그는 아주 장식적이고, 심원하고, 다채로운 의미를 함축한 자기만의 건축을 구현했다. 아우트램의 의도가 무엇인지를 관객들이 자세히 알 필요는 없다. 다만 템스 강변에 세워진 이 펌프장 같은 공공시설을 다루는 데서 보이듯, 힘이 넘치고 당당한 그의 방식을 즐길 수 있고, 그가 시류에 휩쓸리는 여느 탈근대주의자와는 달리 천사 편에 서 있는 사람이라는 사실을 알기만 하면 된다.

이 펌프장은 강력하고 복잡한 기계들로 가득 찬 단순한 상자형 건물이다. 아우트램은 고대 문화에서 끌어온 장식물들로 이 상자를 꾸미고, 강의 신만이 알 수 있을 이야기를 심어 놓았다. 이 건물은 이내 웨스트민스터 사원이나 타워브리지에서 그리니치로 가는 유람선을 탄 관광객들의 사랑을 받았다.

아우트램은 이보다 몇 년 앞서서 런던 서부의 두 곳에서 평범한 산업 창고 건물에 이렇게 다채로운 마법을 부린 적이 있다. 노동자들은 털을 곤두세우며 조롱하고, 건축광들은 그 살벌한 공장 마당에 살금살금 기어들어가 별난 최신작을 흘끗흘끗 엿보는 장면이 생각만 해도 재미있다.

옥상 사무실 Rooftop Office

쿠프 힘멜블라우, 1989, 오스트리아 빈

볼프 D. 프릭스(1942~)와 헬무트 슈비친스키(1944~)는 어둡고 불길하게 자신들을 드러내는 정력적인 건축가 커플이다. 그들이 1980년대 초 빈에 만든 술집 '붉은 천사'는 악명 높았다. 도시의 19세기 구역에 있는 한 옥상에 만든 변호사 사무실도 그렇다. 정교한 지붕 조명은 마치 기계 박쥐가 지붕에 내려앉은 것처럼 보인다. 건축가인 그들 자신도 전등의 나사 하나까지 좋아할 정도였다. 어쨌든 이 옥상 건물을 흥미롭게 하는 희귀하고 인상적인 장치임에 틀림없다.

편평한 지붕이 등장한 후, 20세기의 건축가들은 처마 윗부분의 창조적 건축은 끝났다고 생각했다. 그런데 이들이 거기에 손을 댔다. 20세기 건축의 숨겨진 경이 중 하나인 카사 밀라(75쪽)의 지붕 경치를 만든 가우디, 벽과 지붕의 구분을 없앤 게리와 뵘, 작지만 널리 알려진 건축 작업을 수행한 쿠프 힘멜블라우 등이 그 예외에 속한다. 지붕 조명만큼 기발하지는 않지만 내부 구조 역시 볼 만하다. 기계 박쥐를 깨물거나 삼키는 것처럼 지붕이 열리는 모습 또는 전등 나사를 푸는 듯한 모습은 마치 악몽 속의 소품들처럼 즐겁다. 프릭스와 슈비친스키는 1990년대에 국제 무대로 진출했다.

피라미드 Pyramid

I. M. 페이, 1989, 프랑스 파리 루브르

루브르 박물관의 중앙 마당에 유리로 된 피라미드를 만들겠다는 발표는 큰 논란을 불러일으켜 급기야 1984년에는 이 신성한 곳의 입구에서 경찰과 시위대가 충돌까지 했다. 지금 돌이켜 보면 도대체 무엇 때문에 그런 소동이 일어났는지 어리둥절하다. 파리지앵들은 에펠탑이 처음 만들어졌을 때 그것을 미워했던 것처럼, 이번에는 피라미드를 거부했다. 하지만 그들은 곧 피라미드를 좋아하게 되었다. 이집트 피라미드를 천박하게 복제한 것이 아니라 고대의 것을 모델로 삼아 유리로 만든 인상적 재해석이었다. 두 개의 새끼 피라미드와 힘찬 분수를 거느린 조화미는 기억할 만하다. 이는 이 유명한 박물관의 둥그렇고 강한 데카당스의 건축을 강화해 준다.

대담하고 추상적인 워싱턴 국립 미술관 동관 증축 공사(1978)를 맡았던 재주 있는 중국계 미국 건축가 이오 밍 페이(1917~)가 설계를 했다. 이 유리 피라미드는 미테랑 대통령의 대규모 프로젝트에서 빙산의 일각에 불과했다. 페이의 수정 전시관은 크고 세련된 새 로비로 연결되는 입구였고, 관객들은 이 로비에서 모나리자나 밀로의 비너스를 관람하기 전에 방향 감각을 정비했다. 이 인기 있고 성공적인 작업은 1992년에 이르러 크게 확장되었다.

라 빌레트 공원 Parc de la Villette

베르나르 추미 등, 1989, 프랑스 파리

이 '해체주의' 공원은 프랑스 혁명 200주년 기념 사업의 (미완의) 경이 가운데 하나다. 눈에 띄게 위대한 것도 아니고 상징성도 없는 이 공원을 계획하는 데만 6년이 걸렸는데, 기쁨을 위한 설계가 어리석은 결과만 낳았다. 파리 중심부의 옛 도살장 자리에 들어선 이 공원은 시대를 앞서간 해체주의 철학자 자크 데리다의 영향을 받은 베르나르 추미(1944~)가 디자인했다.

즐겁지만 쓸모없는 해체주의 디자인을 표현하기 위해 마흔두 개가 넘는 밝은 색깔의 우스꽝스런 격자 구조물로 덮일 예정이었다. 대부분의 구조물은 밝은 빨간색이 칠해졌고 서서히, 아주 서서히 나무와 풀, 사람들에게 둘러싸였다. 페인실버가 만든 거울로 마감한 거대한 공 '지오드(Geode)' 속에는 신과학박물관과 아이맥스 영화관이 자리하는데, 익숙지 않은 사람에게는 마치 숨어 있는 것 같은 느낌이다. 점점 많은 사람들이 대형 영화를 보기 위해 여기로 모여들었다. 그 구조물들은 다양한 이벤트 프로그램을 위해 만들어졌으나, 해가 바뀌어도 그 꿈은 실현되지 못했다. 대신 하나는 식당, 또 하나는 카페, 다른 하나는 전망대, 이런 식으로 전용되어 갔다. 이 구조물들은 엄격한 수학적 수열에 따라 배치되었다. 실질적이고 예정된 기능 없이 만들어진, 현대 건축의 드문 예에 속한다.

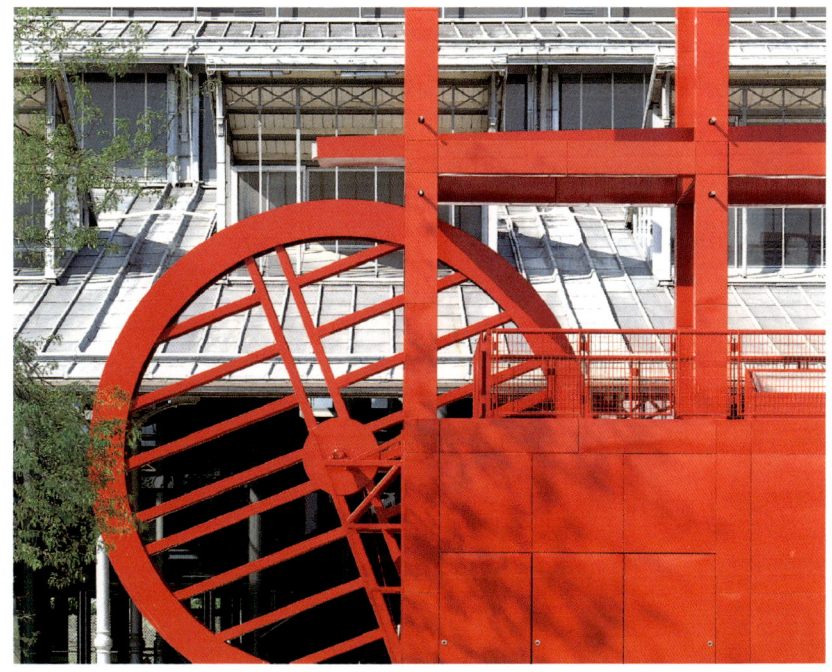

저지 연구소 Judge Institute

존 아우트램, 1993, 영국 케임브리지

저지 연구소는 영국의 젊은 세대에게 제조업보다는 경영을 훈련시키기 위해 세운 경영대학이다. 1980년대 영국은 산업 경제에서 서비스 경제로 전환하여 미국의 기업 방식, 언어, 문화를 흉내 내기 시작했다. 건축과 조경에서도 검박함을 버리고 탈근대주의에 기초한 현란하고 으스대는 미국식이 등장했다. 당대의 가장 현란한 건물에 서비스 경영 과정의 교육을 유치한 것은 걸맞아 보인다. 경영 책임자를 길러 내는 사원인 이 건물은 시원스런 장식과 함께 무미건조한 쇼핑몰 속으로 섞여 들어간 어수선한 로마 공회당이라 할 수 있는데 무척 기발하다. 공간 이용, 서비스 조직, 에너지의 사용을 주의 깊게 고려했지만, 기존의 관점으로는 소화할 수 없는 건물이 만들어졌다.

아우트램은 1950년대부터 영국 '하이테크' 학교 건설의 선구자 자리를 지켜 왔다. 그러나 현란한 장식에 대한 유혹 때문에 원래의 중요한 목적들이 훼손된 듯한 느낌이 있다. 탈근대주의, 후기 산업, 서비스 경제의 시대에 모든 회사와 대학들이 차별성 있는 브랜드를 갖고 싶어했다. 저지 연구소가 얻은 것은 이 건물이다.

대법원 Supreme Court

람 카르미, 1993, 이스라엘 예루살렘

국제 공모전에서 당선된 람 카르미의 대법원 청사는 20세기의 마지막 사반세기 동안 추구되어 왔던 과거와 현재의 조화가 잘 구현된 곳이다.

고대 이스라엘 건축의 낭만적 관점과 요새들에서, 또 1920년대와 1930년대 당시 팔레스타인이었던 곳에서 영국과 이스라엘 건축가들이 역사와 상징성뿐 아니라 기후까지도 완벽하게 고려한 현대적 설계를 하면서 남긴 유증에서 그 남성적 형태를 따왔다.

국립도서관 Bibliothèque Nationale

도미니크 페로, 1995, 프랑스 파리

프랑스 사람들에겐 BGV(고속도서관)로 알려진 이 거대한 국립도서관은 발주, 설계, 건설에 5년이 걸렸다. 빨리 해치운 것도 성취라면 성취일 수 있겠지만, 정작 건물 자체는 의문투성이고 여러 면에서 오류가 발견되었다.

페로(1953~)는 센 강 연안에 펼친 책 모양의 건물 네 동을 설계했는데, 거대한 계단식 토대석 위에 대부분이 유리로 뒤덮인 건물을 올렸다. 토대석의 안쪽을 파내어 정원으로 조성하고 그 주위에 열람실을 배치했다. 거대한 책 모양의 건물들은 토대석의 네 귀퉁이를 지키고 서서 서고가 되었다. 설계도상에서는 즐겁고 기발했다. 모든 사람이 열람할 수 있는 지식의 저장고가 거기 있었다. 그러나 모든 사람이 알아차릴 수 있는 문제점 또한 거기 있었다. 귀중한 책들이 햇빛에 노출된 것이다. 따라서 서고는 바닥에서 꼭대기까지 나무로 된 덧문을 달아야 했다. 설계에 문제가 있어서 그 문제점을 해결하기 위해 다시 많은 에너지를 소모하는 이상한 일이 벌어진 것이다. 공공시설에 귀하고 멸종 위기에 있는 단단한 목재들을 아낌없이 썼다는 점도 비판을 받았다. 그러나 파리지앵들은 용감한 새 건물에 대해 불평하다가 결국 가슴 깊이 좋아하기로 유명한 시민들이다.

1990년대 말에 이르러 페로의 이 비뚤어진 디자인으로 귀의하는 사람들이 나타나고 있다. 행사를 벌이기에 제격이어서 즐겁고 들뜬 만남의 장소가 되어 가고 있다.

페트로나스 타워 Petronas Towers

시저 펠리, 1997, 말레이시아 쿠알라룸푸르

동남아의 '호랑이' 경제는 세기 말에 그 발톱을 잃기 시작했지만, 지난 20년 동안 오리 튀김에서 팬케이크까지 만들어 내는 제조업을 통해 오래된 서구 산업사회를 위협하고 국내총생산(GDP)을 급상승시켰다.

19세기 말의 시카고가 그랬던 것처럼 이 유례 없는 경제 성장은 마천루를 탄생시켰다. 동남아 국가들은 경쟁적으로 높은 건물을 지었다. 이 경쟁이 어디서 끝날 것인지 말하기는 어렵지만, 20세기의 끝을 기준으로 할 때 승자는 말레이시아 수도 '황금의 삼각주' 중심에 위치한 쌍둥이 건물, 페트로나스 타워다. 이 건물 진입로를 만들기 위해 이 지역에서는 숭배의 대상이기도 한 골프장을 헐었을 만큼 나라의 위상을 높이는 데 중요한 건물이었다.

시저 펠리(1926~)가 설계한 88층, 451미터 높이의 쌍둥이 타워는 허리께에서 다리로 연결되어 있다. 이 지역의 불교사원을 기초로 하여 디자인했다고는 하지만, 소금과 후추 양념통을 닮았다. 키치일 수 있지만 뉴욕과 시카고의 초기 건물들은 그렇지 않았다고 강변하기도 힘들 것이다.

게티 센터 Getty Center

리처드 마이어, 1997, 미국 캘리포니아 로스앤젤레스

게티 센터는 20세기 후반의 아크로폴리스다. 로스앤젤레스의 넓게 퍼진 교외가 굽어보이는 언덕 꼭대기에 자리 잡고 있는데, 마치 주변에 예술과 문화, 학문을 나누어 주는 듯이 보인다. 초연하고 고결하고 세련된 모습을 한 이 도시 속의 도시는 뛰어난 성취를 이루었다. 방문객은 거대한 주차장에서 흰 전차를 타고 언덕을 올라 광장에 닿는다. 거기서 종일 전시관을 옮겨가며 구경할 수 있고, 배경으로 펼쳐진 산과 태평양의 빼어난 풍광을 볼 수도 있다. 곳곳에 있는 테라스나 멋진 정원에서 햇빛을 쬘 수 있고, 카페나 식당에서 요기를 할 수 있을 뿐 아니라 복잡한 고속도로와 에어컨이 켜진 쇼핑몰로 돌아오기 전에 예술작품에 대한 이해까지 얻을 수 있다.

건설에 물경 10억 달러가 든 게티 센터는 석유개발로 돈을 번 게티 일가의 기념비적 건축이다. 게티 일가가 전 세계에서 벌이는 예술과 보전 작업은 광포한 미국 자본주의에 대한 속죄 행위다. 콘크리트와 석회화 마감재로 만든 갤러리, 스튜디오, 워크숍 공간, 강의실, 공공 용도의 별관 들이 아름답고 간소한 건물군을 이루고 있다. 매우 인상적이고 초연하며, 황홀하게 하루를 보낼 수 있는 초현실적 장소다.

빌바오 구겐하임 미술관 Guggenheim Museum

프랭크 게리, 1997, 스페인 빌바오

여러 해 동안 가장 많이 거론된 건물이다. '솔로몬 R. 구겐하임 미술 컬렉션'의 바스크 판 전초기지로서 빌바오의 이미지를 바꾸어 놓았다. 당시까지 이 오래된 도시는 독특한 방언과 바스크 분리주의 운동과 폭력, 또 바쁜 항구도시로밖에는 연상되지 못했다. 그러나 1997년 후반부터는 주말 여행자들의 표적이 되었다. 그들은 게리의 이 충동적인 미술관을 보러 왔다. 바스크 분리주의자들은 개관식에 참석한 후안 카를로스왕을 암살하려고 혈안이 되었고, 실제로 꽃 상자 안에서 폭탄이 발견되었다. 만약 그것이 터졌다면 미술관을 지키고 서 있는 제프 쿤의 조각 〈강아지〉뿐 아니라 카를로스왕과 이 유명한 미술관의 감각적인 티타늄 마감재들이 박살났을 것이다. 폭발이 있었다면 빌바오와 바스크 족으로서는 큰 실수일 뻔했다. 왜냐하면 총과 증오의 긴 세월보다는 이 미술관을 통해 더 많은 동정을 얻었기 때문이다.

친근한 미술품들을 전시하는 고전적 갤러리가 자리한 중앙 전시장에는 여러 층의 분실이 있다. 대형 팝 조각들을 위해 길게 늘어지은 전시장이 있는데, 여기에 리처드 세라의 〈뱀〉도 전시되어 있다. 휘어진 세 개의 키 큰 강철판으로 된, 30미터가 넘는 조각이다. 기이하지만 경탄스럽다.

No 1 닭 No 1 Poultry

제임스 스털링 · 마이클 윌포드, 1997, 영국 런던

성공한 런던 부동산 개발업자의 아들인 피터 팰럼보는 미스 반 데어 로에에게 런던의 사무용 건물을 의뢰하겠다는 꿈을 품고 있었다. 런던 시장의 관사인 맨션 하우스 맞은편에 있던 예쁘고 작은 빅토리아 양식의 사무실과 가게들을 대신할 것이었다. 팰럼보는 1959년에 미스를 만나기 위해 시카고로 날아갔다. 그러나 미스의 후기 작품 중 하나가 만들어지는 것을 방해하는 여러 장애물들을 제거하는 데 30년이 걸렸다. 시그램 빌딩(203쪽)과 흡사했다. 공청회를 두 번 열고 여러 전문가들을 거느렸는데도 팰럼보는 포기를 강요당했다. 대신, 정반대 쪽의 건물 한 채를 스털링과 윌포드에게 의뢰했는데, 맨션 하우스를 향해 돌진하는 듯 의도적으로 탈근대주의풍 유조선 모양을 하고 있다. 개발업자의 이 선박을 건조하는 데 몇 년이 걸렸다. 사무실, 가게, 바, 식당, 옥상 정원, 뱅크 지하철역 입구 등을 갖추었다. 크고 밝은 색은 재치를 의도한 것 같은데, 탈근대주의식 농담이 제대로 되는 법이 없으니 재미가 없다. 그러나 팰럼보는 태연했고 비평 따위는 안중에도 없었다. 다양한 양식의 건물을 수집한 그는 미스 반 데어 로에의 판즈워스 주택(186쪽)과 르 코르뷔지에의 메종 자울(198쪽)도 가지고 있다.

유대 박물관 Jewish Museum

다니엘 리베스킨트, 1999, 독일 베를린

옛 베를린 박물관 옆에 지그재그 모양을 그리고 있는 유대 박물관은 매우 강렬하고 특이한 건물이다. 아연판으로 마감한 건물 안에 많은 갤러리가 있는데, 그것들을 연결하는 중앙의 빈 공간을 중심으로 설계되었다. 그 빈 공간은 히틀러의 제3제국이 들어설 당시 베를린에 살고 있던 25만 유대인의 자리다. 그들은 사랑하는 도시를 버릴 수도 있었지만, 머물렀기 때문에 죽임을 당했다. 음악가 교육도 받았던 리베스킨트(1946~)가 설계 도중 거듭해서 들었다는 쉰베르크의 미완성 오페라 〈아론과 모세〉의 강력한 힘이 이 무조(無調)의 건물에 있다. 이 박물관은 홀로코스트를 기념하는 건물이 아니라 이 도시로부터 끌려나와 죽임을 당했던 사람, 삶의 방식, 문화 등을 기념하고 추억하기 위한 것이다.

근처를 지나는 에스반 노선의 한쪽 끝에는 1942년에 '최종해결책'(나치의 유대인 말살 정책—옮긴이)을 확정한 반제가 있고, 다른 쪽 끝에는 오리아넨베르크가 있다. 그곳에는 하인리히 힘러가 광적으로 유대인 수용소 건립을 추진한 본부였다가 지금은 지방의 회 사무실로 쓰이는 건물이 있다. 베를린의 망령들은 아직 완전히 쫓겨나지 않았다. 큰길에서는 입구를 찾을 수 없는, 이 깊은 생각에 잠긴 박물관은 가장 강력하고 크게 쓴, 기억을 위한 건축이다.

팝음악 박물관 Museum of Popular Music

브랜슨 코츠 건축사, 1999, 영국 셰필드

10대와 팝음악은 20세기 중반의 한 현상이었다. 이제 그것들은 오래된 역사가 되었다. 초기 팝스타 대부분은 이륜마차를 타고 하늘로 갔고 10대 팬들은 할아버지 할머니가 되었다. 아마 그들이 다소 현학적인 이름의 팝음악 박물관에서 열광의 젊은 시절을 되돌아보기 위해 셰필드로 모여들지도 모른다.

거의 모든 팝음악을 주도하는 비트를 상징하는 한편, 1980년대와 1990년대 영국에 불어닥친 중공업 폐기의 열풍(노동조합과 진보적 노동계층도 같은 운명을 맞고 있다.)에도 불구하고 여전히 철강공업의 중심으로 남아 있는 셰필드 시에 경의를 표하기 위해 네 개의 강철 드럼 모양으로 설계했다. 관객들이 곧바로 건물 중심부로 들어가 스스로 어디를 볼 것인지 방향을 정하게 함으로써, 현대 갤러리 관객들이 흔하게 겪는, 혼란스럽게 이리저리 돌아다녀야 하는 짐을 덜어 주었다. 건축가들이 공기주입 방식을 이용해 이것의 모형을 만들어(1998) 런던의 기마호위 행렬에 설치했다. 이 모형은 지금 정부가 지원하는 영국 디자인 전시회로서 신노동의 '멋진 영국'을 상징하는 〈파워하우스 영국〉에 전시되었다.

보일러하우스관 Boilerhouse Wing

다니엘 리베스킨트, 2001, 영국 런던 빅토리아 앤드 앨버트 박물관

스탠리 큐브릭의 서사시 〈2001: 스페이스 오디세이〉를 보면 사람들이 우주를 합리적으로 디자인하려고 한다. 옷, 가구, 우주선, 컴퓨터, 대화 등을 통해 이런 것이 표현된다. 그러나 최선의 노력에도 불구하고 비합리성, 혼돈, 정확히 알 수 없는 위로부터의 강력한 개입 때문에 이런 시도가 좌절된다. 건축가들은 20세기 내내 합리와 불합리, 낭만과 이성, 질서와 무질서 사이에서 전투를 치러 왔다. 승자가 누구인지 말할 수 있는 사람은 누구인가? 실상 승자는 어디에도 없다.

새 세기를 앞두고 리베스킨트가 런던 빅토리아 앤드 앨버트 박물관의 새 전시관에 내놓은 나선형 설계는 이런 상충되는 두 힘 사이의 투쟁을 표현했다. 그가 제시한 건물은 이성의 힘과 혼돈의 힘 사이에서 뒤틀리고, 두 반대극의 자력에 의해 일그러진 것처럼 보인다. 한정된 면적 위에 많은 공간이 집적된 건물이다. 일련의 전시관이 나선형으로 솟아올랐다. 사우스 켄싱턴에서 아둔함에도 불구하고 사랑받는 빅토리아식 박물관의 기묘하고 다채로운 스카이라인을 더 풍요롭게 하려는 것이 리베스킨트의 생각이었다. 보일러하우스관은 투명하고 내구성 있는 모습을 보여 주기 위해 테라코타 타일로 마감할 예정이다.

로봇형 건축
살기 위한 기계

19세기의 공학자들은 새로운 형태의 건물과 구조를 개발했다. 건축가들이 그들의 걸작에 고딕식 외투를 입힐까, 고전주의식 토가를 입힐까, 아니면 대담하게 둘을 모두 입힐까 하며 양식과 싸우는 동안 눈을 크게 뜬 건축가들과 공학자들은 새로운 자재와 구조의 가능성을 실험하였다. 결국 세기의 전환기에 이런 것들이 구체적으로 손에 잡히자 건축가들은 그것들로 갈아입지 않을 수 없음을 알게 된다. 그들에겐 그런 구조들이 더 아름다울 수 있다는 사실이 불가능하게 보였던 것 같다. 그러나 사실 아주 아름다웠다. 1차 세계대전 때까지 그리고 그 후로도, 아무리 흉측해도 예술인 건축과 종종 극히 아름다워도 과학인 공학 사이의 어리석은 분열이 있었다. 그런데 그때 댐이 터졌다. 비행선 격납고(330쪽), 공장(329, 331, 333, 348, 361쪽), 나아가 해안 방어 구조물(340쪽)까지도 비록 고전적 질서와 모든 형태의 장식에서 벗어나긴 했지만 고유한 고급 예술이라는 것을 스스로 확인했다.

마침내 판이 바뀌었고 건축가가 공학적 양식으로 설계하기 시작했다. 1970년대 말에 리처드 로저스, 렌조 피아노, 노먼 포스터 등이 이것을 독자적 예술 형태로 만든다. 이 방면 최고의 건물들이 꾸밈없는 공학적 구조와는 거리가 멀고, 아주 세련된 기예가 많이 필요한 고급 작품이긴 했다. 하지만 이 양식은 하이테크라는 별명을 얻는다. 그것은 건축가의 눈을 거쳐 나온 구조공학에 대한 찬미였다. 그리고 강철과 도관 같은 것의 반짝이고 세련된 전시가 어느 면에서는 고전주의의 기둥이나 석고로 만든 열매와 꽃줄기 같은 장식품이었다. 일면 과시적인 건축이었고, 관습과는 무관하게 만든 것도 아주 아름다울 수 있음을 증명하려는 설계였다. 리처드 로저스의 로이드 빌딩(363쪽)은 요제프 호프만의 슈토클레트 저택(26쪽)처럼 모든 구조물들이 세련되게 주문 제작된 것들이다.

로봇형 건물에는 크게 두 유형이 있다. 일반적 주거용도로 쓰이지 않고 기계 기능을 하는 것들이 그 하나다. 여기에는 이 장에서 소개할 여러 가지 통신탑과 통신소, 니콜라스 그림쇼가 만든 런던 도크랜드의 파이낸셜 타임스 인쇄 공장(364쪽), 구스타프 파이흘이 오스트리아 아플뢰르에 아름답게 만든 위성지구국(359쪽) 등이 있다. 이런 인상적인 구조물들은 대중매체와 고도 기술 시대에 두각을 나타낸 건축가들에게 깊은 인상을 심어 주었다. 다음으로, 그렇게 할 수 있다는 사실 확인 외에는 다른 목적 없이 가능한 한 넓고 높게 설계된, 난폭하게 기능적이고 동시에 매력적인, 오랜 전통 속의 건물들이 있다. 시카고의 존 핸콕 센터(353쪽), 루이지애나 배턴루지에 있는 유니언 탱크 자동차 회사의 거대한 측지 돔(343쪽) 등을 들 수 있다.

이런 기계 같은 빌딩은 아주 순수하다는 점, 공학자와 건축가의 재능을 이음새 없이 하나로 융합한다는 점 등에서 대단히 만족스럽다. 오를리의 비행선 격납고(330쪽)나 오르베텔로의 격납고(338쪽)를 보라. 완벽하다. 또 간사이(370쪽)나 홍콩(373쪽)의 새 공항들을 보라. 이것들은 날아오르기 위한 기계로서, 다른 근대주의의 전통 속에 일한 건축가들이 성취하기 힘든 개방성과 정직성을 가지고 있다.

풀러 빌딩 Fuller Building

다니엘 버넘, 1902, 미국 뉴욕

처음 등장했을 때부터 그 생김새 때문에 '플랫 아이언(Flat Iron)'으로 불린 이 20층짜리 빌딩은 초기 도심 고층 건물의 걸작에 속한다. 버넘은 거리 모퉁이의 쓸모없는 자투리땅에 아주 독특하고 기억할 만한 모습의 건물을 지었다. 진정한 '마천루'의 시작이었다. 하늘에 닿는 데 필요한 모든 기술이 갖춰진 때였다. 엘리샤 오티스가 1857년에 승객용 승강기를 생산했고, 1871년과 1874년의 시카고 대화재가 강철 프레임 건물을 개발하게 했으며, 세속적 바벨탑들을 지탱할 기초 공사법이 개발되었고, 강철 프레임에 벽돌이나 석재 패널을 붙이는 마감 기술 역시 실용화되고 믿을 만해졌다. 풀러 빌딩 건축 후 5년 만에 마천루들은 152미터 높이까지 올라갔고, 그 높이는 제한이 없을 것 같았다.

풀러 빌딩은 맨해튼 하늘 높이 올라가면서 루이스 설리번이 자신의 유명한 책 『예술적 고층 사무 건물』(1896)에 제시한 원칙들을 준수했다. 설리번은 그 책에서 이상적 사무용 건물은 전면이 팔라디오 양식과 고전주의 기둥으로 되어 있으며, 1층에는 가게와 로비가, 중간층들엔 사무실이 배치되며 맨 위층은 돌림띠 위쪽의 중이층이 되어야 한다고 했다.

피아트 자동차 공장 Fiat Factory

지아코모 마테-트루코, 1923, 이탈리아 토리노

시인 필리포 토마조 마리네티가 그의 미래주의 선언에서 이렇게 말했다. "우리는 새로운 아름다움, 즉 속도의 아름다움에 의해 세상의 장대함이 더욱 풍부해졌다고 확신한다." 자동차가 그리 빠르지 못했고, 라이트 형제가 시속 20킬로미터의 동력 비행에 성공한 지 불과 6년 후인 1909년의 일이었다. 1920년에 지아코모 마테-트루코(1869~1934)가 토리노 도심과 그리 멀지 않은 링고토에 피아트 공장의 건축을 시작했다. 당시의 여느 공장들처럼 미래주의적 이상의 한 상징이었다. 빠르고 효과적인 자동차 생산을 위해 지은 이 건물의 옥상에는 포물선 모양의 테스트 주행 코스가 만들어졌다. 위풍 당당한 공장 지붕에서 속도를 내며 달리는 피아트 자동차를 찍은 사진은 기계가 왕이요, 속도가 왕비인 새 시대를 확인시키기 위해 오랫동안 사용되었다. 그러나 주행 코스를 제쳐 놓더라도 이 공장은 묵직한 콘크리트 건물이었고, 속도뿐 아니라 구조와 존재감의 가벼움에도 주목한 미래주의 이상과는 동떨어진 것이었다.

이 거대한 공장이 더는 자동차를 만들지 않는다. 렌조 피아노가 사려 깊게 개조하여, 아주 서서히 복합 전시 공간과 문화 센터가 되어 갔다. 저 유명한 콘크리트 주행 트랙은, 1차 세계대전의 야만적 실험 뒤로 건축가와 공학자 디자이너들에게 열린 '멋진 신기계 세계'의 한 이미지로 앞으로도 영원히 남을 것이다.

비행선 격납고 Airship Hangars

외젠 프레이시네, 1923, 프랑스 파리 오를리

이 당당한 구조물이 연합군의 폭격으로 1944년에 파괴되었다. 그러나 건축가와 공학자들의 마음속에 남긴 강한 인상은 파괴될 수 없었다. 위대한 공학자인 외젠 프레이시네(1879~1962)는 콘크리트로 시를 쓴 시인의 첫 세대에 속한다. 강철선을 넣은 콘크리트의 선구자이자 위대한 직관을 가진 디자이너였던 그는, 이 소재로 여러 교량과 바뇨의 기관차 보관소(1929), 알제리 베니-바델의 댐(1940) 등 매우 우아한 구조물을 많이 만들었다.

오를리의 이 비행선 격납고는 길이 175미터, 너비 91미터, 높이 60미터에 이른다. 가장 얇은 곳이 두께 9센티미터의 포물선 모양 아치들로 구성되었다. 프레이시네는 거대한 근대 구조물이 꼭 괴물처럼 만들어질 필요는 없음을 보여 주었다. 비행선 시대의 이 기념비적 건물들의 거대한 규모는 그 힘찬 콘크리트 입구에 가까이 다가가야 비로소 분명해질 것이다. 프레이시네의 천재성은 아치 모양뿐 아니라 아치로 된 벽 사이에 유리를 끼울 수 있게 한 데서 한껏 드러난다. 이 격납고는 콘크리트 동굴이 아니라 콘크리트 대성당이다. 그 뛰어난 디자인은 아무리 큰 건물일지라도 장식이 불필요하며, 오히려 그것이 주변 풍경을 꾸며 준다는 사실을 알려 준다.

필자는 땅에서 또 하늘에서 이 건물을 한 번 보았더라면, 하는 이루어지지 못할 간절한 바람을 가지고 있다.

포드 유리 공장 Ford Glass Factory

알버트 칸, 1924, 미국 미시건 디어본

알버트 칸(1869~1942)은 근대 공장 건축의 아버지다. 독일에서 태어나 어릴 적에 미국으로 건너가 디트로이트에서 자랐다.

병원과 주택 등을 설계하다가 패커드 사에서 처음 자동차 공장 설계를 시작하여 포드 사와 크라이슬러 사로 옮겨가며 그것을 자신의 활동 영역으로 삼았다. 포드 사의 거대한 루즈 리버 유리 공장의 설계는 아주 정밀했다. 기다란 구조로 된 공장 안의 24시간 돌아가는 컨베이어 벨트 위에서 유리가 냉각되고 잘리고 닦였다. 열은 유리로 된 각진 지붕의 구멍을 통해 방출되었다. 산업적 도리스 양식이라 할 수 있을 네 개의 소각로용 굴뚝은 공장에 커다란 존재감을 부여한다.

공장을 보러 온 소련 방문단 대표는 간결함과 논리, 효율성에 강한 인상을 받아 칸에게 스탈린그라드의 트랙터 공장(1930) 설계를 요청했다. 칸은 스탈린 치하의 소련에 4년 간 머물면서 521개의 공장을 설계했다.

미국으로 돌아온 칸은 2차 세계대전이 발발할 때까지 미국 신축 공장의 20퍼센트를 설계했다. 네브라스카 주 오마하의 글렌 L. 마틴 폭격기 공장(1943)이 마지막 작업이었다. 칸이 산업에 끼친 공헌은, 20세기 공장들에서 이루어지는 서로 다른 작업들을 하나의 거대한 지붕 아래로 모아 합리화한 데 있다.

다이맥시언 하우스 Dymaxion House

버크민스터 풀러, 1927

버크민스터 풀러는 상자 속에서 뛰어나오는 인형처럼 기발하고 말재주가 뛰어난 미국 발명가다. 그의 강의를 한 번이라도 들어 본 사람들은 네 시간, 다섯 시간, 혹은 여섯 시간이 도대체 어떻게 흘렀는지 도무지 알 수 없다고 말한다. 그는 경량 구조물을 만들고, 최소한의 에너지와 원료를 이용해 최대한의 기술적 시현을 해 보겠다는 소원을 가지고 있었다. 이런 면에서 그는 시대를 앞서간 사람이었다.

1927년의 다이맥시언(Dynamic plus maximum efficiency) 하우스 원형이 그 첫 프로젝트였다. 르 코르뷔지에의 '집은 살기 위한 기계'라는 금언을 문자 그대로 구현한 것이다. 여섯 개의 삼각형 방이 기본 주거 설비(부엌, 욕실, 배관 등)를 갖춘 중심축에 매달린 형태로 된 경량 구조물이었다. 지름 15미터, 높이 12미터, 무게 2,227킬로그램으로 간단히 들어 올려 운반할 수 있다. 문제는 이런 기계 안에서 살려는 사람이 없다는 것이고, 북아메리카 전통 주택인 벌룬 구조의 목조 주택 역시 값싸고 쉽게 운반할 수 있다는 사실이었다. 1946년에 나온 위치타 하우스가 다이맥시언 하우스의 개량판인데, 집이라기보다는 화성탐사선 같은 모습이었다.

반 넬레 담배 공장 Van Nelle Tobacco Factory

마르트 스탐·요한네스 안드레아스 브링크만 등, 1930, 네덜란드 로테르담

이 우아한 공장은 1920년대 중반 브링크만(1902~1949)의 사무실에서 2년 간 일한 마르트 스탐(1899~1987)이 대부분 작업한 것이다. 마르티누스 아드리아누스 스탐은 일찍부터 헌신적 사회주의자였다. 1920년대 초, 독일에서 한스 펠치히, 막스 타우트와 일한 후에 소련으로 건너가 혁명적 소비에트 건축가 엘 리시츠키(라자르 마르코비치 리시츠키, 1890~1941)와 모스크바에서 일했다. 그 후 반 넬레 프로젝트를 초기 근대주의 운동의 도상적 디자인 가운데 하나로 만들었다.

이 공장은 유리가 많이 쓰인 멋진 건물로 마치 공항 관제탑 같은 옥상 식당을 갖추고 있다. 공장 본관에서 굽어 나온 3층의 부속 건물에는 사무직 노동자를 위한 도서관과 식당이 있다. 당대 대부분의 공장에 비해 채광과 환기가 좋다. 그뿐 아니라 여러 시설을 포괄한 구조는 무질서하게 임시 변통의 건물들이 함께 들어서는 것을 막을 수 있었다. 세계 각국의 공장주와 건축가들이 방문했고, 외관과 물리적 조직 면에서 근대 산업 설비의 모델이 되었다. 나중에 브링크만은 세계 최초로 각주(脚柱) 위에 세워진 주거 건물인 베르크폴더 주택 단지(1934)를 로테르담에 지었고, 스탐은 데사우의 바우하우스에서 학생들을 가르쳤다.

크라이슬러 빌딩 Chrysler Building

윌리엄 반 알렌, 1930, 미국 뉴욕

아마도 세계에서 가장 사랑받는 고층 건물일 크라이슬러 빌딩은 공학 기술과 아르데코 쇼맨십이 결합된 걸작이다. 윌리엄 반 알렌(1883~1954)이 세계 최고 높이의 건물(320미터)을 표방하고 설계했으나, 불과 1년 뒤에 뉴욕 5번 가의 엠파이어스테이트 빌딩(380미터)에게 그 자리를 내준다. 그렇지만 일반적으로 크라이슬러 빌딩이 더 아름답다는 평가를 듣는다. 건축가 렘 쿨하스는 그의 유명한 삽화에서, 이 두 라이벌 마천루를 사랑 후 휴식을 즐기고 있는 침대 위의 두 연인으로 그려 놓았다. 엠파이어스테이트 빌딩은 남자, 크라이슬러 빌딩은 여자다. 이 정도 높이의 강철을 소재로 한 건축 기술이 1920년대 말에 시도되고 실험되었다. 그리고 크라이슬러 빌딩은 미국 건설 산업의 역량을 문자 그대로 한 차원 올려 놓았다. 그러나 이 건물의 가장 큰 매력은 현란한 스테인리스 스틸 장식에 있다. 타워에 씌워 있는 전등 혹은 '왕관'은 그야말로 절묘하다. 크라이슬러 사가 발주했고, 건물명과 건물 곳곳에서 발견되는 자동차 관련 장식들이 이를 설명해 주지만, 이 회사는 한 번도 이 건물을 점유하지 못했다. 반 알렌 자신도 공사 기간 동안 재정적 구설수에 오르내리다가 1930년 이후 건축계에서 사라졌다.

엠파이어스테이트 빌딩 Empire State Building

리치먼드 H. 슈리브 · 윌리엄 램 · 아서 루미스 하먼, 1931, 미국 뉴욕

어떤 현상, 도상, 영화 스타, 유명 관광지 등을 떠올리게 하는 엠파이어스테이트 빌딩은 1929년 월 스트리트 붕괴의 충격에 때맞춰 문을 연, 세계에서 가장 유명한 건물이다. 오늘날에는 강철 프레임을 덮고 있는 아르데코 양식의 본보기로 과대 평가되고 있지만 건축사에서는 그리 회자되지 않던 건물이다. 이것은 온당치 못하다. 40년 이상 세계 최고 높이의 건물이었다는 것말고도 이 건물은 맨해튼의 스카이라인에서 가장 중요한 자리를 차지했다.

전체적인 모습은 우아하고, 최소한의 아르데코식 화려함으로 치장한 석회석과 화강석 마감은 야하기보다는 맵시 있어 보인다. 도회적 정취로 보더라도 380미터(나중에 더해진 통신탑을 포함하면 450미터)라는 높이는 그 역할을 충분히 해냈다. 바로 옆 길에서 보면 8층 이상은 보이지 않는다. 그 이상은 안으로 들여 지었기 때문에 멀리 떨어져야 보인다. 1층에는 가게, 카페 등이 들어선 고급 아케이드가 있다. 아주 공공적 건물이다. 1931년 이래 1억 2,000만 명이 전망대에 다녀갔다. 건축가는 리치먼드 H. 슈리브(1877~1946), 윌리엄 램(1883~1952), 아서 루미스 하먼(1878~1958) 등이다.

조반니 베르타 스타디움 Giovanni Berta Stadium

피에르 루이지 네르비, 1932, 이탈리아 피렌체

근년 들어 확장되고 일부 훼손되기도 했지만 위대한 공학자 피에르 루이지 네르비(1891~1979)의 첫 주요작이다. 3만 5,000석이 있는 타원형 콘크리트 계단과 그것을 덮는 콘크리트 조개껍질로 된 거대한 한 쌍의 턱 모양을 한 단순 구조다. 고대 로마의 전례와 강화 콘크리트의 새로운 활용 덕분에 지을 수 있었다.

네르비는 롬바르디아의 손드리오에서 태어나 볼로냐대학에서 공학을 공부하고 1920년에는 자신의 회사를 차렸다. 그는 프레이시네(330쪽), 마야르 등과 함께 논리적 계산을 근대 소재 안에서 시적 형태로 변환시킨 예술가이자 디자이너이자 공학자로 알려졌다. 형태를 창조하는 과정은 예술가의 경우와 건축가나 공학자의 경우가 다르지 않다는 주장을 여러 글에서 펼쳤다. 그 과정은 논리와 수학에 의존하는 것만큼 직관에도 의존한다.

그의 첫 건축 작업은 1927년에 지은 나폴리의 한 영화관이었다. 그로부터 10년이 지나 그는 세계에서 가장 인상적이고 표현력 있는 구조공학자가 되었다. 그는 자신의 광범위한 사색을 여러 권의 주요 저서에 요약했다. 그 중에는 『건축술의 예술과 과학』(1945), 『건축학 용어』(1950), 『신건축술』(1963) 등이 있다.

엠파이어 타워 Empire Tower

토마스 테이트 · 랜슬롯 로스, 1938, 스코틀랜드 글래스고

테이트는 러시아의 영향을 받은 전체 높이 76미터의 이 구성주의 타워를 단 9주 만에 끝냈다. 완전한 기능을 하는 식당 하나와 전망대를 갖춘 것을 생각하면 나쁘지 않은 기록이다. 밤에는 이 건물에 불이 켜진다. 130킬로미터 떨어진 먼 곳에서도 보인다. 이 예상 밖의 설계는 1938년의 엠파이어 전시회를 위한 것이었다. 지금은 나이트클럽과 유행에 민감한 바로 유명하지만 글래스고가 영국 공학과 조선의 중심지였을 때 열린 그 전시에서 엠파이어 타워는 구조적 닻 역할을 했다. 거대한 기선과 기관차들이 조선소와 공장에서 만들어져 나왔다. 테이트의 건물은 이런 글래스고의 능력을 상징하는 인상적 구조물이었다. 강철 앵글을 리벳으로 접합하여 글래스고가 세계로 수출하던 골이 진 강철판으로 마감했고 그 덕에 빠른 완공이 가능했다. 그 의의는 대단했다. 다른 곳이 아닌 글래스고에서 소련의 구성주의가 기록적인 기간 안에 만들어진 것이다. 이 건물은 전시 후 곧 파괴되었다. 이 앉은뱅이 오리가 독일 공군의 폭격에서 살아남아 글래스고가 무참히 파괴된 2차 세계대전을 끝까지 지켜볼 수 있었다면, 그건 아마 기적이었을 것이다.

격납고 Aircraft Hangar

피에로 루이지 네르비, 1940, 이탈리아 토스카나 오르베텔로

"나는 상황에 따라 반동도 되고 혁명가도 된다." 이탈리아 파시스트 독재자 무솔리니가 한때 하던 말이다. 독일군이 1920년대부터 이탈리아를 장악했는데, 다시 연합군에 빼앗기는 1943년까지 일 두체(il Duce, 지도자) 무솔리니가 행한 건축 정책만큼 위의 진술을 정확히 반영하는 것은 없다. 그 마지막 시기까지 피에로 루이지 네르비는 뛰어나고 혁명적인 격납고를 열두 동 이상 설계하고 미리 성형된 콘크리트를 활용해 만들었다. 무력 위협이나 전쟁이 극히 창의적이고 아름다운 디자인이나 공학을 고무할 수 있다는 사실이 슬프기는 하지만, 여기서 그것을 확인할 수 있다. 지금은 파괴된 오르베텔로의 격납고가 네르비의 연작 가운데 최고로 꼽힌다. 고양이 요람 모양을 한, 강철 심을 넣은 콘크리트 골재의 격자 구조물 지붕을 섬세하게 만들어진 콘크리트 지주 여섯 개가 받치고 있다. 가로 102미터, 세로 36.5미터 크기의 지붕은 석면-시멘트 판으로 덮었다. 돔 아래에 무기를 모아둔다는 야만적인 목적을 속이는 듯, 대성당과 같은 고딕적 아름다움이 풍겼다. 다른 공학자들과 달리 네르비는 자신이 디자인에서 아름다움을 추구한다는 것을 부인한 적이 없다. 가볍고 섬세한 콘크리트를 추구한 데에는 눈을 즐겁게 할 뿐 아니라 구조공학의 영역을 앞으로 전진시키려는 목적이 있었다. 네르비에게 예술, 건축, 공학의 추구는 동일한 것이었다.

늑대 우리 Wolf's Lair

토트 조직, 1940, 폴란드 카친

아돌프 히틀러가 근대 건축의 퇴폐성을 비난했지만, 정작 자신은 2차 세계대전 기간의 대부분을 당시까지 만들어진 것 가운데 가장 진보적인 콘크리트 구조물의 지하 벙커에서 지내며 작전을 지휘했다. 히틀러의 아우토반을 만든 엔지니어의 이름을 딴 '토트 조직'은 폴란드 마주리안 깊은 숲 속에 볼프스한체(늑대 우리)라는 약 109제곱킬로미터에 이르는 콘크리트 건물과 벙커를 만들었다.

폰 슈타우펜베르크 대령이 1944년에 히틀러를 암살하려다 실패한 곳이고, 히틀러가 아침 브리핑 전에 그의 애완견 독일 셰퍼드 블론디와 산책을 즐기던 곳이다. 카지노와 사우나, 히틀러와 괴링을 비롯한 수뇌급을 위해 요새화된 주택들, 장교 숙소, 3,000명 이상을 수용하는 막사 등이 있었다. 히틀러 자신의 거대한 벙커는 불온하게도 1950년대의 브루탈리즘 건축과 유사했다.

친위대는 소련의 붉은군대가 침입할 경우에 대비하여 자폭 장치를 설치했다. 결국 소련군이 왔을 때 이 건물 단지가 폭파되었으나 토트의 강화 콘크리트는 폭파시키기가 거의 불가능했다. 히틀러의 좌절된 야망을 보여 주고 콘크리트 구조물의 위대한 힘과 내구성을 증명하는 기념물이다.

해안 방어 구조물 Coastal Defences

토트 조직, 1944, 프랑스

연합군의 유럽 상륙에 대비해 독일군은 프리츠 토트가 죽은 뒤 알베르트 슈피어(53쪽)가 이끌고 있던 토트 조직에 칼레에서 보르도까지 총좌가 구비된 방어벽을 만들라고 지시했다. 그런데 연합군은 이보다 훨씬 북쪽으로 상륙해 토트 요새의 분노를 피해 갈 수 있었다.

20세기의 성이라 할 이 구조물에서 특기할 점은 그것이 의미상 명백히 건축이란 것이다. 단순히 기능적인 측면만 고려하지 않고 미켈란젤로가 16세기 피렌체 방어벽을 디자인한 것처럼 열성을 기울였고 미적 측면을 충분히 고려했다. 독일 표현주의의 영향을 분명히 받았다. 인간적인 동시에 공격적인 모습을 담았다. 잉글랜드가 웨일스를 정복하기 위해 만든 성채 가운데 잔혹한 힘과 조각적 아름다움이 함께 드러난 것은 없다.

나치의 시설이란 이유 때문에 쇠락했지만 관광객들은 여전히 이곳을 찾고 있다. 나치 총좌 모습을 본떠 1950년대에 전시관, 학교, 쇼핑센터, 심지어 신시가지(스코틀랜드의 컴버놀드)까지 만든 영국 브루탈리즘 건축가들의 전조가 되었다.

발견의 돔 Dome of Discovery

랄프 텁스, 1951, 영국 런던

'브리튼 페스티벌'은 2차 세계대전 당시 공습에 시달리고 1954년까지 배급표에 따라 식량과 생필품을 공급받아야 했던 영국 사람들의 사기를 올려 주려는 활기찬 시도였다. 정원사 존 팩스턴이 런던 하이드파크에 세운 유례없이 화려한 수정궁에서 1851년에 대전시회가 열린 후 어언 100년이 지난 때였다. 비록 많은 사람들이 겉만 번지르르한 게 중학교 화학 수준이라고 생각했지만, 5개월간 계속된 1951년의 이 페스티벌은 실제로 즐거움을 주는 장관들을 연출했다.

랄프 텁스(1912~1996)가 만든 발견의 돔이 가장 볼 만한 구조물이었다. 최고 높이 28미터로 당시 세계 최대 돔이었다. 내부에는 그물 모양의 당당한 지붕 아래 3층 승강장으로 올라가는 긴 에스컬레이터와 계단이 있었다. 전후 시대의 경이로운 기술을 보여 주었다. 6년 동안 집권했던 사회주의 정권에 이어 1951년에 정권을 잡은 보수당 정부의 총리였던 전시 지도자 윈스턴 처칠의 특별 명령에 따라 이 돔은 페스티벌이 끝나자마자 철거되었다. 처칠에게 이 돔은 사회주의 정신의 표현이었다. 이 돔은 리처드 로저스의 밀레니엄 돔(377쪽)에 영향을 준다.

스카일론 Skylon

필립 파웰 · 히달고 모야, 1951, 영국 런던

런던 AA스쿨을 졸업하고 2년 후에 필립 파웰(1921~)과 히달고 모야(1920~1994)가 지방 정부에서 발주한 주택 단지 처칠 가든(1946~1952)의 공모에 당선한다. 템스 강과 질레스 길버트 스콧 경의 유명한 배터시 발전소를 마주보는 곳에 세워질 것이었다. 대규모 공공 주택 단지를 인간적으로 지으려는 대담한 시도였다. 그들의 다음 프로젝트였던 스카일론도 그 독특함에서 타의 추종을 불허했다. 그것은 돛대 모양이었는데 1951년 브리튼 페스티벌의 우아한 상징물이 되었다. 내핍의 시기에 스카일론은 일상적 건축에서 벗어나는 탈출구였다.

비행접시와 공상과학영화가 유행하던 이 시기에, 우주로부터 온 거대한 곤충이나 섬세한 발사대에 장착되어 우주로 쏘아올려지기를 기다리는 미사일을 연상시켰다. 마치 크리스토퍼 렌이 그 자신이 만든 성 폴 성당의 거대한 돔에 맞서 루드게이트의 성 마틴 성당에 뾰족탑을 세웠던 것처럼, 발견의 돔(341쪽)과 마주보는 위치에 규모와 모양이 그것과 정반대라 할 수 있는 수직의 영기 어린 모습을 하고 있다. 스카일론도 돔과 마찬가지로 처칠의 지시에 따라 철거되었다. 재설치 시도가 여러 번 있었으나 무산되었다.

수리창 Repair Shop

버크민스터 풀러, 1958, 미국 루이지애나 배턴루지

미국 B급 과학영화가 전성기를 구가하던 시절에 세워진 건물로 외계에서 온 듯한 모습이다. 그러나 버크민스터 풀러가 설계한 유니언 탱크 카 회사의 철도 수리창 건물에는 B급이라고 느끼게 하는 것이 없다. 완공 당시 지름 117미터에 10층 높이로 세계 최대 원형 건물이었다.

이렇게 크고 가볍고 시공과 관리가 용이한 형태의 돔 구조가 생겨날 수 있었던 것은 풀러가 수십 년간 이런 구조에 대한 작업을 계속해 왔기 때문이다. 그는 이런 형태의 돔 구조를 '측지(Geodesic)'라고 불렀다. 커다란 공간을 경제적으로 둘러싸기 위해 금속이나 플라스틱으로 된 팔면체나 사면체의 기본 구조물을 기초로 만들어졌다. 최소한의 표면적으로 최대한의 공간을 얻을 수 있는 구조가 바로 이 측지돔이었다.

풀러의 손을 거친 이 설계는 독창성을 갖는 데 그치지 않고 독자적인 아름다움을 만들어 냈다. 강철 부품으로 만든 이 수리창은 기본 구조가 같은 35미터 길이의 원형 터널 모양의 도장부(塗裝部)가 본 건물에 이어져서 마치 이글루처럼 보인다. 풀러 시스템은 정원사 조셉 팩스턴이 수정궁을 만들 때(1851) 썼던 경량 사전 가공 기법이 논리적으로 발전한 형태라고 일컬어지기도 한다. 이 시스템은 몬트리올 엑스포 '67의 미국 전시관에서 가장 세련되게 구현되었다.

공학부 Faculty of Engineering

제임스 스털링 · 제임스 고원, 1963, 영국 레스터

긴 침체를 지난 영국 건축의 승리를 알리는 트럼펫 소리를 세계에 다시 울린 건물이다. 제임스 스털링(1924~1992)과 제임스 고원(1923~)이 함께 설계한 마지막 건물이기도 하다. 두 사람은 1953년 런던에서 팀을 이룬 후 타협하지 않고 영감에 넘친 근대 건축을 해 왔는데 레스터의 공학부 건물에서 그 정점에 이른다. 구기 운동장 위로 당당하게 올라선 이 건물은 오렌지색 타일로 마감되었는데, 극적인 모습을 한 일련의 작업장들을 거느리고 있다.

이국풍의 디자인은 스털링이 해군 공학자였던 아버지의 영향으로 배운 해군 건축, 러시아 혁명 초기의 (건축되지는 않은) 구성주의 기념물, 미스 반 데어 로에의 작품 등에서 따왔다. 지난 50년 간의 아이디어와 이미지에서 따온 뛰어난 콜라주인 셈이다. 확실히 용감한 설계였다. 2차 세계대전 때 낙하산 부대의 젊은 중위로 적의 후방에 투하되어, 페르디난트 포르셰(1875~1952)가 디자인한 타이거 탱크의 사격에 부상당했던 제임스 스털링도 용감한 사람이었다. 관리가 까다로운 건물인데 1980년대에 유리창들이 걸맞지 않은 모양으로 교체되었다.

도쿄 올림픽 경기장 Olympic Sports Halls

단게 겐조, 1964, 일본 도쿄 요요기

1964년 도쿄 올림픽 때 만든 경기장 둘이 단게 최고의 작품으로 꼽힌다. 유럽과 미국의 바보 같은 사람들이 일본의 자동차, 오토바이, 가전제품 디자인을 폄훼하던 당시, 세계적으로 놀라움을 안겨 준 멋진 건물이었다. 올림픽 경기와 이 장대한 천막 같은 건물들 덕에 일본은 한 차원 높이 도약한다. 두 건물은 기둥 주위로 팽팽하게 매달려 있는 거대한 지붕을 자랑한다. 구조공학의 최신 공법들을 화려하게 썼는데도 결과적으로 마치 조개를 엎어 놓은 듯한 유기적 건축이 탄생했다. 내부 구조 역시 만족스럽다. 극적인 구조가 대담하게 표현되었고 날렵한 지붕은 1964년 당시 사람들에게 놀라움이었다.

이 시기 단게는 '기능주의'의 타당성에 점점 더 의문을 품게 된다. 르 코르뷔지에와 마찬가지로 단게는, 건축가들이 이 말을 이해하고 써 오던 방식이 유해하다는 결론에 도달한다. "유일한 기능주의는 아름다움뿐이다." 그의 말이다. 달리 말해 건축가의 의무(기능)는 아름다움을 창조하는 것이지, 문이 열리고 변기 물이 내려가는 등의 의미에서 기능적이고 흠 없는 상자를 만드는 게 아니라는 것이다.

올림픽 경기장은 거대한 규모의 근대 건축도 영감을 불러일으키며 아름다운 동시에 기능적일 수 있음을 보여 주기에 충분한 증거다.

우체국 타워 Post Office Tower

에릭 베드포드 등, 1964, 영국 런던

우체국 타워는 해럴드 윌슨이 이끄는 노동당 정부(1964~1970)가 영국민에게 약속한 '백색의 기술 혁명(white hot technological revolution)'을 상징한다. 독일, 일본, 이탈리아가 1950년대 중반 이후 빠른 속도의 근대화를 보인 반면, 영국은 1960년대 초에 이르기까지 1930년대에 머무르면서 점심식사 후의 낮잠을 즐기고 있었다.

우체국 타워는 런던 스모그 속에서 180미터 높이로 솟아올랐다. 그리고 노스앤사우스 다운즈를 가로질러 런던 분지 위로 솟은 칠턴 언덕에 이르기까지 텔레비전과 라디오 방송, 셀 수 없는 전화 회선 등의 마이크로 빔을 방사했다. 8층 높이의 기초 건물 위에 세워진 이 연필같이 긴 탑은 콘크리트 위에 강철과 유리를 입혀 훨씬 단정하게 보였다.

사진에는 사무실이 들어 있는 것처럼 보이지만 사실은 그렇지 않다. 다만 백색의 미래로 도약하는 모습을 보여 주기 위한 방책으로 노동부의 에릭 베드포드 팀이 탑 꼭대기에 전망대와 회전 식당을 만들었다. 인기 있는 건물이지만 유감스럽게도 1971년 IRA(아일랜드 공화국군)폭탄 폭발 사건 후 일반인에게 개방되지 않고 있다. 식당은 영국 원거리통신 관리자들의 영빈관으로 쓰이고 있다.

조류사육장 Northern Aviary

스노우든 경 · 세드릭 프라이스 · 프랭크 뉴비, 1965, 영국 런던 리전트 공원 동물원

리전트 운하를 굽어보는 거대한 고양이 요람처럼 보이는 조류사육장은 세계 각지에서 온 조류가 사는 구조물이다. 참새, 비둘기 같은 런던 토박이 새들은 거의 눈에 보이지 않는 이 구조물로 날아 들어와 이 거대한 새장 밖에서는 오래 살아갈 수 없을 다채로운 조류들과 함께 보낼 수 있다. 연못이 있는 직사각형 바닥에는 사람이 다닐 수 있게 지그재그형 콘크리트 다리가 놓여 있고, 산화 방지 처리가 된 알루미늄 그물이 네 개의 사면체 기둥에 지지되어 덮여 있다. 새들은 원하는 곳 어디든 둥지를 틀 수 있고 날 수 있다.

이 사실 하나만으로도 스노우든(1930~)과 프라이스(1934~), 뉴비(1932~) 등은 동물학과 건축학에서 특별히 언급할 가치가 있다. 런던 동물협회는 데시머스 버튼(1800~1881)이 설계하여 벽돌로 만든 1830년대의 기린과 낙타 우리에서부터 한 세기 후 버트홀드 루베트킨의 펭귄 수영장(171쪽)에 이르기까지 지적인 사육사들을 자랑해 왔다. 이 조류사육장이 만들어지기 전까지 조류는 쇠 우리에 갇혀 날 수가 없었다. 이 진보적인 새장의 부드러운 구조는 새들에게 벽에 부딪쳐도 다치지 않는다는 것을 확신시키면서 그들의 비행을 보장해 주었다.

릴라이언스 컨트롤스 공장 Reliance Controls Factory

팀 4, 1965, 영국 윌트셔 스윈던

멋있고 깨끗하며 극도로 냉정한 모습의 이 산업 시설(깨끗하고, 밝고, 중립적인 최대의 공간을 만드는 정교한 강철 껍데기 이상도 이하도 아니다.)은 노먼 포스터(1935~)와 리처드 로저스(1933~) 및 그들의 첫 아내들 웬디(1938~1989)와 수(1940~)의 첫 주요작이다.

맨체스터에서 태어나고 교육받은 포스터는 런던 출신의 로저스와 예일대 대학원에서 팀을 이루었다. 그들은 런던으로 돌아가 함께 사무실을 차리고, 최신 색감과 경향을 반영한 매끈한 표면의 창고나 우아한 기계로 기능하는 건축을 자신들의 출발점으로 삼아 많은 작업을 했다. 그들의 작업에는 곧 '하이테크'라는 이름표가 붙었다. 두 건축가는 1980년대 국제 건축계에서 중요한 인물이 되는데, 우아하고 세련되고 그러면서도 값싸고 쉽게 빨리 지을 수 있는 건물로 명성을 얻었다.

여러 경쾌한 산업 건물들과 영국 내 첫 미국식 경영 단지에서 이 릴라이언스 컨트롤스 공장의 모습을 찾아볼 수 있다. 한때 그레이트 웨스턴 기관차 제작소로 유명하던 스윈던(이 도시는 철도를 따라 발전했다.)은 컴퓨터 산업과 하이테크 본부들이 몰려들어 영국의 '실리콘 밸리'가 되었다.

우주선 조립 빌딩 Vehicle Assembly Building

맥스 어번 · 로버츠 · 섀퍼, 1966, 미국 플로리다 케이프케네디

이집트의 피라미드가 멤피스에 서 있던 것처럼 케이프케네디의 미항공우주국(NASA) 기지와 연계되어 서 있는, 20세기의 피라미드인 우주선 조립 빌딩(VAB)은 공사 시작 당시 세계에서 가장 큰 건물이었다. 그래야 할 필요가 있었다. 최초의 달 착륙선 아폴로 11호를 궤도에 올려놓기 위한 새턴 로켓을 1969년 7월 조립한 곳이 바로 이곳이기 때문이다. 대성당 높이의 이 로켓은 나치의 뛰어난 젊은 과학자 베르너 폰 브라운이 설계한 V2 로켓의 개량형이었다. 맥스 어번(1912~1995) 그리고 건축가이자 공학자인 로버츠와 섀퍼 등이 설계한 이 강철 프레임 괴물은 특정 양식에 속하지는 않고 스스로 뛰어난 기념비성과 특이한 고전적 배치를 갖추었다. 출입구 높이가 150미터, 폭이 20미터로, 헤라클레스 같은 규모를 보인다. 여기에 이동 발사대에 장착된 네 개의 새턴 로켓을 수납할 수 있었다. 우주선 조립 빌딩은 4,000년 전 이집트 피라미드가 그랬던 것처럼 인간의 별 탐구에서 중요한 기념물이다. 다른 점이라면 기도 하나에만 의존하던 데서 로켓 연료, 컴퓨터, 날개 등 의존할 것이 늘었다는 점이다.

야마나시 신문 방송 센터 Yamanashi Press and Broadcasting Centre

단게 겐조, 1967, 일본 고후

완성되지도 않았고 앞으로도 완성되지 않을 것이지만(이 강력한 건물의 끝맺음 없는 개방적 성격이야말로 그 형태의 정수다), 이 대규모 매스컴 센터는 독특한 느낌을 준다. 언덕과 산을 배경으로 서 있어서 중세의 성을 연상시킨다. 다만 위로 솟아오른 박공과 고대 제의적 일본 건축의 복잡하고 섬세한 장식은 빠졌다. 그래도 쉽게 현대 사무라이의 동료애가 깃드는 보금자리가 될 것 같다.

속이 빈 콘크리트 기둥 열여섯 개가 사려 깊게 설계된 각 층(텔레비전 스튜디오, 신문 인쇄소, 라디오 방송국 등이 있다.)과 각종 부대 시설을 받치고 있는 거대한 구조물이다.

그 구조의 기발함은 거의 무한대로 확장할 수 있다는 데 있고, 건물의 기발함은 시작도 없고 끝도 없고 딱히 정해진 정면도 없다는 데 있다. 그래도 당당한 존재감을 가지고 있으며, 근대 일본의 가장

위대한 건축이라 할 수 있다. 50대 초반에 최고조에 달했던 단게 겐조를 보여 주는 건물이다. 국제적 작업에 시간을 뺏김에 따라, 2차 세계대전 후 근대주의를 일본에 도입하고 뚜렷한 근대 일본의 언어로 발전시킨 단게의 마법은 여기서 미완성인 채로 남게 되었다.

텔레비전 타워 Television Tower

D. 부르딘 · L. 바타로프 · N. 니키틴, 1967, 러시아 모스크바 오스탄키노

모스크바의 텔레비전 타워가 달을 향해 533미터 높이로 솟았다. 안테나 아래 파노라마식 전망대와 3층 높이의 식당이 있는 오싹하고 어쩔어찔한 구조물이다. 거기에다 11층에 달하는 기계실과 기술 장치실이 들어 있다. 4층으로 된 텔레비전 스튜디오와 그 위에 자리한 여러 층의 사무실 구역 토대 위에 세워진 탑이다. 그 토대는 광대하고, 하늘을 찌르는 탑의 콘크리트 구조는 영웅적 사례를 보여 준다.

이 탑은 생활 수준을 향상시키기 위한 노력의 일환으로서, 자본주의 세계에 공산주의의 능력을 보여 주는 방법으로서 과학 분야 사업에 들였던 구소련의 막대한 재원을 상징한다. 처음으로 우주선을 띄워 올린 나라가 소련이었고, 유리 가가린이 첫 우주인이었다. 한동안 소련은 여러 관측통들이 비관적으로 판단하던 경제·사회 내부 구조의 취약성을 진정 극복한 것처럼 보였다. 결국 그 관측통들이 옳았다. 그럼에도 불구하고 오스탄키노의 텔레비전 타워와 같은 희망찬 상징물은 소련이 정말 되고 싶어하던 것을 나타낸다. 고도의 전시 효과와, 고도 기술이 묶인 승리하는 단일 정당 국가가 그것이었다.

엘진 단지 Elgin Estate

런던 주의회 건축가분과, 1968, 영국 런던 메이다 힐

플라스틱으로 마감된 건물의 22층에서 텔레비전 세트가 밖으로 던져지는 것을 상상해 보라. 또 그 옆의 쌍둥이 건물 18층에서 소방대가 위험한 불을 끄는 것을 바라보는데, 옆에서 누군가 다반사로 일어나는 불이라고 말한다고 상상해 보라. 신기술에 대한 맹신에서 만들어진 이 쌍둥이 건물은 서부 런던의 가장 불우한 사람들의 시궁창이 되어 갔다.

지방 정부의 건축가들 스스로는 연중 계속되는 주택난을 해결하는 데 최선을 다했고 즉석 기술의 시대에 새로운 도시 주택을 하나 창조했다고 믿었는지 모른다. 결국 냉장고 혹은 세탁기 같은 건물 한 쌍이 탄생했다. 10개월이란 짧은 기간에 지어졌지만 빠른 공사 기간이 좋은 집을 보장하지는 못했다. 창문 하나도 최소 각도 이상으로 못 여는 건물에서 즐거움이 있을 리 없었다. 한때 조지왕조 테라스나 빅토리아왕조 교회에만 눈길을 주던 보전주의자들이 세기말에 보전하기를 원했던 이 집은, 그러나 슬픈 주거 단지였다. 아마도 그들은 이 엘진 단지에서나 그 가까이에서도 살아 보지 않았음에 틀림없다. 1990년대에 결국 헐리고 낮은 건물들이 대신 들어섰다.

존 핸콕 센터 John Hancock Center

SOM, 1970, 미국 일리노이 시카고

마천루가 점점 높아지고 복잡해짐에 따라 설계나 건설에서 공학자의 역할도 점점 커져 갔다. 명목상으로 SOM의 브루스 그레이엄(1925~)이 이끄는 팀이 설계한 이 대단히 인상적인 존 핸콕 센터(그 거대한 어둠 속으로 모든 빛을 빨아들이는 블랙홀 같은 곳)에서, 극적으로 노출된 구조와 건물의 전체 특성을 만들어 낸 사람은 공학자 패즐러 칸이었다.

칸은 강철 구조물이 건물의 외부에서 건물을 십자로 껴안는 구조를 창안했다. X형 꺾쇠를 이용하여 시카고 하늘 높이 이 건물을 올렸다. 그 결과 사무 공간이 내력 기둥의 방해를 받지 않게 되었다. 부동산 개발업자들이 눈물을 흘리며 좋아할 만한, 건물 디자인의 혁명이었다. 총면적에 대한 실면적 비율이 임대인에게 유리하게 변화한 것이다.

다행인 것은 이 빌딩이 사무실 근로자들만을 위한 하늘 높이 솟은 서류 캐비닛이 아니었다는 사실이다. 헬 수 없이 많은 층(정확히 100층)에는 670가구의 아파트가 들어 있고, 가게, 식당, 차고 등도 함께 있다. 300미터 높이의 옥상에는 안테나가 미사일 같은 모양으로 서 있다. 쓸데없이 참견하면 안 될 건물 같다.

나카긴 캡슐 타워 Nakagin Capsule Tower

구로가와 기쇼, 1972, 일본 도쿄

과학자의 커다란 분자구조 모형 같은 이 건물은 도쿄 긴자 구역에 세운 근로자를 위한 값싼 여관이다. 세탁기처럼 보이는 140개의 사전 제작된 '주거 캡슐'이 복잡하고 생동감 있는 방식으로 콘크리트의 상승 구조물에 수납되어 있다. 기본형 레고 방식으로 만들어졌고 구조가 간단하고 아주 독창적이다. 도쿄에는 주거 공간 수요가 매우 많기 때문에 이런 '주거 캡슐'이 나올 수 있었다. 이 타워는 지구상 어느 곳에든 즉석에서 도시가 떠오를 수 있다는 생동감 넘치는 구상의 표현이다. 필요할 때 '주거 캡슐'을 더 첨가할 수 있다는 생각은, 기술이 꿈을 실현할 수 있는 시대에 설득력 있는 구상이다.

구로가와 기쇼(1934~)는 1961년에 도쿄에 자신의 사무실을 열고 단게 겐조와 함께 일했다. 공상과학소설의 영향을 많이 받았는데, 이 '주거 캡슐'의 개념은 세계 언론의 상상력을 자극했다. 하룻밤이라 하지만 그렇게 작은 공간에서 인간이 어떻게 지낼 수 있을까? 일본인들만이 그렇게 할 수 있을 것이라고들 했다. 물론 이 말은 사실이 아니다. 나카긴 타워가 지어진 지 15년이 지나자 유럽인들도 고속도로변의 이런 공간에 묵게 되었다. 그러나 그 공간에는 창의성이 없다.

홉킨스 집 Hopkins House

마이클 홉킨스, 1975, 영국 런던 햄스테드

한때 노먼 포스터의 파트너였던 마이클 홉킨스는 하이테크 디자인의 옹호자였다. 그러다 1980년에 방향을 바꿔 보전 단체나 정부 관리, 감독들을 논쟁의 여지 없이 설득한 격식 없는 건물들을 만들었다. 이런 솜씨 있는 양식을 개발하기 전까지 그의 건물들은 산업적 힘과 엄격함, 뛰어난 간결성과 만족스런 공장 구조로 이름이 나 있었다. 이런 의미에서 햄스테드 히스의 나무들이 무성한 아름다운 거리에 들어선 홉킨스의 집은 임스가 1940년대에 만든 집보다 한걸음 더 나아갔다(184쪽).

여기서 살았던 사람들은 이 집을 시끄럽고 사생활이 보장되지 않으며, 일년 내내 사는 집보다는 여름 별장으로서 알맞다고 기억한다. 그래도 가정집에서 보호막 같은 전면을 제거하고, 있는 그대로 다 드러냈다는 것은 용감한 시도다. 이 영국 건축가의 집에서 노출된다고 해서 그리 나쁜 것은 없다. 탈출하고 싶은 도시 주변적 가치를 반영하면서 깨끗하고 단정한 모습만이 보일 뿐이다.

이런 집들을 짓기 전에 홉킨스는 서포크의 베리 세인트 에드먼드에 그린 킹 양조장의 하이테크 공장과 케임브리지 외곽 그린필드 지역에 슐룸베르거 연구소(360쪽) 등을 설계했다.

소니 타워 Sony Tower

구로가와 기쇼, 1976, 일본 오사카

런던 로이드 빌딩(363쪽)과 파리 퐁피두 센터(358쪽)의 선구자격인 소니 타워는 일본 밖에서 더 인정받는다. 72미터 높이의 탑에 강철재로 마감한 화장실 캡슐이 바깥으로 달렸고, 투명 튜브 안에서는 승강기가 오르내리도록 설계되었다. 소니의 최신 전자 제품을 전시하는 층들은 기둥이나 공간 점유물이 전혀 없이 탁 트였다. 산소 탱크와 생명 보존장치들이 달린 하이테크 우주복을 입고 있는 우주인 같기도 하고, 일종의 절지동물처럼 보이기도 한다. 어쨌든 '대사주의(Metabolist)' 운동의 젊은 선구자였던 구로가와의 승리를 보여 주는 건물이다.

대사주의자들에게 명백한 프로그램이 있었다면 그것은 사적 공간과 공적 공간 사이의 간극을 메우는 일과 연관이 있다. 일본에서는 모든 건물들이 손바닥 넓이만큼이라도 다른 건물과 떨어지는 것이 전통이다. 사적인 영역은 공중과 반항적일 정도로 거리를 두었다. 이런 전통(실상 늘 그런 것은 아니다. 특히 20세기에는 더욱 아니었다.)에 대한 구로가와의 반응은, 신소재와 신기술이 가진 가능성과 그 기묘한 시정(詩情)을 강력히 드러내면서, 서로 접합하고 함께 수납하는 방식의 분명하고 뚜렷한 어조로 드러났다.

세인스베리 센터 Sainsbury Centre

포스터 연합, 1977, 영국 노퍽 노리치 이스트앵글리아대학

서방 기독교 세계, 아니, 세계 어느 곳을 보더라도 가장 멋진 곳간으로 손꼽히는 세인스베리 비주얼 아트 센터는 노먼 포스터가 마법을 부려 아름다운 미술관으로 변신시킨 절묘한 항공기 격납고다. 부유한 채소납품업자가 의뢰한 이 세인스베리 센터는 이스트앵글리아대학에 속해서 미술대학 학생들이 여기서 공부한다.

디자인은 단순하다. 흰색의 트러스를 한때 은빛이다가 지금은 흰색으로 바뀐 패널이 덮고 있는 형태다. 건물에 필요한 모든 지원 장치들이 이 두 구조 사이에 수납되었다. 양쪽 끝에는 바닥부터 천장까지 유리가 끼워졌다. 이것이 끝이다. 그러나 근본적으로 단순한 이 건물에 대한 이런 단순한 해설은 해야 할 이야기의 절반에 지나지 않는다. 바깥에서 보아 생기가 넘칠 뿐 아니라 내부 구조 또한 숨을 멎게 할 정도라서 여러 번 방문해도 한결같은 놀라움을 준다. 이 미술 격납고의 내부는 커다란 단일 공간이다. 채광이 뛰어나고 아름다운 종족 조각과 이국적인 미술작품들로 생기 넘치는 모습을 하고 있다. 내부에는 강의실과 사무실이 있다.

역시 포스터가 맡았던 1990년대 초의 확장 공사가 건물 한쪽 끝의 지하에서 있었다. 후원자들의 그림들은 하이테크 은행의 금고와 왕들의 계곡에 있는 파라오의 무덤을 흥미롭게 결합한 공간에 보관되어 있다. 화랑과 교육기관을 동시에 아우르는 세인스베리 센터는 '가르치기 위한 기계'라고 할 수 있다.

퐁피두 센터 Pompidou Centre

렌조 피아노 · 리처드 로저스, 1977, 프랑스 파리

과장되었고 인습파괴적이다. 뒤집혔다(옷을 뒤집어 입었다). 이 폭발해 터져나온 듯한 건물에 적확한 표현을 당신이 한번 구사해 보라. 쉽지 않을 것이다. 조르주 퐁피두 센터는 20세기의 가장 흥미 있고 고집스러우며 상궤를 벗어난, 그러면서도 인기 있는 건물이다. 다른 무엇보다도 우파 대통령이 발주한 건물을 열광적이고 매력 있는 렌조 피아노(1937~)와 리처드 로저스가 이끄는 일단의 좌파 건축가와 공학자들이 설계했다는 사실이 가장 특이하다.

이 팀은 자신들이 국제 공모에서 당선될 것이라곤 생각지 않았다. 1970년의 공모 마감에 임박해 아주 느슨한 형태로 제출한 설계였다. 피터 라이스의 큰 도움을 받아 다양한 형태의 관으로 된 이 거창한 건물이 올라갔다. 생각했던 것보다는 제멋대로가 아닌 결과가 나왔다. 사진에 보이는 것은 다른 시설물의 방해를 받지 않고 최대 전시 면적을 확보할 수 있게 설계된 미술관이다. 승강기와 유명한 에스컬레이터(유리관 안에 들어가 건물의 측면을 타고 오르

는)마저 바깥에 설치되어 있다. 밖에서 보면 아주 바쁘게 돌아가는 기계, 어른들의 놀이기구처럼 보이지만, 안은 명상을 위한 조용한 공간을 예상했다. 그러나 그게 쉽지 않았다. 곧 관광객들의 표적이 되었고 지금은 에펠탑과 그 인기를 경쟁한다. 늘 관객들로 붐비는데 1990년 말에는 완전히 지쳐버렸다. 한동안 문을 닫았다가 새로운 세기에 맞춰 재개장했다.

위성지구국 Ground Signal Station

구스타프 파이흘, 1980, 오스트리아 아플렌츠

구스타프 파이흘(1928~)은 따분하고 기능만 갖춘 창고 같은 모습의 과학시설과 공공시설을 조각적이고 예술적인 건물로 만드는 천재적 자질을 갖고 있다. 파이흘의 미학은 그의 고유한 것이었다. 오스트리아 그라츠와 아이젠슈타트의 라디오 방송국들, 베를린의 인산염 처리 시설, 오스트리아 아플렌츠의 이 위성지구국 등은 일종의 20세기 후반기 바로크에 뿌리를 둔 동시에 분명한 근대성을 가지고 있다. 여기서는 탈근대주의의 빈정거림 같은 것은 찾아볼 수 없고, 고도로 개인적인 안목으로 숨기기보다는 알려도 좋을 만한 건물들을 만들었다.

파이흘의 장식 언어들, 즉 빛나는 파이프, 현창(舷窓), 받침대, 트랩, 사다리 등은 명확히 배에서 따온 것이며, 그의 배는 치밀하게 설계된 풍경 속을 돛에 바람을 가득 안고 항해해 간다. 위성지구국은 그의 빛나는 건축적 기계들 중 가장 절제된 것이다. 과학자들은 위성 신호 수신에 가장 좋은 곳이 자연 보호 구역의 한가운데임을 알고 있었다. 이에 따라 파이흘은 건물을 땅에 묻는 방식을 취했다. 결과는 아주 만족스럽다. 사무실과 수신국, 연구소 들이 서로 연결된 두 개의 원형 정원 주위에 배치되었다. 여름이면 무성한 풀과 꽃으로 둘러싸이고 겨울이면 눈에 덮인다. 품격 높은 마감은 주위 경관의 아름다움과 조화를 이룬다.

슐룸베르거 연구소 Schlumberger Research Laboratories

마이클 홉킨스, 1981, 영국 케임브리지

케임브리지 바로 위 메딩리 베드포드 평원의 시골 땅에 생기를 불어넣는, 흥미로우면서도 부드러운 건물로 홉킨스의 역작이다. 여러 해를 지내는 동안 광채를 잃기도 했지만 그 기본 개념은 우수한 것이다. 홉킨스는 단단하고 거침없는 기술로 된 건물 대신, 멀리서 보면 유랑 서커스단이나 하이테크 베두인 대상 행렬의 천막처럼 보이는 건물을 만들었다. 세 개의 텐트가 높은 강철 마스트와 장력 케이블 사슬로 고정되어 있는데 황혼녘이면 불이 켜진 모습이 아름답다. 그 아래에 유리와 강철 프레임 구조로 된 연구소가 있다.

홉킨스는 1980년대 초 천으로 된 지붕의 가능성에 가장 처음 주목한 건축가로서 런던 로드 크리켓 경기장의 마운드 스탠드에 이 소재를 사용해서 높은 평가를 얻었다(259쪽). 튼튼하고 전천후로 이용할 수 있는 천을 조달하는 것이 가능했는데, 이것은 영국 건축가들이 특출한 분야면서도 늘 진부함에 빠질 위험이 있던, 과도하게 기계화된 하이테크 양식에 부드러움을 주는 효과를 연출했다. 활력 있는 후원자인 슐룸베르거는 1980년대의 가장 뛰어난 건물들을 발주했다. 특히 홉킨스가 여기서 추구한 '소프트 테크' 접근의 대가인 렌조 피아노에게 의뢰해 만든 파리의 새 본부와 텍사스 휴스턴의 드 메닐 컬렉션(256쪽)이 유명하다.

인모스 연구소 INMOS Research Centre

리처드 로저스 파트너십, 1982, 영국 사우스웨일스 그웬트

높은 실업률과 싼 임금이 20세기 전반에 걸쳐 사우스웨일스 삶의 주제였다. 영국의 가장 진보적인 건축가들이 개입한, 새 일자리와 자생력을 만들기 위한 시도가 적어도 두 번 이 지역에서 있었다. 첫 번째는 2차 세계대전 직후 건축가조합이 설계한 브린모어 고무 공장(189쪽)이었고, 다른 하나는 역시 정부 지원을 받아 리처드 로저스 파트너십이 설계한 인모스 공장과 실리콘칩 연구센터였다.

웨일스 시골에 마치 기묘한 곤충처럼 서 있는 이 연구소는 곧 광고회사와 건축 비평가들의 주목을 받았다. 깊이 침체되고 제대로 된 근대적 디자인이 없던 지역에 새 시대의 도래를 알리는 건축이었다. 건물 자체는 단순하지만, 복잡하고 우아한 기둥에 의해 고정된 구조다. 중앙 지원부 복도의 양옆으로 서 있는 기둥에 케이블을 걸어 지붕을 지탱하는 방법을 썼다. 모든 지원 설비는 복도 위에 수납되었다. 이 대담한 구조의 하이테크는 모든 장비를 갖추고 항해하는 배를 바라보는 것 같은 만족감을 준다. 강박적 세부 구조는 거의 물신숭배적이지만 그 덕에 즐거움이 늘었다.

하지 공항터미널 Haj Air Terminal

SOM, 1982, 사우디아라비아 지다

매년 수백만의 이슬람 순례자들이 메카로 향하는 사막을 가로지르기 위해 지다에 내린다. 1983년에 이 훌륭한 공항이 문을 열기 전까지는 많은 사람들이 비좁은 건물에 쟁여지는 모욕을 겪었다.

SOM의 설계는 단순하고도 영감에 넘친 것이었다. 지다의 킹 압둘 아지즈 공항에 순전히 순례자용으로 만들어진 이 새 터미널은 강철 마스트와 하이테크 직물 등 현대적 소재를 쓴 것을 제외하면 커다란 아랍 텐트 같다. 이 단순 구조의 장점은 순례자 수의 동향에 따라 거의 무한대로 증축할 수 있다는 것이다.

이 디자인에는 두 가지 중요한 기능이 있는데, 하나는 실용적인 것이고 다른 하나는 상징적인 것이다. 실용적인 기능은 높이 처진 천막 지붕이 여느 공항 라운지가 갖는 밀실공포감과 사막의 더운 공기를 날려 버리는 것이다. 상징적인 기능은 아랍 문화에 대한 그저 세련된 인사에 그치지 않고, 서구 기술이 아랍 문화와 악수하면서 진정한 친구 관계를 맺는 길을 새로 찾았다는 것이다. 다른 데도 마찬가지지만 미국과 유럽의 건축가들이 이 지역의 문화와 역사를 고려하려는 시도가 하지 터미널 전에는 거의 없었다. 그리고 사우디아라비아나 다른 산유국 도시들에 솟아오른 건물은 거의가 작업 자체에 대한 소명보다 돈에 대한 탐욕을 우위에 둔 건축가들의 제도판에서 나온 불합격품 설계라는 의심이 들 정도였다. 그러나 하지 터미널은 건축가들의 순례지다.

로이드 빌딩 Lloyd's Building

리처드 로저스, 1986, 영국 런던

20세기 후반의 매우 훌륭한 건물 중 하나다. 마가렛 대처의 선출된 독재가 한창일 때, 큰 돈을 벌러 왔다가 그만큼의 돈을 날려 버린, 세로줄무늬 옷을 입은 실업가 녀석이나 어깨에 패드를 댄 여인네들을 포함한 많은 사람으로부터 중상을 당하고 오해받았다. 하지만 이 건물은 성 폴 성당이 그런 것처럼 런던의 일부가 되었다.

커다란 건물이 급수관, 파이프, 사다리, 튜브 등 모든 것을 깡그리 드러내고 있는 것을 상상해 본다면 놀라운 단순성을 느낄 수 있을 것이다. 1만 명에 달하는 얼굴 붉힌 경영 간부들이 흥분하여, 우리들은 도무지 알 수 없는 돈놀음을 하는 거대한 로이드 '룸' 위의 넓고 높은 공간에, 최고 12층까지 올라가는 사무실들이 차곡차곡 배치되어 있다. 소리없이 움직이는, 어찔하고 스릴 만점인 에스컬레이터가 이 세계에서 가장 큰 '방'을 관통한다. 사방이 유리로 둘러쳐진 승강기는 건물의 바깥에 설치되어 있는데, 마음을 들뜨게 하는 도시의 장관을 보여 준다. 눈이 오거나 비가 몰아칠 때 혹은 밤에 타면 압권이다. 설비들이 건물 외부에 노출되어서 마치 시체에서 살을 벗겨 내장을 드러내 보이는 것 같은 기괴한 해부도를 떠올리게 한다.

파이낸셜 타임스 인쇄 공장 Financial Times Printworks

니콜라스 그림쇼, 1988, 영국 런던 도크랜드

『파이낸셜 타임스』가 이 맵시 있는 인쇄 공장을 발주했으나 인쇄기가 데워지기도 전에 팔아치웠다. 그림쇼(1940~)가 만든 도크랜드의 명물을 비판하는 것이 아니다. 신문 사업의 변덕을 말하려는 것이다. 오늘의 이 건물을 혹은 어제 신문의 머리기사를 보라. 런던에서 인쇄되던 신문들이 1980년대 중반 플리트 가에서 흩어진 후 전자 인쇄 방식으로 방향을 돌렸다. 그러나 분홍색 종이로 유명한 『파이낸셜 타임스』는 짧은 기간 동안이나마 런던 동부에서 훌륭하게 인쇄하던 시절이 있었다.

그림쇼가 만든 건물은 이제까지 만들어진 것 중 가장 모험적인 창을 가진, 작은 양철 상자 모양의 단순한 구조였다. 만들 수 있는 한 가장 큰 유리판을 현대적 강철 프레임으로 고정해 거대한 인쇄 기계가 한눈에 들어오게 만들었다. 그 짧은 기간 동안의 야간 신문 인쇄 장면은 런던에서 가장 덜 알려진, 그러나 가장 멋진 광경이었다. 분홍색 두루마리 용지가 복잡한 기계 사이를 놀라운 속도로 빠져나가는 것을 즐겁게 바라보는 동안 건물 조명은 환하게 빛나고 있었다.

그림쇼는 오랫동안 열심히 건물의 세부 설계에 신경을 쓴 사람으로, 순회 전시에 그것들을 정기적으로 낼 정도였다. 공학에 매료된 건축가로서 언제 어디서든 세부 구조 일을 해낼 수 있어야 했다. 어떤 면에서 이런 세부 구조야말로 그림쇼의 건축이라 할 수 있다.

카나리 부두 타워 Canary Wharf Tower

시저 펠리, 1991, 영국 런던 도크랜드

카나리 부두 타워는 잠시나마 유럽에서 가장 높은 건물이었다. 햇빛을 받아들이는 스테인리스 스틸 마감의 50층, 245미터 높이의 이 건물에서는 런던 시내 전체를 다 볼 수 있다. 건물에 접근하는 간선도로에서는 32킬로미터 떨어진 곳에서도 보이고, 런던 중심부의 동쪽에서는 어디서나 다 보인다.

시저 펠리(1926~)가 설계한 이 탑은 옛 런던 부두 구역에 사무실, 가게, 호텔, 아파트 등을 개발한 카나리 부두의 중심이다. 1980년대 후반 캐나다 개발업자 라이히만이 시카고를 런던으로 옮겨 놓은 것같이 만든 이 건물들은 모두 과대망상증의 서툰 탈근대주의 양식으로 지어졌다. 불가해한 이 탑만이 진정한 존재감을 지닌 유일한 건물로 서 있다. 『인디펜던트』, 『데일리 텔레그래프』, 『데일리 미러』 등의 국제 신문사가 입주해서 유명해졌다. 이런 것을 제외하면 인습적이고, 오히려 구식 건물이다. 커다란 승강기가 음울한 사무실들로 연결되는데 드문드문 활발한 세입자들도 들어 있다(데이빗 코너가 꾸민 '라이브 TV'의 층은 꽤 볼 만하다). 임차료가 싸다는 것 빼고 여기 들어 있는 유일한 이유인 탁 트인 전망이 오히려 겉치레 같은 것이기 때문에, 여기서 일하면서 전망을 즐기는 사람은 거의 없다.

바르셀로나 국제공항 Barcelona International Airport

탈레 데 아키텍투라 사, 1992, 스페인 바르셀로나

독재자 프랑코의 죽음은 스페인 왕국을 부활시켰을 뿐 아니라 나라에 새로운 번영을 안겨 주었다. 그리고 영원한 반프랑코의 도시이자 독립심 강한 도시인 바르셀로나를 주요 도시로 포함하는 카탈루냐 지방이나 안달루시아 지방에 자율과 민주주의를 가져다 주었다. 1990년대에는 스페인의 부활을 알리는 중요한 행사들이 있었다. 세비야에서 엑스포 '92가 있었고, 같은 해 바르셀로나에서는 올림픽이 열렸다. 올림픽은 이 도시에 큰 투자를 하는 것에 그치지 않고 아예 도시를 영웅적 규모로 재건시켰다. 이 영웅적 사업은 도시의 관문인 국제공항에서 시작되었다.

리카르도 보필의 탈레 데 아키텍투라가 만든 이 신공항은 거대한 사업이었다. 건물 내부의 축은 사상 최장 길이였고, 이 도시에 새롭게 퍼져 가는 자유와 번영에 걸맞지 않을 만큼 군대식이라 해야 할 엄격한 논리를 지닌 건물이었다. 아마도 프랑코가 좋아했을 것이다. 놀랄 만한 일은 또 있었다. 첫째, 거의 10년 간이나 사전 제작된 신고전주의 디자인이라는 고유의 이름으로 입지를 다져 온 탈레가 방향을 선회하여 1930년대의 기념비적 파시스트 건축을 기조로 한 국제 근대주의로 가 버렸다는 것이다. 둘째, 지역 정체성을 고려한 라파엘 모네오의 세비야 공항과는 달리 바르셀로나 공항은 반항적일 정도로 중립적이라는 것이다. 주요 관문인 도시의 역할을 반영하면서 세계를 대표하는 건축을 보여 준다.

워털루 국제터미널 Waterloo International Terminal

니콜라스 그림쇼, 1993, 영국 런던

런던에서 대륙으로 가는 새 관문인 워털루 국제터미널은 높은 평판을 얻고 있다. 확연한 현대성 때문만이 아니라 어떤 거북한 노스탤지어도 불러일으키지 않고 빅토리아왕조 영국의 위대한 기차역들을 회상시키기 때문이다. 특히 부드러운 만곡선 지붕이 있던 요크 역을 떠올리게 한다.

아주 긴 곡선형 플랫폼을 따라 거대한 유리 지붕이 푸른색의 강철 격자 위에 얹혀 있는데 중앙홀로부터 바깥 방향으로 둥글게 뻗어 있어서 건물의 높이와 폭을 함께 줄이는 효과를 얻었다. 마치 치약 튜브를 짜듯이 역 남쪽 끝에서 유로스타 열차들을 짜 올리는 구조로 만들어졌다.

흥미로운 것은 그림쇼의 원안이 직사각형의 터미널이었다는 것이다. 당시 영국 철도는 민영화의 분기점에 있었기 때문에 '역' 대신에 마치 항공 사업을 가장하는 듯한 '터미널'이라는 말을 썼다. 뱀처럼 워털루를 빠져나가는, 기존의 휘어진 철도를 살려 짓자고 고집한 사람들은 철도 기사들과 감독들이었다.

그림쇼는 이런 도전을 멋지게 받아쳤다. 슬픈 일은 자리를 찾기 위해 라운지 안을 이리저리 다녀야 하는 승객들이 이 아름다운 지붕을 찬찬히 볼 시간이 없다는 것이다. 훌륭한 조명에 사려 깊게 설계된 터미널이 그 아래 숨어 있다.

사톨라 테제베 역 Satolas TGV Station

산티아고 칼라트라바, 1993, 프랑스 리옹

칼라트라바(1951~)는 1990년대의 교량과 철도역에 새로운 흥분을 가져다 준 공학자이자 디자이너 겸 건축가다. 그의 작품은 도전적인 유기주의 형태를 띠었는데, 때로 아주 아름답다. 리옹공항을 프랑스의 고속철도와 연결하기 위해 세운 이 역은 그의 매우 거창한 설계 가운데 하나고, 공항 이용객에게 만족을 줄 뿐 아니라 잊히지 않는 건물이다.

부지는 리옹에서도 좀 떨어진 곳에 있는 이름 없고 빈 곳이었다. 건축 당시 공항 주위는 시선의 끝까지 휑하게 비어 있었다. 이것이 이 스페인 공학자로 하여금 철도, 도로, 항공 등을 이용하는 모든 승객에게 잊히지 않는 기념비적인 역을 건설하도록 자극했다.

사톨라 공항에 착륙하는 비행기 창에서 내다보면 역이 바로 보인다. 에로 사리넨(104쪽)의 작업이 떠오르는 거대한 새 모양의 아치 양옆과 아래에는 인상적인 콘크리트 출입구가 딸린 중앙홀이 있고 이 출입구는 긴 플랫폼으로 이어져 있다. 상어 코 모양을 한 테제베가 역을 드나들 때 불현듯 일어나는 어떤 특별한 느낌은, 오랫동안 기차여행에서 결핍되었던 것이다. 기차여행에 흥미를 더하고, 단조로운 교외 공항의 풍경에 존재감을 확인하기 위해 지은 역이긴 하지만 그 목표를 초과한 역이다.

통신탑 Communications Tower

노먼 포스터, 1994, 스페인 바르셀로나

건축가와 공학자 모두를 그 정점에 올려놓은 진정 감격적인 구조물이다. 포스터가 설계를 맡았고, 1930년대부터 근대 영국 건축을 도맡아 하고 이 건물을 만들 당시에도 여전히 여러 창조적인 국제 작업에 현역으로 참여하고 있던 오베 아룹과 그 동료들이 시공을 맡았다.

하나의 도시가 통신탑에 의해 지배된다면(1990년대는 강박적으로 통신 기술에 매달린 때였다.) 그 통신탑은 볼 만한 가치가 있어야 한다. 이것이 그렇다. 높이는 에펠탑과 같지만 아주 다른 원칙들 아래 세워졌다. 주구조물이 무게를 지탱하는 것이 아니라 중앙의 가느다란 마스트에 긴 케이블을 걸어 무게와 중심을 유지했다. 대담한 평균대 운동처럼 보였다. 마스트는 14층의 구조물로, 그 안에 온갖 전자 기술 장치와 사무실이 있다. 다른 장소에서 만든 것을 옮겨 와 여덟 시간이 걸린 작업을 통해 땅에서 높은 위치로 올려 하나로 조립했다. 특이한 성과였고 공중에서 만드는 것보다 훨씬 쉽고 안전한 작업이었다. 필요를 아름다움과 흥분으로 바꾼 포스터의 설계는 아주 성공적이었다.

간사이 국제공항 Kansai International Airport

렌조 피아노 · 빌딩 워크숍, 1995, 일본 오사카 만

점보제트기가 하늘로 날아오르는 것을 보면 사람도 하늘을 날 수 있다는 것을 믿을 수 있겠지만, 국제공항이 물 위에 떠 있다는 것을 믿을 수 있을까? 그러나 어쨌든 간사이 국제공항은 물 위에 떠 있다.

이 거대한 터미널은 오사카 만에 인공적으로 건조된 섬 위에 커다란 곤충처럼 우아하게 서 있다. 일본 정부 당국은 신공항을 만들기 위해 해안의 귀중한 땅을 따로 쓰고 싶지도, 공항 소음을 듣고 싶지도 않았다. 렌조 피아노 (1937~)가 놀라운 솜씨로 뛰어난 공항을 탄생시켰다.

이 터미널은 부드럽고 유연하며 유기적인 형태로 되어 있다. 게다가 승객들이 육지에서 버스나 기차, 택시를 이용해 항공기로 가는 과정이 아주 편하도록 되어 있는, 수정처럼 맑고 투명한 설비들을 자랑한다. 이동 과정에는 방해물이 없고 승객들은 늘 항공기를 볼 수 있다. 거대한 크기에도 불구하고 승객들이 편안함과 친근함을 느낄 수 있도록 내부를 여러 개의 작은 공간으로 나누어 놓았다.

렌조 피아노는 건축가가 되기 전 공학을 배웠다. 이른바 하이테크 건축가들의 설계처럼 거칠거나 외양만을 강조하는 것이 아닌, 합리적이면서도 낭만적인 그의 건축 미학을 이 공항이 다소나마 설명해 준다.

미국 공군 박물관 American Air Force Museum

노먼 포스터, 1997, 영국 케임브리지셔 덕스포드

노먼 포스터는 미국 전투기에 바치는 이 제단에 제격이다. 그 자신이 명민한 조종사였고, 그의 건물들은 오랜 세월 동안 항공기에서 그 상상력과 기술을 차용해 왔기 때문이다. 그러나 여기서는 전투기에 전적인 자유를 부여해 그 것 자체를 보여 준다. 제국전쟁박물관의 전초기지에 온 사람들이 보고 싶어하는 것은 항공기의 디자인과 세부 사항이다.

섬세한 햇빛 속에 항공기를 진열하고, 사람들이 경사로를 따라 아래에서 위로 올라가며 전시물을 볼 수 있도록 하면서, 건물 자체는 한 발 뒤로 물러서 있다. 인상적인 콘크리트 지붕이 복도를 덮고 있는데(박물관 입구는 이 복도의 정점에 나 있다.) 마치 조개껍질처럼 항공기들 위로 굽어 있다. 그 돔에 매달린 항공기들도 있으며 옆으로 커다란 창문이 잇대어 있어 가끔 역사적인 전투기들이 덕스포드 활주로에서 이착륙하는 광경을 볼 수 있다. 지붕의 한 끝은 활주로의 풀무덤 사이로 파고 들어가 묻혀 있다. 좀 이상한 일이긴 해도 역사적 전투기를 좋아하지 않는 사람이 살고 있을지 모르는 주변 집들의 시야를 방해하지 않고, 구조물을 보호하기 위해서다.

이 건물은 사실상 영광스런 격납고다. 그러나 바로 거기에 이 건물의 힘이 있는데, 만일 격납고라면 가장 멋있는 격납고일 것이다. 포스터의 천재성은 평범한 디자인을 기억할 만한 시(詩)로 바꾸어 놓은 데 있다.

코메르츠방크 Commerzbank

노먼 포스터, 1997, 독일 프랑크푸르트

세기말에 유럽에서 가장 높은 건물로 기록된 코메르츠방크는 차점자인 런던 카나리 부두 타워(365쪽)보다 훨씬 섬세하다. 아주 키가 큰 건물의 단점이라면 그것이 아래위로 길게 늘인 서류 캐비닛에 다름아니라는 사실이다. 노동자들은 맵시 있는 승강기를 타고 한결같이 똑같은 층들로 올라간다. 책상 혹은 1970년대부터 '워크스테이션'이라고 알려진 것 앞에 앉아 일을 해야 하는 사람들에게는 전망을 즐기는 것조차 허락되지 않는다. 포스터는 중심축을 타고 올라가는 나선형 사무실을 만듦으로써 이런 문제를 해결하려 했다. 사무실은 네 층인데 서로 다른 방향을 바라보는 구획으로 건물을 따라 올라가며 배열되었다. 결과적으로 어떻게 보이는가와 어떻게 일하는가를 동시에 추구하는, 힘 있고 인간적인 건물이 나왔다. 같은 시기에 동남아시아 하늘로 솟아오르던 내적 특성을 거의 결여한 건물들과는 퍽 대조적이다.

포스터는 이런 생각을 런던 '밀레니엄 타워'에서 공중정원으로 기능하는 마천루 개념으로 발전시키려 했다(1996). 이 건물은 1993년 IRA의 강력한 폭탄 폭발로 무너진 옛 발틱해운거래소 자리에 세워질 예정이었다. 세워졌더라면 자신감의 표현으로서 환영받았겠지만, 건축 허가가 반려되었다.

첵랍콕 공항 Chek Lap Kok Airport

노먼 포스터, 1998, 중국 홍콩

이 놀라운 첵랍콕 공항은 세계 최대의 공항이며 동시대 최대의 건설 공사다. 그리고 공사는 앞으로도 더 커질 예정이다.

불과 6년 전만 해도 이곳은 남중국 해안의 바다 위로 솟은 언덕배기들이 자리한 곳이었다. 해발 100미터의 부지를 깎아 너비 6킬로미터, 길이 3.5킬로미터 규모의 인공섬으로 매립했다. 모든 건축 자재는 배로 날랐고 많을 때는 2만 1,000명의 인원이 공사에 투입되었다. 동남아로 가거나 경유하기 위한 여행객들의 거대한 접속지 역할을 하는, 세계에서 가장 분주한 공항으로 계획되었다. 거대한 항공기를 연상시키는 터미널 건물은 엄청나게 커서 길이가 1.27킬로미터에 이른다.

포스터의 전작인 에식스의 스탠스테드 터미널의 발전된 형태인 경량화와 명료성 덕에 아주 편안하고 사용하기 편리하다. 승객들이 비행기를 찾아가는 데 전혀 혼란이 없고, 다른 여러 공항들, 특히 영국 공항들처럼 면세점과 다른 가게들의 미로에서 길을 잃는 일이 거의 없다. 세계에서 가장 큰 면세점인데도 말이다. 포스터는 이 모든 것들을 덮는 낮은 돔 형태의 경량 철골 지붕을 노출 콘크리트 구조 위에 올려놓았다. 첵랍콕은 간사이 공항(370쪽)과 함께 공항 설계의 수준을 상상 이상으로 끌어올렸다.

보도석 Press Pavilion

퓨처 시스템, 1998, 영국 런던 로드 크리켓 경기장

세계 최초의 모노코크(單體) 건물인 로드 크리켓 경기장의 이 보도석은 보트 건조장에서 만든 다음 부분적으로 운반해 콘크리트 지지대 위에 올리고 볼트로 고정하였다. 게임에 방해가 되지 않도록 하기 위해 이런 방식으로 2년에 걸쳐 경기가 쉬는 겨울철에 만들었다. 첫해에 지지 기둥과 사다리, 승강기, 보조 설비들이 만들어졌고, 주건물은 다른 곳에서 조립되고 있었다. 다음해에 보도석이 대좌 위에 설치되었다.

알루미늄으로 마감 처리된 달걀 모양의 구조물로, 보도진이 이 유명한 경기장을 잘 볼 수 있도록 될 수 있는 대로 밝게 만들었다. 식당과 바가 하나씩 있는데, 밀집성, 경량성, 세련도, 평온한 분위기 면에서 뛰어나다.

젠 캐플릭키(1938~)와 아만다 리벳(1955~)의 퓨처 시스템은 1990년대에 진가를 발휘하기 시작했는데, 미래지향적 건축을 표방했다. 마침 청중들이 탈근대주의적 기교에 식상하여 신선하고 지적이며 쉽게 좋아할 수 있는 현대적 디자인을 찾고 있었으므로 시기가 적절했다. 퓨처 시스템은 스스로도 놀랄 만큼 딱 들어맞는 일을 한 것이다.

프랑스 경기장 Stade de France

미셸 마카리 · 아이메릭 주브레나 · 미셸 레장발 · 클로드 콩스탄티니, 1998, 프랑스 파리

열여덟 건축가와 건설업자 팀이 세계 최대의 스포츠 경기장이 될 건물의 설계를 두고 1994년에 경합을 벌였다. 1998년 월드컵 축구 경기를 위한 경기장이었다. 공모에서 아슬아슬하게 장 누벨을 이긴 건축팀이 1995년에 공사를 시작했다. 8만 석 규모의 경기장은 단순한 스포츠 시설로서가 아니라 옛 산업구역인 생 드니의 도시 재개발 사업에 초점을 맞춰 설계되었다. 그만큼 아름다워야 한다는 의미였고, 실제로 아름다웠다.

콜로세움의 먼 후손쯤 되는 이 경기장의 특징은 43미터 높이에서 경기장을 후광처럼 두르고 있는 타원형 지붕이다. 밤에는 여기에 조명이 밝혀져 생 드니 중심부에 부드럽게 빛을 내는 모습을 여러 각도에서, 또 멀리서 볼 수 있다. 1990년대 말, 고대 로마와 근대주의 운동의 정점에서 그랬던 것처럼 경기장 건축이 다시 한 번 공공 예술과 공학의 위대한 작업이 되었다.

에덴 프로젝트 Eden Project

니콜라스 그림쇼, 2000, 영국 콘월 세인트 오스틀

이 복잡한 '생물권 구체(biosphere)'는 시대정신과 아주 걸맞게 지구의 중요한 소기후권 환경과 동식물군을 재현하기 위해 만들어졌다. 빅토리아왕조의 정원사이자 수정궁의 설계가인 조셉 팩스턴을 정신적 영웅으로 받들던 니콜라스 그림쇼가 설계했다. 커다란 파동 모양의 온실에 덮인 이 에덴 프로젝트는, 콘월의 버려진 채석장을 재개발하고 낙후한 영국 소읍인 이곳에 일자리와 희망을 되돌려 주려는 사업이었다. 휴일 행락객들에게는 천국이 되지만 그 지역 사람들에겐 그리 목가적이지 않은 목표였다. 한 세기가 끝나고 다른 세기가 시작하는 즈음에 적합한 프로젝트였는데, 건축과 자연, 건축가와 공학자, 건설과 보전의 관계성 등, 1900년과 2000년 사이에 나타났던 여러 가지 관심 사항들을 환기시켰기 때문이다. 위협받고 있는 에코시스템을 어떻게 보호하고 육성할 것인가에 대한 지표도 되었다.
에덴 프로젝트는 인간의 마음을 넓히는 건축으로 어떻게 단순한 놀이 목적 이상의 인기 있는 공공 구조물을 설계할 것인가 하는 고통스런 과제를 남겼다.

밀레니엄 돔 Millennium Dome

리처드 로저스 파트너십, 2000, 영국 런던

공식적 비판의 장에서 비껴간 밀레니엄 돔은 정부의 편견과 매체 조작을 드러내는 기념물이다. 특별한 목적 없이 경이적인 건설비(게티센터(320쪽)와 맞먹고 게리 구겐하임(321쪽)의 열두 배 이상이 들었다.)를 들여 세운 이 테마 파크는 과시하기 위해 혹은 신노동당 '인민' 정부가 그들의 불만을 명확한 말로 드러내기 위해 설계된 것이다. 60년 전 알베르트 슈피어의 그로세할레(82쪽) 이래 최고의 야심작인 이 돔의 건설에는 반대가 있을 수 없었다. 경량 구조는 1951년 브리튼 페스티벌에서 랄프 터브가 만든 발견의 돔(341쪽)과 같은 곳에 있었던 파웰과 모아의 스카일론(342쪽)을 연상시킨다. 이 돔에는 어떤 우아함이 있는데, 많은 사람들이 다른 일을 하려 하지 말고 그냥 빈 상태로 있어 주었다면 밀레니엄 축하의 중심점이라는 소기의 목적을 가장 잘 달성했을 것이라고 생각한다.

에펠탑이나 브리튼 페스티벌 역시 건설 당시에 비판만 무성했고 인기가 없었던 것을 들어 이 돔을 옹호하는 정부에 대해 설계 초기의 감독이었던 스티븐 베일리는 "당시는 속물들이 밖에 있었지만 이번에는 그 속물들이 안에 있는 것이 아닐까 나는 두렵다."고 말했다.

20세기는 도시가 끝없이 확장되던 세기었다. 도시의 확장과 함께 건강, 교통, 범죄, 주택, 에너지, 오염 등의 문제가 함께 커 갔다. 건축가들과 도시계획가들은 놀라울 만큼 다양한 방법으로 여기에 대처했다. 그러나 문제를 성공적으로 해결한 경우는 거의 없었다. 이런 도시의 문제는 사라지지를 않는다. 재정과 일자리의 관점에서 볼 때 건강하다는 도시는 오히려 혼란 그 자체다. 세기말에 가장 동적인 도시들인 홍콩, 센젠, 도쿄 등을 보면 심지어 완공되지도 않은 건물을 철거하는 경우도 있다. 땅값이 오르고, 이윤이 더 높은 프로젝트가 제시되기 때문이다. 이 경제적 건강함이라는 혼란은, 수명이 길고 훌륭한 건물들이 들어선 거리를 마음속에 떠올리는 건축가와 도시계획가들을 방해한다.

20세기 초에 진보적인 건축가와 설계가들이 도달한 최고의 해답은 옛 도시들과 결별하고 교외에 새로운 도시를 다시 꾸미는 것이었다. '전원 도시' (380쪽)는 영국인들의 발상이었지만 곧 세계 여러 나라로 수출되었다. 런던, 파리, 베를린, 빈, 시카고, 뉴욕 등이 지닌 역동성과 창조성의 힘은 없더라도 작은 도회적 거주지를 지향했지만, 실제로는 교외에 위치한 도시들이 되었다.

전원 도시의 이상은 한 세기 내내 지속되었고, 캔버라나 뉴델리 같은 먼 곳으로 퍼져 나갔다. 이와 경쟁을 벌인 다른 생각도 있었다. 르 코르뷔지에 같은 이는 기존의 도로를 다 없애고 고층 아파트와 사무용 건물들을 녹지 공원 위에 세우면 시골을 도시 한가운데로 가져올 수 있다고 생각했다. 그러나 이런 인습 파괴적인 계획이 실행 가능하다고 믿은 도시행정 관리는 거의 없었다. 하지만 실제로 그런 일은 일어났고, 최선의 경우는 아니었지만 2차 세계대전의 공습으로 유럽과 일본의 도시가 파괴된 것이 그 계기가 되었다. 마침내 근대주의 건축가와 도시계획가들이 자신들의 생각을 실천해 볼 기회가 온 것이다. 옛 도로나 광장과 더불어 18세기의 주택과 길은 자동차가 다니기에는 너무 좁았다. 미래는 자동차의 세상이 될 것이었다. 아무리 많은 비용을 치르더라도 최우선 순위에 자동차가 있었다. 보행자들은 하늘로 난 콘크리트 복도를 지나다님으로써 이 자동차를 피해야만 했다. 사람들이 살아야 할 집 역시 구름 속에 지어져야 할 것 같았지만, 실상은 르 코르뷔지에가 주장하던 정원이나 밝은 채광은 고사하고 적은 예산으로 조금의 우아함도 없이 지어졌다. 판에 박은 듯한 똑같은 방식이 전 세계에서 반복되었다. 슬픈 일이었다. 히틀러는 폭격기, 로켓탄, 탱크가 아니라 오히려 이 건축가들에게 기회를 제공함으로써 도시를 파괴했다.

20세기의 말, 가장 급속히 성장한 곳은 동남아시아였다. 특히 중국이었다. 중국인들이 환경에 대한 배려를 전혀 하지 않고 많은 도시를 만들어 내던 이 시기에 유럽과 미국에서는 도시의 지나친 확장을 막기 위한 투쟁이 벌어졌다. 이런 두 가지 접근법의 불균형은 21세기에 들어 더욱 악화되고 있을 뿐이다.

도시
인간이 사는 동물원

레치워스 전원 도시 Letchworth Garden City

레이먼드 언윈 등, 1903, 영국 하트퍼드셔

레치워스는 최초의 전원 도시다. 근대적 산업 사회와는 분리되어 하트퍼드셔의 시골에 도시와 시골의 이상적 결합체로 세워졌다. 건설 초기에 '방문객들은 이 도시의 주민들을 건드리지 말라'는 내용의 만화도 있었는데, 이는 당시

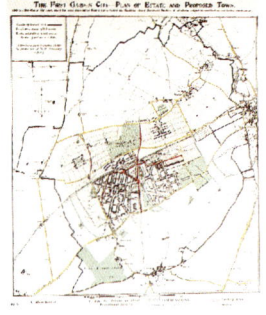

레치워스의 주민들이 별난 사람들로 알려졌기 때문이다. 중절모와 장갑 없이 사는 신지학회회원, 사회주의자, 채식주의자 등 전에는 볼 수 없었던 세대들이 석회를 바른 벽, 오크 가구, 태피스트리 벽장식 등이 있는 거칠게 만들어진 보이지(vosey)식 작은 집에 살고 있었다. 작업복을 걸치고 샌들을 끌며 현실성 없는 에스페란토어를 신봉하며 살아가는 사람들이었다.

런던으로부터 당일치기 여행자들이 이들을 조소하기 위해 몰려들었다. 레치워스는 그야말로 인간 동물원이었다.

레이먼드 언윈(22쪽)이, 논객이자 도시계획가인 에베니저 하워드(1850~1928)의 영향력 있는 책, 『진정한 개혁을 향한 평화로운 길』(1898)과 『내일의 전원 도시』(1902)를 열심히 읽고 만든 결과물이다. 리처드 노먼 쇼(1831~1912)와 W.R. 레더비(1857~1931), 홀시 리카도(1854~1928) 등이 건축 자문단이었다. 언윈은 렌의 1666년 런던 도시계획에 기초하여 이 신도시를 계획했고 원안과 마찬가지로 지면에서 벗어나지 않는 설계를 고수했다. 미술공예적 작은 집들과 새로운 조지왕조 양식의 공공건물로 레치워스가 아늑하고 사려 깊게 지어졌다. 하지만 나중에 그 고귀함이 벗겨지자 오히려 아둔한 것으로 드러난다.

그러나 영국 설계가들은, 수백만 채의 새집을 짓는 길을 모색하는 세기말에 이르러 레치워스에 다시 주목하고 있다.

부아쟁 계획 Plan Voisin

르 코르뷔지에, 1922, 프랑스 파리

여러 면에서 근대주의 운동에 오명을 안겨 준 설계안이다. 센 강 북쪽의 넓은 지역을 헐어 내고 하늘을 찌르는 콘크리트 아파트로 대체하려는 르 코르뷔지에의 초안은, 근대주의 건축가들이 역사적인 도시를 허물려는 야망을 가진 미친 과대망상자들로 여기는 최악의 추측을 확인시키기에 충분했다. 르 코르뷔지에는 파리를 사랑했다. 비록 이 안을 수행할 실제적 힘이 있었다 해도 그대로 실행하지는 않았을 것이다.

이 계획안은 미래에 살아갈 현대 시민들의 모습에 대한 이상향 같은 것이었다. 그 이상은 너무도 분명했는데, 영국에 뿌리를 두고 유럽으로 뻗어나가 있던 아둔한 복음인 전원 도시와 전원 교외 운동에 대한 책망의 일환이었다. 르 코르뷔지에는 도시에 공원을 만든 후 밝고 환기가 잘 되는 아파트를 그 위에 밀도 있게 지어 올리면 시골을 도시 중심부로 가져올 수 있다고 믿었다. 산업혁명으로 만들어진 도시들이 부정했던 신선한 공기, 햇빛, 건강을 시민들이 즐기면서 밀집된 형태로 살아갈 수 있는 방법이었다. 도시는 구획되고, 전문 직업인들이 이런 현대적 장려한 공간에서 살아가게 될 것이다.

그러면 노동자들은 어떻게 될까? 도로와 철도로 연결된 좀 먼 지역에서 살면 된다. 확실히 부아쟁 계획은 1930년대와 1940년대의 급속히 증가하던 노동자 계층 주택 단지의 전신으로 설계된 것이 아니다.

베를린 Berlin

알베르트 슈피어, 1937, 독일

독일이 2차 세계대전에서 승리한 후 건설할 예정이던 알베르트 슈피어의 신 베를린 남북축 계획 혹은 게르마니아 계획은 그야말로 악몽이었다. 여러 중요한 이유들 때문에 히틀러의 전쟁 기계는 고맙게도 연합군에 의해 박제가 되었고, 슈피어는 감옥에서 25년을 살았다. 1966년 베를린 근교의 슈판다우 감옥에서 풀려났을 때, 그는 여기에 있는 대로 가장 강력한 도로가 될 뻔한 길을 따라 공항으로 인도되었다. 당시 그는 이렇게 말했다. "그 수년 간 내가 얼마나 무지했던가. 우리(슈피어와 히틀러)의 계획안에는 비례감이 결여되어 있었다."

그가 한 말은 헛말이 아니다. 규모는 믿을 수 없을 정도다. 대행진로는 그로세할레(53쪽)에서 시작하여 파리 개선문보다 두 배나 크게 히틀러가 직접 설계한 승리의 아치의 밑을 지나 빽빽하게 들어선 신고전주의식 기념물들을 통과하게 되어 있었다. 괴링과 히틀러의 궁전들, 1950년대 런던 사우스뱅크에 세워진 쉘 센터를 닮은 나치스친위대 고위 지휘 본부, 성 베드로 성당 앞 벨니니의 아치만큼 큰 무솔리니 기념물, 하늘 높이 솟은 탑들로 둘러싸인 대학 등이 여기에 포함되어 있었다. 그 사이사이에 장대한 호텔, 커다란 극장, 따분한 정부 부처 건물들이 들어설 계획이었다. 슈피어는 다니엘 버넘의 1909년 시카고 계획, 루티엔스의 뉴델리 계획 등을 연구했지만, 베를린 계획에는 그 자신의 취향을 그대로 반영했다. 게르마니아 계획은 거의 실행되지 못했고, 남아 있는 건물도 거의 없다.

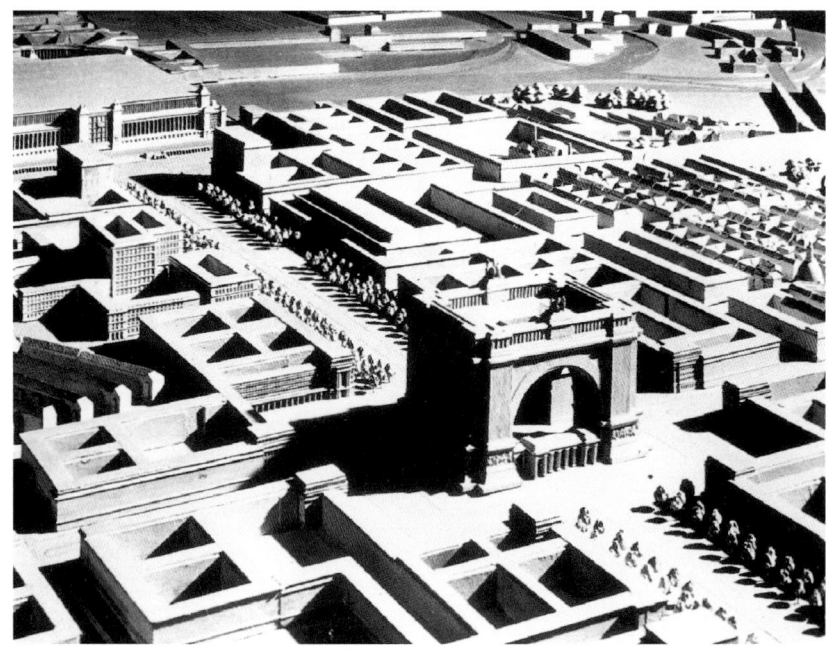

밀턴 케인스 Milton Keynes

밀턴 케인스 개발회사, 1962, 영국 버킹엄셔

밀턴 케인스는 로스앤젤레스의 자유로운 형태와 영국의 옛 전통에서 일부를 취한 새로운 종류의 전원 도시다. 그리고 극적인 판매 행위가 이루어진 최초의 도시다. 사람보다 나무가 더 많은 신도시의 미덕을 격찬하는 광고가 몇 년 동안 계속되었다.

도시는 서서히 생기를 띠어 갔고 세기말에 이르러서는 잘 정돈된 대규모 교외의 느낌을 갖게 되었다. 그러나 남쪽으로 70킬로미터 떨어진 런던으로 사람들을 실어 가고 실어오는 열차역말고는 도시의 진정한 중심부가 없다는 느낌이 드는 것 또한 사실이다. 있는 것이라고는 고작 특징 없는 길을 따라 늘어선 단조로운 근대적 사무실 건물과 가게들이 있는 광장 하나, 긴 쇼핑몰이 전부다. 벽돌, 색칠한 목재, 경사진 지붕 등 지방색을 띤 근대 주택의 특징 대부분을 지닌 주택들이 가게나 역에서 많이 떨어진 곳에 드문드문 들어서 있다.

이곳에 사는 사람들에게 자동차는 필수품이기 때문에 도시가 자동차를 중심으로 설계되었다. 외부인에게는 한 장소에서 다른 장소까지 이동할 때 등장하는 수많은 교차로 번호가 당황스럽게 느껴진다. 역사가 오래되었거나 관습적으로 계획된 도시의 경우에는 도시 중심이나 특정 장소가 표지판 역할을 하지만, 여기에는 그런 장소들이 없어 길을 잃기 쉽다. 가로수가 늘어선 길이라는 것이 그나마 위안이 된다.

10여 년 전에 심은 나무들이 자라 1년 내내 아름답다. 처음 광고에서 그랬듯이 이 도시의 교외적 이미지를 더해 주고 있다.

룩셈부르크 플랜 Luxembourg Plan

레온 크리어, 1976, 룩셈부르크

레온 크리어(1946~)는 당대의 건축과 도시계획에 대한 공격을 시작했다가 다음 공격을 위한 재무장 때문에 후퇴한 인습파괴적 인물이다. 룩셈부르크에서 태어나 1970년대에 제임스 스털링과 일했다. 당시 스털링이 건축은 거의 하지 않았지만 고전주의적 도시와 건축의 부활에 대한 크리어의 비전에서 많은 영향을 받았다. 크리어는 뛰어난 솜씨로 놀랄 만큼 유혹적인 설계들을 내놓았다. 그의 고향 룩셈부르크에 대한 설계안은 크리어의 낭만적인 비전과 뛰어난 제도 솜씨를 보여 준다. 도시 중심지를 집인 동시에 일터이기도 한 장소로 재편하는 것이 중심 구상이다. 따라서 도시의 밀도감은 여느 근대 도시보다 높다. 크리어는 모든 사람들의 일터와 집이 걸어서 20분 거리를 넘지 않아야 최고 기능의 도시가 된다고 믿었다. 더 이상적인 모습은 일터나 가게의 위층에서 사는 것이다.

명백한 중세적 이상이었고, 만일 실현되었다면 신고전주의적 미술공예운동의 낙원이라 할 법한 과거 회귀였다. 복엽비행기가 하늘을 날고 그 아래 도로에서는 1920년대와 1930년대의 부가티 같은 진기한 차들이 오가는 그의 설계는 노스탤지어를 불러일으킨다. 중세 이탈리아의 언덕 도시들처럼 위 건물이 아래 건물에 얹히는 모양이고, 많은 건물들이 탑을 닮았다. 현재의 세계로부터 떨어져 나온 꿈같은 도시 풍경이 나타난 것이다.

자신의 꿈을 현실화하려는 크리어의 노력은 언제나 실패로 끝났다. 그는 런던의 스피틀필드와 파운드베리(68쪽)를 재설계하려고 노력했다. 앞의 것은 무산되었고 뒤의 것은 노골적으로 희석되었다.

션젠 Shenzhen

여러 건축가들, 1975년부터, 중국

션젠은 중국이 공산주의에서 자본주의로 급속하고 놀라운 전환을 하고 있음을 보여 주는 하나의 현상으로 존재한다. 1976년 마오쩌둥의 죽음 후 서구를 따라잡겠다고 결심한 중국은 그것을 실행으로 옮겼다. 정체된 세상인 중국이 10억 인구를 먹이고 교육시키고 키워 내는 데 필요한 고도의 경제 성장을 하는 것은 불가능하다고 생각하던 관찰자들은 당황했다.

1970년대 초만 해도 션젠은 바닷가 마을이었다. 그러나 한 세대 안에 이 지역 사람들은 지난 2000년 동안 한결같았을 시골 생활 방식에서 벗어나 슈퍼마켓에서 쇼핑을 하고 골프에 미친 현대적 시민들로 바뀌었다. 젊은 중국 건축가들은 높은 건물들을 재빨리 대량으로 생산해 내기 위해 '경제특구' 션젠으로 몰려들었다. 그 건축가들이 조그만 아파트의 식탁에서 노트북 컴퓨터로 마천루를 설계하는 광경은 그리 이상한 모습이 아니었다. 20세기가 진행되는 동안 달라진 건축가의 역할을 확인할 수 있을 따름이다.

션젠은 주장강 삼각주 주위에 분포한 거대한 도시 지역 중 하나에 지나지 않는다. 그러나 결국 홍콩에서 시작하여 션젠을 거쳐 광저우로, 또 주하이나 마카오 등 주장강의 다른 지역으로도 뻗어갈 광역도시권을 형성할 것이다.

일리노이 공과대학 프로젝트 IIT Campus Project

렘 쿨하스 · OMA, 2000, 미국 일리노이

역사적으로 위대한 건축가로 불리는 사람의 작업에 다시 손을 대는 일은 위험을 수반하는 용기 있는 시도다. 1998년, 네덜란드 건축가 렘 쿨하스가 일리노이 공과대학 캠퍼스의 마스터플랜을 새로 발표했을 때도 같은 상황이었다. 미스 반 데어 로에가 그곳의 교수로 재직하고 있을 때 이미 그 캠퍼스(197쪽)의 특성을 확립해 두었다. 영묘하면서도 당당한 크라운 홀이 미스의 작품이었다.

쿨하스의 설계안은 미스의 것과는 판연히 달랐다. 이상적인 그리스 도시를 근대주의 운동으로 재해석해 낸 순수주의자 미스에 반해, 쿨하스의 계획은 아주 다른 사고의 흐름을 반영한다. 마음속에서 끊임없는 선택을 해야 하는 새로운 세계의 복잡함으로 설계된 20세기 말의 대학 캠퍼스가 여기 나타난다.

쿨하스와 메트로폴리탄 건축사무소(OMA)는 현대 도시를 약동하고 서사적이며 끝없는 가능성과 연관성의 장소로, 불확실성과 선택과 우연한 만남의 장소로 파악했다. 따라서 이 설계도에 그려진 캠퍼스를 관통하는 도로나 새로 지어지는 건물 어디에서도 절대성을 띤 것은 찾아볼 수 없다. 하나의 건물, 하나의 캠퍼스의 설계, 심지어 하나의 도시까지도, 거의 무한대의 정보 네트워크 속에서 갈 곳과 할 일을 선택해 내는 인터넷과 거의 다를 바 없다는 생각은 여전히 급진적으로 느껴진다. 객관적 확실성이 담보되지 않는 도시나 건축이 살아남을 수 있을까? 쿨하스가 이렇게 묻는다. 대담하게 직면하지 않으면 대답하기 어려운 질문이다.

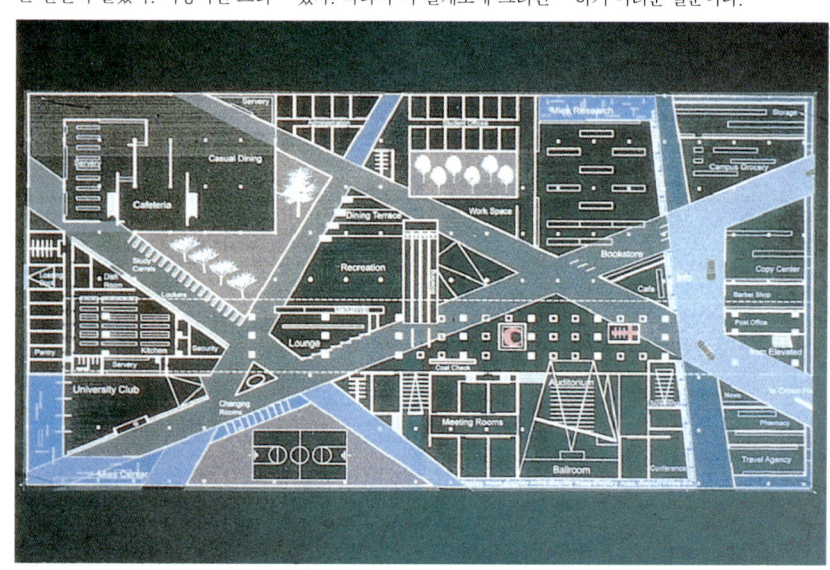

밀레니엄 빌리지 Millennium Village

랄프 어스킨 등, 2000, 런던 그리니치

랄프 어스킨이 1998년 그리니치 밀레니엄 빌리지 공모 당선작을 발표했을 때, 그의 나이 여든넷이었다.

그는 그리니치 반도의 매립 산업 지역에 '푸르고' '생태 보존적인' 도시 개발 형태를 제안했다. 그의 제안에서 주가 되는 것은 주거용 건물이었다. 밀레니엄 빌리지는 시베리아와 북극으로부터 영국 동부를 강타하는 차가운 북풍에 노출되어 있었고, 리처드 로저스가 설계한 밀레니엄 돔이 만드는 거대한 그늘 아래 세워져야 했다. 어스킨은 12층짜리 소박한 건물들과 나무로 방풍벽을 만들고, 굽은 도로 뒤편으로 저층 아파트와 주택들을 배치하는 구상을 했다. 주택은 철거가 가능한 벽재를 사용해서 가족 수가 늘고 주는 것에 따라 키우고 줄일 수 있게 설계되었다. 최고의 단열이 이루어지고, 중앙컴퓨터(정보, 통신 등)에 연결되며, 에너지 효율과 같은 오늘날의 관심이 충분히 반영되게 했다. 새로운 영국 전원 도시가 그 결론이었다. 비록 사려 깊고 안정되어 있기는 하지만 실망스러운 부분도 있다. 철저하게 전원적 사고를 충족시키지만, 21세기 초의 현대적 도시 개발 모델은 제시하지 못했다. 루티엔스의 드라마가 빠진 햄스테드 전원 도시를 보는 듯하다.

미래건축은 전 세계적으로, 또 세기 전체를 통하여 건축가들의 마음을 움직인 아주 거대한 주제다.
미래는 어떻게 될 것이며 건축가들은 미래의 모습에 어떻게 조력할 수 있을 것인가. 물론 이런 변화를 방해하고 그 속도를 늦추며, 심지어는 반전시키려 하는 사람들도 있

에 얼마나 열광했는지를 돌아보라. 그들이 살던 세계는 숨이 막힐 듯하고 더러운, 그들이 생각했던 꼭 그만큼 아파하는 세계였다. 1차 세계대전이 그런 세상을 부수어 없앴다. 이제는 진보가 가능해졌다. 비록 세계 경제가 불안정했고 때론 재난에 빠지기도 했지만 1918년부터 1939년까

미래건축
멋진 신세계

다. 미술공예, 고전주의, 유기주의 건축가들 중에도 이런 사람들이 있었다. 그러나 그들이 믿는 바와 원하는 바가 무엇이든, 눈부시고 혼란스런 사회 및 그것들과 점차 절충해 가는 건축을 싣고 지구는 돌아가고 있다.
20세기 초, 적어도 2차 세계대전 발발 전까지, 많은 유럽인과 미국인(점차 세계 여러 곳의 사람들까지)은 진보라는 개념에 매료되어 있었다.
속도, 에너지, 진보. 이 세 단어가 미래를 향해 나아가는 20세기 여행의 중심에 있었다. 1차 세계대전 당시 이탈리아 미래주의자들이 이 단어들

지 진보는 현실처럼 여겨졌다. 빠른 비행기, 자동차, 기차와 함께 근대주의 건축도 등장했다.
그러나 2차 세계대전은 진보라는 개념에 커다란 충격을 주었다. 도시의 파괴와 그 모든 잔혹한 행위들이 진정으로 있던 일인진대, 20세기가 진보의 세기요, 기술의 황금 시대가 멀지 않은 미래에 다가올 것이라고 누가 다시 믿을 수 있을 것인가?
이 장은 20세기 동안 건축가들을 고무하고, 그들에 의해 각기 다른 시기에 그려진 꿈들을 보여 줄 것이다. 20세기가 대량 생산과 지구적으로

유통되는 이미지의 세기였기 때문에, 사람들은 동일한 이미지를 받아들이고 소비할 수밖에 없게 되었다. 같은 이미지를 보더라도 지역이 다르면 수용 방식도 다를 수 있으므로, 미래의 건축이 모두 같아진다는 의미로 받아들일 필요는 없다. 그러나 미래의 어느 순간 건축이 죽고 단순한 컨테이너로 대체되어, 그 속에 사는 사람들이 신기술의 도움을 받아 원하는 대로 이미지를 투사하는 시대가 올 가능성은 있다. 그런 곳에서 더는 양식의 전쟁이 없다. 모든 양식이 제자리를 가질 수 있기 때문이다. 동시에 이런 이미지의 범람과 기술의 홍수는 현란한 신기술에 대한 반동을 불러일으킬 수도 있다. 실제로 1999년에 즈음하여 많은 사람들이 세상의 분주함에서 벗어나 아름답고 단순하며 근대적인 피난처 구실을 하는 집을 요구하는 징표들이 나타났다. 그러나 미래의 사람들은 20세기 초에 돈 있고 생각 많은 사람들이 그랬던 것처럼 무조건 완전히 도피하지 않을 것이다. 르 코르뷔지에의 위대한이 밴, 빛이 노닐 수 있는 공간으로 작용하는 건축이라는 개념을 단순한 집짓기의 개념과 구분하는 법을 알게 될 것이다.

환상의 공항과 철도역 Airport/Railway Station Fantasy

안토니오 상텔리아, 1913

안토니오 상텔리아(1888~1916)는 1914년, 급진적 미래도시에 대한 영웅적이고 상상력 풍부한 설계안을 들고 혜성처럼 등장했다. 밀라노의 〈새로운 사조전〉에서였다. 2년 후 이탈리아군에 자원한 그는 몽팔코네 부근에서 전사한다. 그러나 그의 영향력은 피아트 공장(329쪽)을 만든 마테 트루코에서 런던 로이드빌딩(363쪽)을 만든 리처드 로저스에 이르기까지, 세대를 넘어 진보적인 후대의 건축가들 사이에 점차 커져 갔다. 상텔리아는 코모의 건축학교와 밀라노의 아카데미아 디 브레라에서 공부했고, 볼로냐의 스쿠올라 디 벨레 아르티를 1912년에 졸업했다. 이어 카리스마적 인물인 필리포 토마조 마리네티가 설립을 주도한 시인, 작가, 예술가들의 모임인 인습파괴적인 미래주의자 그룹에 합류하였다. 이들은 속도와 기술을 강령으로 삼아 찬양했다.

그는 여기 보이는, 공항과 철도역이 결합된 건물처럼 환상적 미래도시 '새로운 도시(Citta Nuova)'의 창조에 헌신했다. 드로잉에 그려진 모든 선은, 압도적이고 피할 수 없는 기술낙원의 에너지와 속도를 표현한다. 프리츠 랑이 이 구상을 수용해 메트로폴리스(392쪽)에 활용한다. 상텔리아가 설계한 것 중 그의 사후에 실제로 만들어진 것으로는 전몰자 기념비가 있다.

칼리가리 박사의 밀실 The Cabinet of Dr Caligari

로베르트 비네, 1919

이 초현실주의 영화가 무슨 내용인지를 파악하려고 애쓰는 것은 무의미하다. 편안히 뒤로 기대 앉아 그냥 보이는 대로 즐기면 된다. 이 영화는 미친 듯한 앵글과 괴상한 조명으로 이루어진 뒤죽박죽 세계로 유명하다. 세트는 새로 태어난 소련에서 진행 중이던 급진적 디자인 운동과 독일 표현주의자들에게서 차용한 듯하다. 이 영화는 1980년대 영국 건축에서 짧은 기간 동안 나타났던 펑크식 접근법과 그로부터 10년 후 해체주의자들이 벌인 작업들의 전조가 되었고 그것들에 영향을 미쳤다.

걸어다니는 시체와 미친 박사를 그린 초기 과학영화와 공포영화의 결합체와 같은 영화였다.

메트로폴리스 Metropolis

프리츠 랑, 1926

영화사상 가장 훌륭한 세트를 자랑하는 〈메트로폴리스〉는 인간이 반쯤 미친 기계 사회의 노예가 된, 거대하고 악령들린 21세기 도시를 미래주의적으로, 고딕적인 공포로 형상화했다. 화려하게 그려진 도시는 뾰족하게 솟아오른 시카고나 뉴욕의 스카이라인에서 많은 힌트를 얻었다. 랑은 미래의 도시를 천국과 지옥, 양면으로 해석했다. 지배자들은 초근대적인 도시 상층부에서 살고, 노예 노동자들은 김이 뿜어 나오는 지하세계에서 기계의 지배를 받으며 살았다. 〈메트로폴리스〉 이후에 미래 도시를 형상화하려고 노력한 아름답고 지적인 영화들은 모두 〈메트로폴리스〉의 분위기를 약간씩 가지고 있다. 그 중에서 〈다가올 세상(Things to Come, 1936)〉과 〈블레이드러너(Bladerunner, 1982)〉가 가장 많이 알려졌다. 리들리 스콧이 감독한 〈블레이드러너〉는 프리츠 랑의 걸작에 존경을 바치면서, 미래 도시를 메트로폴리스와 로스앤젤레스 또 홍콩이나 광저우처럼 미친 듯이 솟아오르는 동남아시아 도시들의 불건전한 혼합체로 그려냈다. 현실이 그와 너무나 닮아가기 때문에 편안하게 보고 있을 수 없다. 하지만 랑은 반세기도 전에 벌써 그것들을 알고 있었다.

걸어다니는 도시 Walking City

론 해런, 1964

론 해런(1930~1991)은 1960년대 중반과 후반에 재미있고 뛰어난 건축 만화의 성공으로 세계적인 명성을 얻은, 팝 건축의 비틀스라 할 아키그램의 일원이었다. 해런의 유쾌한 작품 〈걸어다니는 도시〉에서 도시는 움직이는 거대 구조물로 그려졌다. 물 위에 떠서 갖가지 용역을 공급받으면서 자유로운 시민들이 가고자 하는 대로 어디든 돌아다닐 수가 있다. 움직이는 도시는 커다란 다리로 움직이는데, 이 도회적 거수(巨獸)가 활보하는, 동영상 형태의 그림을 보는 것은 즐거운 경험이었다.

피터 쿡(1936~), 데니스 크롬턴(1935~), 데이비드 그린(1937~), 워런 초크(1927~), 마이클 웨브(1937~), 해런 등 이 팀의 구성원들은 1960년 런던 유스턴 역의 재개발 프로젝트에서 서로 만났다. 그들은 이듬해부터 『아키그램』이라는 잡지를 발간했고, 1963년 런던 현대미술연구소(ICA)에서 첫 합동 전시회를 열었다. 영향력 있는 평론가 라이너 밴햄이 그들의 아이디어를 높이 사 주었고, 그들의 별난 아이디어들 중 일부는 현실화되기도 했다. 그 가운데 오사카 엑스포 '70의 아키그램 캡슐이 유명하다.

론 해런은 런던에서 개인 사무실을 열었다. 런던 이매지네이션 본부(263쪽)의 실내 장식이 그의 대표작이다.

플러그-인 시티 Plug-in City

피터 쿡, 1966

피터 쿡의 플러그-인 시티는 아키그램의 최고작이라 할 수 있다. 쾌락주의와 초현대 기술이 즐겁게 섞인 미래 거대도시의 한 토막 꿈이다. 렌조 피아노와 리처드 로저스의 퐁피두센터(358쪽, 1977), 노먼 포스터의 서부 런던 해머스미스의 신공공센터와 환승역의 미건축 설계안(1979) 등이 쿡의 이상 도시를 닮았다. 로저스나 포스터 모두 아키그램의 영향을 받는데, 특히 로저스는 도시인들이 도심에서 스스로 즐길 수 있도록 그들을 도와주는 해방적인 기술 개념에 크게 고무되었다.

플러그-인 시티는 상부에 크레인이 장착되어서 이 도시가 끊임없는 흐름 속에 있다는 것을 나타내는데 누구라도 그들의 주거 캡슐이나 쾌락의 둥지를 다른 곳으로 옮기고 싶으면 그렇게 할 수 있다. 쿡의 이런 건축 구상의 전제는 아주 신축적인 신기술과 유한 계층이다. 플러그-인 시티는 영향력 있는 구상이지만 건물들이 서로 클럽으로 고정되고 플러그로 연결될 수 있는 방식이 실현되고 도시가 우주에 건설될 수 있을 때까지는 종이 위에 머물 수밖에 없다. 쿡은 아키그램 시기 이후에도 여러 환상적인 설계들을 소개하지만, 플러그-인 시티만큼 생생한 인상을 주는 것은 없다.

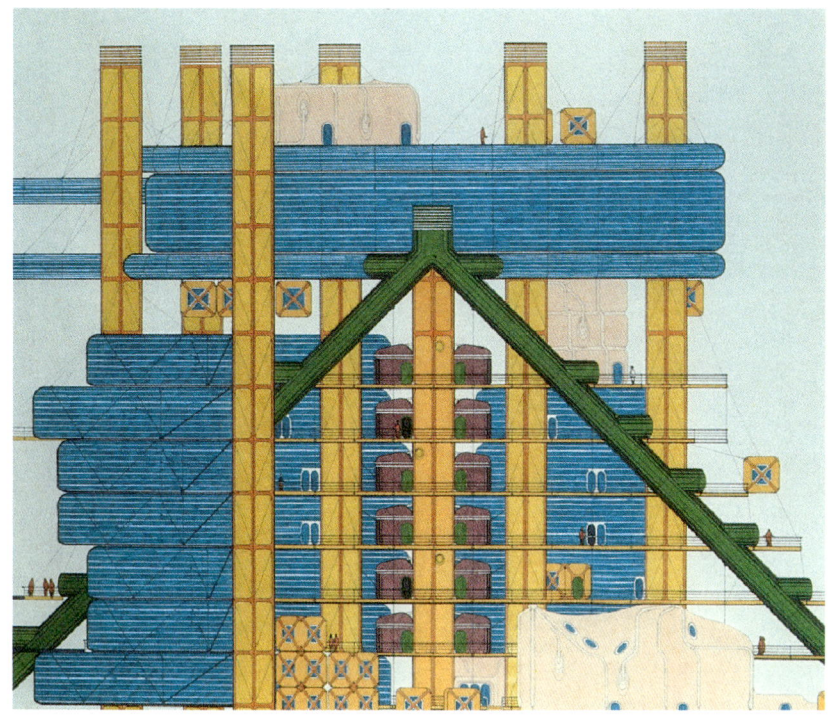

카디프 오페라 하우스 Cardiff Opera House

자하 하디드, 1995, 영국 웨일스 카디프

여러 엉터리 이유들 때문에 지어지지는 않았지만, 카디프 오페라 하우스는 1990년대의 미건축 설계작 가운데 최고로 꼽힌다. 뛰어난 건축을 소유해 본 적도 없고, 이 훌륭한 설계에 대해서도 속좁게 대하도록 운명지어진 듯한 웨일스로서는 작은 비극이라 할 수 있다.

이 오페라 하우스는 남웨일스에 있는 이 도시의 만 하나를 매립하여 도시화한 카디프 베이의 문화적 중심지로 계획되었다. 세계 유수의 건축가들이 이 국제 공모전에 응모했다. 거리낌 없고, 매우 뛰어난 이라크 태생의 자하 하디드(1951~)가 당선자였다. 여자라는 것, 이라크 출신이라는 것, 아방가르드의 최전선에 위치한 작품이었다는 것 등이 약점으로 작용했다. 밀레니엄 위원회(복권 이익금을 소모하기 위해 만들어진 국가 기구)에서의 속좁은 지역 이해타산과 비열한 의견 분열에 밀려 하디드의 작품이 폐기되었지만 잊히지 않을 걸작이다.

하디드의 양식은 그녀의 뛰어난 회화에서 종종 드러나는데, 러시아 구성주의와 근대해체주의, 그녀 자신의 동적이고 예리한 각을 지닌 미학을 융합한 것이다. 1998년에 하디드는 오하이오 주 신시내티 현대미술관 신청사 설계에 당선하였고, 이를 통해 도시 이미지에 새로운 활력을 불어넣는 그녀의 건축을 오랜 세월 끝에 증명할 수 있게 되었다.

찾아보기

ㄱ

가라티, 빈센트 106
가우디, 안토니오 70
　카사 바틀로 73
　카사 밀라 75
　그엘 공원 80
　산타 콜로니 드 세르벨로, 콜로니아 그엘 81
갈렌-카렐라, 악셀 79
건축가 조합
　브린모어 고무공장 189
게리, 프랭크
　캘리포니아 우주박물관 307
　비트라 미술관 309
　빌바오 구겐하임 미술관 321
게젤리우스, 헤르만 79
겔프라이히, 블라디미르 58
고든, 막스
　사치 컬렉션 254
고원, 제임스 232, 344
고전주의 22~69
고타르디, 로베르트 106
고프, 브루스 70, 105, 112
　새뮤얼 포드 하우스 96
골드버그, 버트런드
　마리나 시티 223
골드핑거, 에르노
　트렐릭 타워 236
골로소프, I. A.
　주에프 클럽 150
괴리츠, 마티아스 196
구로가와, 기쇼
　나카긴 캡슐 타워 354
　소니 타워 356
굿윈, 필립
　뉴욕 현대미술관 178
궤리니·라파둘라·로마노
　이탈리아 문명 궁전 59
그래디지, 로드릭 19
그레이, 에일린
　해변 주택 E. 1027 153
그레이브스, 마이클
　오리건 청사 344
　산 후안 카피스트라노 공공도서관 302
그레이엄, 브루스 353
그로피우스, 발터 34, 147, 185
　파구스 공장 131
　독일공업조합 전시회 공장 모델 133
　바우하우스 142
　지멘슈타트 주택 단지 159
　팬암 빌딩 211
그린, 데이비드 393
그린, 허브 70
　그린 하우스 105

그림쇼, 니콜라스 259
　파이낸셜 타임스
　인쇄 공장 364
　워털루 국제터미널 367
　에덴 프로젝트 376
근대주의 124~279
기버드, 프레더릭
　그리스도왕 대성당 221
긴스버그, 장 172
길, 어릭 46
길레스피 키드 앤드
　코이어 사
　성 피터대학 219

ㄴ

내시, 존 37, 66
네르비, 피에르 루이지 204
　조반니 베르타 스타디움 336
　격납고 338
노이만, 알프레드
　기계학학회 214
노이트라, 리처드
　로벨 하우스 157
　카우프만 저택 182
뉘벨, 장
　아랍 연구소 260
　카르티에 재단 267
뉴비, 프랭크 347
니마이어, 오스카 124, 181
　아시시의 성 프란체스코 교회 94
　브라질리아 성당 109
　팜부아 요트 클럽 180
　삼권 광장 207
니키틴, N. 351

ㄷ

단게, 겐조
　평화 전시관 199
　구라시키 시청 209
　엑스포 70 230
　도쿄 올림픽 경기장 345
　야마나시 신문 방송 센터 350
데리다, 자크 315
도메니히, 귄터
　중앙은행 293
도시 378~387
두쉬킨, 알렉세이
　마야콥스카야 지하철역 52
뒤도크, 빌렘 마리누스 17, 48
　힐베르숨 시청 160
　비젠코프 백화점 163
드 뫼론, 피에르 277
드 클레르크, 미셸
　아이헌 하드 주택 단지 28
드루, 제인 201, 224

딕슨, 제레미·페넬라
　성 마크 거리 주택 단지 292
딘컬루, 존 224

ㄹ

라슨, 헤닝
　외무부 253
라이스, 피터 111, 358
라이트, 프랭크 로이드 17, 70, 96, 99, 112, 118, 133, 134, 157, 160
　스토러 주택 27
　로비 하우스 74
　존스 왁스 빌딩 97
　솔로 R. 구겐하임 미술관 102
　라킨 빌딩 128
　낙수장 176
라인하르트, 막스 82
라인하르트·호프마이스터
　록펠러 센터 179
라파엘 선파 10
라프라드, 알베르
　마로보프 전시장 154
란첸베르크, 헤르만 77
랄루, 빅토르 257
랑, 프리츠
　메트로폴리스 392
래스턴, 데니스
　킬링 어소시에이츠 210
　학생 기숙사 227
　국립극장 240
램, 윌리엄 335
러스킨, 존 10, 14, 275
런던 주의회 건축가부과 30
　바운더리 가 주택 단지 14
　로열 페스티벌 홀 188
　앨턴 웨스트 주택 단지 205
　헤이워드 갤러리 222
　엘진 단지 352
레더비, W. R. 380
　올 세인츠 교회 16
레벳, 아만다
　→ 퓨처 시스템
레장발, 미셸 375
렌, 크리스토퍼 55
로버츠, 자이들러
　이턴 센터 290
로버츠·새퍼 349
로봇형 건축 326~377
로비, 프레드릭 C. 74
로스, 랜슬롯 337
로스, 아돌프 107, 143, 157
　슈타이너 주택 129
　골드먼 앤드 잘라취 빌딩 130
로시, 알도 49
　테아트로 델 몬도 294
　산 카탈도 묘지 304

로저스, 리처드 326, 348, 358, 394
　인모스 연구소 361
　로이드 빌딩 363
　밀레니엄 돔 377
　→ 노먼 포스터, 포스터 연합, 팀 4
로저스, 수 348
로저스, 에르네스토 나탄 282
로치, 케빈
　포드 재단 224
롬멜, 에르빈 93
루드네프, 네프
　로모노소프 국립대학 60
루베츠킨, 베르톨트 210
　펭귄 수영장 171
　하이포인트 I 172
루티엔스, 에드윈 22, 32, 39, 55, 84, 89, 382
　디너리 가든 15
　미들랜드 은행 42
　총독 관저 47
르 코르뷔지에 32, 34, 124, 147, 153, 154, 156, 181, 199, 205, 209, 216, 217, 219, 222, 236, 268, 322
　노트르담—뒤—오 교회 101
로쉬—잔느레 주택 137
에스프리 누보 전시관 139
사부아 저택 141
위니테 다비타시옹 190
메종 자울 198
쇼단 하우스 200
법원 청사 201
라 투레트 수도원 206
르 코르뷔지에 센터 225
부아쟁 계획 381
리드 앤드 스텐 사 38
리베라, 아달베르트 93
리베스킨트, 다니엘 140
　유대 박물관 323
　보일러하우스관 325
리시츠키, 라자르 마르코비치
　→ 엘 리시츠키
리시츠키, 엘 333
리처드슨, H. H. 17, 23
리카도, 홀시 380
리트벨트, 게리트
　슈뢰더 주택 138
린드그렌, 아르마스 79

ㅁ

마르크스, 카를 14
마르토렐, 조셉
　타우 스쿨 237
마르투오리, 에우게니오 49
마르티, 호세 103
마르티, 베르나
　올림픽 경기장 50
마리네티, 필리포 토마조 329

마에가와, 구니오 199
마이어, 리처드 302
　웨인스타인 하우스 231
　아테나움 방문객 센터 244
　하이 뮤지엄 252
　게티 센터 320
마이어, 아돌프 131, 133, 142
마카리, 미셸
　프랑스 경기장 375
마코베츠, 임레 70, 77, 105
　파르카스레트 장례식장 112
　성령 교회 119
마테—트루코, 지아코모
　피아트 자동차 공장 329
마틴, 레슬리 188
말라파르테, 쿠르지오
　말라파르테 저택 93
말레—스티븐스, 로베르
　말레—스티븐스 가 주택 146
매더, 릭
　스타인 하우스 274
매카이, 데이비드 237
매킨토시, 찰스 레니 146
　힐 하우스 18
　스코틀랜드 스트리트 학교 21
　글래스고 미술학교 25
매킴 미드 앤드 화이트 사 43
펜실베이니아 역 36
매킹, 찰스 36
맥코맥—재미슨—프리차드
　러스킨 도서관 275
머커트, 글렌
　예술가의 집과 작업실 251
메릴, 존 192
메트로폴리탄 건축사무소 386
멘델즌, 에리히 43, 86, 177
　아인슈타인 타워 83
　쇼켄 백화점
　(슈투트가르트) 148
　쇼켄 백화점(켐니츠) 156
　델러워관 174
멜른니코프, 콘스탄틴 150
　소련 전시관 140
　멜른니코프 주택 155
모네오, 라파엘 366
　국립로마미술관 64
모라, 엔리케 데 라 100
모로, 피터 188
모리스, 윌리엄 10, 12, 14, 22
모야, 히달고 342
무솔리니, 베니토 49, 175
무어, 찰스
　이탈리아 광장 287
무어, 헨리 46
무테지우스, 헤르만 18, 85
미드, 윌리엄 러더퍼드 36
미래건축 388~395
미술공예운동 10~31

미스 반 데어 로에,
루트비히 34, 86, 124,
192, 228, 248, 322,
386
바이센호프 주택 단지
147
독일 전시관 152
판즈워스 주택 186
레이크 쇼어 드라이브
아파트 187
크라운 홀 197
시그램 빌딩 203
국립현대미술관 226
미켈루치, 조반니
산타 마리아 노벨라
철도역 91
미테랑, 프랑수아 262
밀, 마크 99
밀턴 케인스 개발회사
밀턴 케인스 383

ㅂ

바그너, 오토 26, 143
우편저축은행 20
성 레오폴트 교회 24
바도비치, 장 153
바라간, 루이스 268
카푸친 성당 196
산 크리스토발 말 사육장
229
바르트너, 아먼드 P. 107
바와, 제프리
의회 빌딩 299
바쟁, I.E. 154
바타로프, L. 351
반 알렌, 윌리엄
크라이슬러 빌딩 208
반 에이크, 알도
어린이집 208
훔베르투스 하우스 247
반트 호프, 로버트
헤니 하우스 134
반피, 지안루이지
→ BBPR
발데시리, 루치아노
브레다 전시관 98
발라, 알폰소 13
버넘, 다니엘
셀프리지 백화점 44
풀러 빌딩 56
버네트, 존
에드워드 7세 갤러리 40
버지, 존 295, 297
번샤프트, 고든 192, 306
벙그니, 한스 264
베넷, 허버트 222
베니쉬, 귄터
하이솔라 연구소 258
베드포드, 에릭
우체국 타워 346
베런스, 페터 131, 137, 147
아에게 터빈 공장 34
뉴 웨이스 143
베르나르 비보네트
베르크, 막스
백년관 78
베를라헤, 헨드릭 페트루스
암스테르담 증권거래소
17
홀란드 하우스 22
베이커, 허버트 47, 55
유니언 빌딩 39
베이컨, 헨리
링컨 기념관 43
벤더스, 빔 113
벤투리, 로버트 280
어머니 집 283
세인스버리관 308
벤틀리, 존 프랜시스
웨스트민스터 성당 72
벨로트, 파울 278
벨루스키, 피에트로 211
이퀴터블 은행 본부 183
벨스호프스, 루도비코
→ BBPR
보나츠, 파울 88
슈투트가르트 역 87
보들리, 조지 프레드릭 114
보이스, 조셉 298
보이지, C. F. A.
과수원 집 12
보타, 마리오
비앙카 주택 235
메디치 주택 250
보필, 리카르드
→ 탈레르 드 아키텍투라 사
보히거스, 오리올 237
뵘, 고트프리트
순례자 교회 108
뵘, 도미니쿠스
프링스도르프 교회 88
부르드, D.
텔레비전 타워 351
부츠 공장(영국) 167
브라가에티, 지아니 304
브라이언트, 리처드 253
브라더스 코츠 건축사
노 빌딩 311
팝음악 박물관 324
브로이어, 마르셀 170,
185, 231
브루터, 윌
피닉스 도서관 118
브리트, 존
정부 청사(영국 런던) 37
브링크만, 요한네스
안드레아스 333
비네, 로베르트
칼리가리 박사의 밀실
391, 98
비보네트, 베르나르 166
비비, 토마스 67
BBPR
벨라스카 타워 282
비스니스키, 에드거 113
비올레 르 뒤크, 으젠 13
비트겐슈타인, 루트비히
158
빌딩 워크숍 256, 370

ㅅ

사리넨, 에로
TWA 터미널 104
제너럴 모터스 센터 194
사리넨, 엘리엘 194
헬싱키 역 79
SITE
베스트 슈퍼마켓 289
사치, 찰스 254
사프디, 모셰
해비타트 주택 단지 220
산업혁명 10
상텔리아, 안토니오
환상의 공항과 철도역
390
샤로, 피에르 146
메종 드 베르 166
샤로운, 한스 147
국립도서관 170
섀머 → 로버츠·섀머
설리번, 루이스 378
카슨 피리 스콧 백화점
127
세라, 리처드 321
세로타, 니콜라스 277
세르마예프, 세르지 174
세트르, 호세 루이
매그 재단 216
세이퍼트, 리처드
센터 포인트 218
세인트 존, 피터 266
센젠 385
→ 자오 동리, 장 보
셀프리지, 고든 44
소타, 알레한드로 데 라
아르베수 하우스 195
솔레리, 파올로
돔 하우스 99
송그, 랄스
템페레 대성당 23
쇼, 리처드 노먼 14, 380
숄러, 프리드리히 오이겐
87
수세만, 알렉세이
모스크바 호텔 51
쉬퍼릿하인리히 사
레이크 포인트 타워 228
쉰들러, 루돌프 157
쉰들러 주택 136
로벨 해변 주택 144
쉰켈, 카를 프리드리히 54
슈리브, 리치먼드 H.
엠파이어스테이트 빌딩
208
슈비친스키, 헬무트 313
슈스미스, 아서 고든 170
성 마틴 교회 89
슈코, 블라디미르
레닌 도서관 58
슈타이너, 루돌프 112
괴테아눔 77
슈페어, 알베르트 32, 50,
84
그로세 할레 53
총통 관저 4
베를린 382
슐뤼, 율리우스 202
스노우든
조류사육장 347
스노치, 루이지
칼만 주택 242
스머크, 로버트 40
스미스, 아이버 217
스미스, 앨리스·피터 217
헌스탠턴 학교 193
이코노미스트 빌딩 215
스웨덴스, 프랜시스 44
스카르파, 카를로
브리온 묘지 110
카스텔베키오 미술관
213
스칼펠리, 알프레도 49
스콧 브라운 308
스콧, 리들리 392
스콧, 마이클 224
스콧, 질레스 길버트 160
리버풀 대성당 114
스키드모어 오윙스 앤드
메릴 → SOM
스키드모어, 루이스 192
스타인, 세스
스타인 하우스 268
거라지 하우스 272
스털린, 요시프 51, 52,
150
스탐, 마르트(마르티누스
아드리아누스) 333
스탬프, 개빈 19
스턴, 로버트
디즈니 셀러브레이션 69
스털링, 제임스 384
플로리 빌딩 232
국립현대미술관 305
No 1 닭 201
공학부 344
스톤, 에드워드 178
스모리, 프랑수아 68
그리모 항 285
스피어, 로린
→ 아퀴텍토니카
슬로렌, 헨리 브러번스 85
시락, 자크 62
시벨리우스, 얀 79
실베스트린, 클라우디오
254, 264
집회실 273
심슨, 존
패터노스터 광장 67

ㅇ

아렌즈 버튼 코랠럭 308
아롭 연합 310
아롭, 오베 111, 172, 369
아르누보 10
아르크로비츠, 맥스 284
아스플룬트, 군나르 32
스웨덴 솔베스보르크 주
법원 41
스톡홀름 시립도서관 45
임간 화장장 56
저지 연구소 316
아우트램, 존
펌프장 312
아울렌티, 가에
오르세 미술관 257
아이젠만, 피터 231
아키텍토니카
아틀란티스 296
아기그램 263, 393, 394
아틀란티스
→ 아퀴텍토니카
안도, 다다오 70, 268
물의 교회 117
코시노 하우스 249
물의 교회 261
물의 사원 265
RMJM
힐링던 시민 센터 291
알토, 알바
파이미오 요양원 169
세위네트솔로 시청 191,
271
알트쉴러, 로널드
데일리 익스프레스 건물
165
앤턴치, 존 184
앱턴, 조셉
로열 코린티안 요트 클럽
162
앵글백, 노먼 222
안, 에이사
제록스 센터 248
어번, 맥스
우주선 조립 빌딩 349
어스킨, 랠프
바이커 월 243
밀레니엄 빌리지 277
언윈, 레이먼드
햄스테드 전원 주택지
22
레치워스 전원 도시 380
에릭슨, 아서
레스브리지대학 233
SOM 183, 231
레버 빌딩 192
국립 상업은행 306
브로드게이트 센터 310
존 행콕 센터 353
하지 공항터미널 362
에스피나스, F.
미쉐린 빌딩 76
엔, 카를
카를 마르크스 주택 30
엡스타인, 제이콥 46
엥겔만, 파울
비트겐슈타인 저택 158
예셴·클린트, 페터 빌헬름
그룬트비히 교회 31
오르타, 빅토르
타셀 호텔 13
오어펠트, 군나르 303
OMA → 메트로폴리탄
건축사무소
오우트, J. J. P. 147
카페 드 위니 113
훅 오브 홀란트 주택
단지 145
오웬스, 나사니엘 192
오징팡, 아메데 139
오토, 프라이 258
와이즈, 크리스 277
와인스, 제임스 → SITE
외스터베르크, 라그나
스톡홀름 시 청사 29
우드워드, 크리스토퍼 173
우시다, 에이사쿠
트러스-윌 하우스 121
웃존, 욘
시드니 오페라 하우스
111

워드, 배질
　새 농장 168
워드, F. 베링턴
　최고 법원 55
워런 앤드 웨트모어 · 리드 앤드 스텐 사
　그랜드 센트럴 역 38
워머슬리, J. L.
　파크 힐 및 하이드 파크 주택 단지 217
월리스 갤버트 사
　후버 빌딩 173
웨브, 마이클 393
웨브, 애스턴
　해군성 아치 35
웨브, 필립 14
윌크스, 윌리엄 존 38
윌리암슨, 오언
　데일리 익스프레스 건물 165
　부츠 공장 167
윌리엄스—엘리스, 클로우 68, 285
윌슨, 콜린 세인트 존
　영국 도서관 271
윌포드, 마이클 305, 322
유겐트 양식 → 아르누보
유기적 건축 70~123
임스, 찰스 · 레이
　임스 하우스 184

ㅈ

자게빌, 에르스트 53
자오 동이
　인민대회당 61
잔느레, 피에르 137, 216
장 보 61
젤리고, 지오프리 172
존스, 에드워드 15
존슨, 필립 69, 144, 178, 203, 258, 280
　유리집 185
　링컨 센터 284
　가든 그로브 커뮤니티 교회 295
　AT&T 빌딩 297
주브레비, 아이메릭 375
줌토르, 페터
　온천 욕장 123
지킬, 거트루드 15

ㅊ

찰스 왕세자 65, 67, 68
처칠, 윈스턴 341, 342
체임벌린 · 파웰 · 본
　바비컨 센터 245
초크, 워런 393
추미, 베르나르
　라 빌레트 공원 315
치퍼필드, 데이비드
　로윙 미술관 270

ㅋ

카로, 앤소니 277
카루소, 애덤
카루소—세인트 존
　하우스 266
월솔 미술관 276
카르미, 람
　대법원 317
카스트로, 피델 103
칸, 루이스
카풀리키, 안
　→ 퓨처 시스템
　의회 청사 115
킴벨 미술관 238
칸, 알버트
　포드 유리 공장 331
칸, 패즐러 353
칸델라, 펠릭스
　기적의 동정녀 교회 100
칸첼로티, 지노 49
칼라트라바, 산티아고
　사톨라 테제베 역 368
캠던 건축가부과
　알렉산드라 로드 주택 단지 246
컨런, 테렌스 76
코너, 데이비드 303
코널, 애미어스
　새 농장 168
코스타, 루치오 180, 207
　교육건강부 181
코이어, 잭 219
코츠, 나이절
　→ 브랜슨 코츠 건축사
코츠, 웰스 210
　아이소컨 아파트 170
콩스탄티니, 클로드 375
쾨니그, 피에르
　21번 사례 연구 주택 202
쿠프 힘멜블라우
　옥상 사무실 313
쿡, 피터 393
플러그—인 시티 394
쿨하스, 렘
　일리노이 공과대학 프로젝트 386
크램트리, 윌리암
　피터 존스 상가 177
크로, 뤼시앵
　학생 숙소 241
크롬턴, 데니스 393
크리어, 레온
　파운드베리 마을 68
　룩셈부르크 플랜 384
크리톨 151
클라크, 엘리스
　데일리 익스프레스 건물 165
키셀라, 루드비크
　바타 신발 매장 149
키슬러, 프레데릭
　성서 성소 107

ㅌ

타우트, 막스 333
노동조합 하우스 164
탈근대주의 280~325
탈레 데 아키텍투라 사 116
호반 아케이드 62
마른—라—발레 63
월든 7번가 288
바르셀로나 국제공항 366
텁스, 랄프
발견의 돔 341
테라니, 주세페
파시스트의 집 175
테리, 퀸런
리치먼드 리버사이드 65
테리의 저택 66
테이트, 토마스
성 앤드류 하우스 92
실버 엔드 주택 단지 151
엠파이어 타워 337
테일러, 이언
리처드 애튼버러 센터 269
테일러, 프레데릭 128
텍턴 → 베르톨트 루베트킨
토마스, 프레데릭 114
토트 조직
늑대 우리 339
해안 방어 구조물 340
토트, 프리츠 87
트라우튼 맥캐슬런 174
　팀 4
릴리이언스 컨트롤스 공장 348
→ 노먼 포스터, 포스터 연합, 리처드 로저스

ㅍ

파웰 턱, 줄리안
빌라 자푸 303
파웰, 버크민스터
　다이맥시언 하우스 332
　수리창 343
파이홀, 구스타프
　위성지구국 359
파티, 하산
　구르나 마을 95
판 되스부르크, 테오 134
판즈워스, 에디스 186
패럴, 테리
TV—am 빌딩 301
팩스턴, 조셉 290, 343
팰럼보, 피터 322
페레, 오귀스트 137
아파트 건물 126
노트르담 드 랭시 135
페레수티, 엔리코
→ BBPR
페로, 도미니크
국립도서관 318
페이, I. M.
피라미드 314
펠리, 시저
페트로나스 타워 319
카나리 부두 타워 365
펠바움, 랄프 309
펠치히, 한스 333
대극장 82
펩스니, 니콜라우스 173
포로, 리카르도
국립예술학교 106
포스터 연합
윌리스 파버 앤드 뒤마 239
홍콩상하이은행(HSBC) 255
세인스베리 센터 357
→ 노먼 포스터, 리처드 로저스, 팀 4
포스터, 노먼 53, 277, 326, 355, 394
미국 공군 박물관 37
국회의사당 278
통신탑 369
코메르츠방크 372
책팍콕 공항 373
→ 포스터 연합, 리처드 로저스, 팀 4
포스터, 웬디 348
포스, 존 254
노이엔도르프 하우스 264
포트먼, 존
하얏트 리전시 호텔 286
포트—브레시아, 베르나르도
→ 아쿠텍토니카
포프, 존 러셀
국립미술관 57
폰 슈프레켈젠, 요한 오토
그랑드 아르슈 262
폰 호펠, 알베르트
성심 성당 84
폰티, 지오
피렐리 타워 204
퐁피두, 조르주 257
풀러, 리처드 버크민스터
다이맥시언 하우스 332
수리창 343
퓨진, A. W. N. 12, 28
퓨처 시스템 259
방주 279
보도국 374
프라이, 맥스웰 201, 224
프라이스, 에드릭 347
프라이어, E. S.
홈 플레이스 19
프레스락, 안톤
미국 전승 센터 120
프레이시네, 외젠
비행선 격납고 330
프릭스, 볼프 D. 313
플레시크, 요시프
주 성심 교회 90
플레밍, 오언 14
피셔, 테오도르 88

ㅎ

하디드, 자하 140
카디프 오페라 하우스 395
하먼, 아서 루미스 335
하워드, 에베니저 22, 380
하이얌스, 해리 218
할트라움, G. F. 164
해리스, 월리스 284
허드슨, 에드워드 15
허스트, 다미엔 254
헤런, 론
이메지네이션 빌딩 263
걸어다니는 도시 393
헤르초크, 자크
테이트 현대미술관 277
헤링, 후고 70
우사 뭐
헤이스팅스, 허버트 드
크로닌 168
헤어, 즈비 214
헬츠버거, 헤르만
센트럴 비히어 234
호프마이스터
→ 라인하르트 · 호프마이스터
호프만, 요제프 146
슈토클레트 저택 26
홀든, 퓰리 196
브로드웨이 55번지 46
아니스 그로브 지하철역 48
홀라인, 한스
주립박물관 298
홉킨스, 마이클
마운드 스탠드 259
홉킨스 집 355
슐룸베르거 연구소 360
화이트, 스탠퍼드 36
회커, 프리츠
칠레하우스 85
훈델트바서, 프리덴스라이히
로벤가세와 케겔가세 주택 116
휫필드, 윌리엄 67
히치콕, 헨리 러셀 144, 178, 185
히틀러, 아돌프 50, 54, 339
힌두 사원 122
힘멜블라우, 쿠프
옥상 사무실 313

사진 출처

Akademie Der Kunste 163
AKG London 5tr, 34, 50, 53, 54, 85, 87, 382, 391/Hilbich 108
Allsport/D Rogers 375
Alvar Aalto Museum/M. Holma 169/M. Kapanen 191
Tadao Ando Architects & Associates 117, 249, 261, 265
Arcaid/Alex Bartel 52, 71, 79, 111/Richard Bryant 4br, 5bl, 6, 8, 9, 18, 27, 28, 74, 76, 80, 102, 106, 174, 226, 239, 240, 251, 253, 254, 255, 256, 259, 260, 262, 264, 268, 270, 272, 274, 275, 291, 299, 301, 305, 309, 312, 315, 317, 319, 322, 323, 344, 357, 363, 364, 365, 366, 369, 371/Stephen Buzas 110/David Churchill 65, 122, 172/Niall Clutton 308/Peter Cook 263/Stephane Couturier, Archipress 314/Nick Dawe 162, 173/Colin Dixon 257/Malcolm Dixon 101t/Barry Edwards 228, 247/Richard Einzig 227, 245/Mark Fiennes 25bl, 44, 90, 178, 283, 292/Scott Francis 152, 335/Scott Francis/ Esto 176/Derek Gale 25r, 142, 218, 271, 358, 360/Chris Gascoigne 171/ Dennis Gilbert 125, 217, 318/Michael Halberstadt 166/Martine Hamilton Knight 167, 316/Martin Jones 215/ Ian Lambot 372/Lucinda Lambton 11, 15/John Edward Linden 4tr, 4bl, 33, 43, 73, 267, 320, 367, 370/Joe Low 68/Bill Maris 185/Peter Mauss/ Esto 297/James Neal 83/Robert O'Dea 72r/Paul Raftery 2, 3, 75, 101b, 126, 321, 368/Ezra Stoller/Esto 104, 183, 194, 203, 231, 244, 252, 353/ Natalie Tepper 157, 188, 222, 307/ Richard Waite 59, 170, 303, 310
Architectural Association 205, 333/ Archigram 5br, 393, 394/Valerie Bennett 30, 132/Stephan Buerger 200/Alan Chandler 137, 141/G. Clarke 190/Etienne Clement 195/ Peter Cook 24, 298/Sandra Denicke 155/Taylor Galyean 287/Gardner/ Halls 95, 160/John T Hansell 193/ Seki Hirano 112/Peter Jeffree 177/ Philip Keirle 77/Rik Nijs 93/Andrew Mincyin

295/S.Mintz 96/Michael Pattrick 192/Tim Street-Porter 105/ David Smith 247/D. Tinero 206/ Bob Vickery 234/Dennis Wheatley 346, 246/Tony Weller 361/Nathan Wilcock 138/Peter Willis 232/F. R. Yerbury 148, 154
Architectural Review 143
Archivio Storico Breda 98
ASAP/Daniel Reiner 214
Bastin & Evrard 13, 84
Behnisch & Partner 258
Bennetts Associates Architects/ Peter Cook 269
Bildarchiv Preussicher Kulterbesitz 78, 82, 113, 133, 156
Maria Ida Biggi 294
de Bijenkorf bv163
Helene Binet 266
Peter Blundell Jones 86, 147
Ricardo Bofill/Taller de Arquitectura 62, 63
Branson Coates 311, 324
British Cement Association 336
William P. Bruder Architect 118
Buckminster Fuller 332, 343
Carson Pirie & Scott 127
Caruso St John Architects 276
Castelvecchio Museum/Maurizio Brenzoni 213
Catedra Gaudi Barcelona 81
Central Milton Keynes Shopping Management Company Ltd 383
Martin Charles 41, 45, 56, 135, 161
Chicago Historical Society 197/ Hedrich-Blessing 187, 223
City of Newcastle upon Tyne Council 243
Prunella Clough/Irongate Studios 153
Coop Himmelblau/Gerald Zugmann 5tl, 313
Corbis/Paul Almasy 220, 230/Peter Aprahamian 165/Dave Bartruff 107/ Bettmann 38, 328/James P. Blair 57/ Stephanie Colasanti 285/John Dakers/ Eye Ubiquitous 354/Macduff Everton 29, 385/Eye Ubiquitous 207/ David Forman;Eye Ubiquitous 103/ Lynn Goldsmith179/Robert Holmes 224/Angelo Hornak 211/Jeremy Horner 35/Hulton-Deutsch Collection 51/Harold A. Jahn; Viennaslide Photoagency 20/Andrea Jemolo 150/ Kelly-Mooney Photography 286/

Charles & Josette Lenars 288/ Philippa Lewis; Edifice 236/Dennis Marsico 238/Kevin R. Morris 55/ Michael Nicholson 151/Michael St Maur Sheil 379/Paul Thompson;Eye Ubiquitous 114/UPI 36/Patrick Ward 296/Nik Wheeler 290/Michael S. Yamashita 58, 284
Maria Elisa Costa 181
Country Life Picture Library 16, 19, 47
Cuban Embassy 106
James Davies Travel Photography 115
Daniele De Lonti 304
The Earth Centre 279
English Partnerships 387
Eye Ubiquitous/Frank Leather 61/ P Thompson 281
Fiat UK Ltd 329
First Garden City Heritage Museum, Letchworth 380t
Fondation Maeght/Claude Gaspari 216
From the Collections of Henry Ford Museum & Greenfield Village 331
Foster & Partners 278, 348, 373
Future Systems 374
Roberto Gabriele 49
Gio Ponti Photo Archives 204
J. Glancey 37, 40, 42, 66, 339, 380b
Glasgow School of Art Collection, endpapers
Ronald Grant Archive 327
Michael Graves Architects 300, 302
Nicholas Grimshaw & Partners 376
W.G. Habel 88
Zaha Hadid 395
Robert Harding Picture Library 22, 26, 60, 221, 347, 334
Hartill Art Associates 139, 146, 248
Hedrich Blessing 186
Adriano Heitmann Fotografo 235
Eduard Hueber 242
Hulton Getty 341, 342
Timothy Hursley 120
The Image Bank 1, 94, 116, 225, 282
Yasuhiro Ishimoto/Kenzo Tange Associates 199
Kida Katsuhisa 121
Leon Krier 384
Lucien Kroll 241
Sir Denys Lasdun 210

Geleta Laszlo 119
Makona 119
London Metropolitan Archives 352
Millennium Jason Shenai 109/Richard Glover 277, 355
Osamu Murai/Kenzo Tange Associates 345, 350
Museo Nationale de Arte Romano, Merida 64
National Film Archive 392
Michael Nicholson, 4tl, 21
Novosti (London) 351
Office For Metropolitan Architecture 386
Frank Den Oudsten 134
PA News/Andrew Stuart 377
Panos Pictures/Daniel O'Leary 201
Gustav Peichl 359
Carlo Pozzoni 175
Jean Christophe Pratt 198
Andrew Putler 325
RCHME/Peter Behrens 168
RIBA 12, 14, 17, 31, 46, 48, 89, 97, 128, 129, 130, 131, 145, 149, 159, 189, 219, 293, 330, 337, 338, 356, 381, 390
Roger-Viollet 140
Yutaka Saito 100
Science Photo Library/NASA 389
Scotland In Focus/A.G. Firth 92
Shokokusha Co. 209
Julius Shulman 99, 144, 182, 184, 202
Henry Pierre Schultz Fotografie 123
Claudio Silvestrin 273
John Simpson & Partners 67
SITE 289
Skidmore, Owings & Merrill LLP 362/ Wolfgang Hoyt 306
Jose de la Sota 217
South African High Commission 39
Margherita Spiluttini 158
Tim Street-Porter 7, 136, 196, 229
Hisao Suzuki Fotografo 237
Tempere Tourist Office 23
Ticino Turismo 250
Curtis Trent 233
TRH Pictures 340
Aldo Van Eyck 208
Marco Verona 91
Westminster Cathedral, The Administrator 72bl
Jenny Wood 69
Silvia Zenobio Nascimento 180

사진 출처 | 399

지은이 조나단 글랜시 Jonathan Glancey

『가디언(The Guardian)』의 건축 및 디자인 편집자이다. 『인디펜던트(The Independent)』에서도 같은 일을 했다. 『새 영국건축(New British Architecture)』(1988)과 『새로운 근대(New Moderns)』(1994)를 펴냈다.

옮긴이 김우룡

서울대 의대를 졸업하고 미국 뉴욕 국제사진센터(ICP)를 수료했다. 사진가, 가정의학과 전문의, 칼럼니스트로 활동하고 있으며, 지은 책으로 『꿈꾸는 낙타』, 옮긴 책으로 『의미의 경쟁』, 『사진의 문법』, 『낸 골딘』, 『티나 모도티 평전』, 『20세기 컬렉션 사진』 등이 있다.

20세기 컬렉션 건축 Pocket 20th Century Architecture

초판 1쇄 인쇄일 / 2003년 8월 30일
초판 1쇄 발행일 / 2003년 9월 30일

지은이 / 조나단 글랜시
옮긴이 / 김우룡
펴낸이 / 이건복
펴낸곳 / 도서출판 동녘

주소 / 경기도 파주시 교하읍 산남리 파주출판문화정보산업단지 37-5
등록 / 제9-107호 1980년 3월 25일
대표전화 / 031-955-3000
홈페이지 / http://www.dongnyok.com
전자우편 / planner@dongnyok.com

ⓒ 동녘, 2003

ISBN 89-7297-456-0 03600

책값은 뒤표지에 있습니다.
잘못된 책은 바꿔 드립니다.